Árboles C

a

Common Trees of Guatemala

Tracey Parker, PhD
Ingeniera Forestal
Forester

Descargo de Responsabilidad con Respecto a Tocar, Probar y Usos Medicinales

Muchas plantas son venenosas; muchas otras tienen propiedades extremadamente irritantes, si no mortales. A menudo, las descripciones incluyen características tales como 'amargo' o 'dulce', que son descripciones históricamente usadas y algunas veces parte del nombre común de una planta. No se recomienda NUNCA probar una planta. Evite la savia de los árboles, ya que puede causar mucho dolor e inflamación. Una advertencia similar está en orden para los usos medicinales, aunque estos son mencionados con frecuencia en la literatura y se incluyen en muchas especies de árboles en este libro. Las plantas utilizadas como medicinales son a menudo extremadamente POTENTES y MORTALES si no se utilizan correctamente. Estas plantas pueden ser altamente tóxicas, a veces cancerígenas, y pueden causar reacciones alérgicas, envenenamiento o la muerte.

Disclaimer on Touching, Tasting and Medicinal Uses

Many plants are poisonous; many others have extremely irritating, if not deadly, properties. Often, descriptions will include characteristics such as "bitter" or "sweet," which are historically used descriptions and sometimes part of a plant's common name. Tasting a plant is NEVER recommended. Avoid the sap of trees, which can result in serious pain and inflammation. A similar warning is in order for medicinal uses, although these are frequently mentioned in the literature and are included for many tree species in this book. Plants used as medicinals are often extremely POTENT and DEADLY if not used correctly. These plants can be highly toxic, sometimes carcinogenic, and may cause allergic reactions, poisoning or death.

The Tree Press
3300 Bee Cave Road
Suite 650, #125
Austin, Texas 78746

www.thetreepress.com

ISBN: 978-0-9718739-2-6

Contenidos
Contents

Agradecimientos
Acknowledgments

Cuando mi marido Alex me dijo que nos trasladábamos a Guatemala en 1994 para trabajar con USAID (Agencia de los Estados Unidos para el Desarrollo Internacional), estábamos muy contentos con la posibilidad. La belleza del país y del pueblo eran factores, al igual que lo era la oportunidad para que nuestros dos hijos pequeños fueran a escuelas locales y llegaran a hablar bien el español — una lengua tan importante en el mundo de hoy. Pero para mí como ecólogo forestal era como mudarse al paraíso. Mis años viviendo en Guatemala (1994–1998) me dieron tiempo para explorar el país. En todas partes por las que viajé, los árboles eran una parte importante del paisaje, y ¡un verdadero desafío identificar en su diversidad!

Como siempre, debo agradecer primero a mi familia complaciente, Lex, Silas y Clare, quienes son los mejores compañeros de viaje posible, sea viajando por el sendero, a través del océano, o a lo largo de la vida. Mi hija Clare ayudó con una expedición a Guatemala en 2012, y mi hermana Leslie Parker Patrick en el 2014. Aprecio el compañerismo y apoyo de ambas.

Agradezco a la familia y al personal de Mesón Panza Verde por su amistad y hospitalidad. Laurel Jacobson y Tara y Kendra McLaughlin han sido partidarias entusiastas de mi trabajo a lo largo de los años. No creo que sepan lo mucho que significaba para mí sentirme bienvenida en el Mesón Panza Verde en La Antigua, en donde cada esquina, banco o mesa hay una sensación de tranquilidad, elegancia, y paz — un ambiente realmente maravilloso para el trabajo.

Jack Schuster (entomólogo PhD) ha sido un firme partidiario desde los primeros años, cuando me animó a dar clases en la Universidad del Valle de Guatemala (UVG). Llegué a muchas partes del país viajando al campo con Jack y sus estudiantes. También tuve la oportunidad de trabajar como asesor ambiental regional para Centroamérica en la oficina de USAID en la Ciudad de Guatemala. En esa capacidad, tuve la oportunidad de apoyar y darle seguimiento a muchos programas y proyectos ambientales y de recursos naturales de Guatemala. La mejor parte de ese trabajo, sin duda, fueron los viajes de campo a Petén, Ixcán, Huehuetenango y El Quiché, para nombrar unos pocos.

Estoy en deuda con mi antigua estudiante forestal, la Dra. Lilian Márquez, por su revisión y sugerencias; no puedo expresar mi agradecimiento adecuadamente. No sé los nombres de todos los jardineros y profesionales a quienes les he pedido ayuda con los nombres comunes a lo largo de los años, pero unos cuantos puedo agradecer directamente aquí, incluido Gustavo Lainfiesta del Vivero Botanik en la Ciudad de Guatemala, y aquellos en muchos jardines, incluido el Jardín Botánico de San Carlos en la Ciudad de Guatemala y el Vivero las Escalonia en La Antigua. A pesar de la ayuda de todos estos individuos generosos, algunos errores pueden persistir; cualquier responsabilidad por estos errores es totalmente mía.

Los profesionales y el personal de dos organizaciones estadounidenses apoyaron con su tiempo y recursos. El trabajo del manuscrito fue enormemente mejorado gracias a los servicios brindados por el Herbario Nacional de los Estados Unidos en el Museo Nacional de Historia Natural del Instituto Smithsonian en Washington, D.C. Rusty Russell, administrador de colecciones, y Robin Everly, bibliotecaria en la Biblioteca de Botánica y Horticultura, fueron especialmente generosos. Los valiosos recursos que mantienen y que me brindaron son extensos y bien organizados, y me siento de nuevo muy agradecida. La segunda organización, cerca de mi hogar en Texas, es el Instituto de Investigación Botánica de Texas (BRIT) en Fort Worth, que apoyó y alentó mi uso de sus finas colecciones y biblioteca. Le debo mucho a Barney Lipscomb, jefe de publicaciones, y a Sy Sohmer, director.

La mayor parte de la información de este libro se basa en la *Flora de Guatemala* (Standley y Steyermark 1943–1976). Las fuentes de la ilustración se enumeran en la página 469. Todas las fotografías en este libro fueron tomadas por mí, a excepción de las que son de los fotógrafos indicados. La mayoría de los dibujos lineales son del Servicio Forestal de los Estados Unidos, y todos son agradecidamente reconocidos.

Por último, le doy gracias al pueblo guatemalteco. Que sus árboles les traigan las riquezas, alegría y paz que se merecen.

When my husband Alex told me we were moving to Guatemala in 1994 to work with USAID (U.S. Agency for International Development), we were very pleased with the prospect. The beauty of the country and the people were factors, as was the opportunity for our two small children to go to local schools and become fluent in Spanish – such an important language in today's world. But for me, as a forest ecologist, it was like moving to paradise. My years living in Guatemala (1994–1998) gave me time to explore the country. Everywhere I traveled, trees were an important part of the landscape, and a real challenge to identify in their diversity!

As always, I must first thank my indulgent family, Lex, Silas and Clare, who are the best possible travel companions, whether the trip is up the trail, across the ocean, or through life. My daughter Clare helped with an expedition to Guatemala in 2012, and my sister Leslie Parker Patrick in 2014. I appreciate the companionship and support of both.

I am grateful to the Mesón Panza Verde family and staff for their friendship and hospitality. Laurel Jacobson and Tara and Kendra McLaughlin have been enthusiastic supporters of my work over the years. I don't think they know how much it meant to me, to feel welcome at Mesón Panza Verde in Antigua, where from every corner, bench or table there is a sense of tranquility, elegance and peace — a really wonderful environment for work.

Jack Schuster (PhD entomologist) has been a steadfast supporter from the early years, when he encouraged me to teach at the Universidad del Valle de Guatemala (UVG). I got to many parts of the country by traveling to the field with Jack and his students. I also had the opportunity to work as the Regional Environmental Advisor for Central America at the USAID office in Guatemala City. In that capacity I was able to support and follow many natural resource and environmental programs and projects in Guatemala. The best part of that job, by far, were the field trips to the Petén, Ixcán, Huehuetenango and El Quiche, to mention a few.

I am indebted to my former forestry student, Dr. Lilian Márquez, for her review and suggestions; I cannot express my thanks adequately. I don't know the names of all the gardeners and professional people whom I have asked for help on common names over the years, but a few I can thank directly here, including Gustavo Lainfiesta at Vivero Botanik in Guatemala City, and those at many gardens, including Jardín Botánico de San Carlos in Guatemala City and Vivero la Escalonia in Antigua. In spite of the assistance of all these generous individuals, some errors may persist. Responsibility for any errors is completely my own.

The professionals and staff at two U.S. organizations were supportive with their time and resources. Work on the manuscript was greatly enhanced by the facilities extended to me at the U.S. National Herbarium of the Smithsonian Institution's National Museum of Natural History in Washington, D.C. Rusty Russell, Collections Manager, and Robin Everly, Librarian at the Botany and Horticulture Library, were especially generous; the valuable resources they maintain and provided are extensive and well organized, and I am again grateful. The second organization, near my Texas home, is the Botanical Research Institute of Texas (BRIT) in Fort Worth, which supported and encouraged my use of its fine collections and library. I am indebted to Barney Lipscomb, Head of Publications, and Sy Sohmer, Director.

Most of the information in this book is based on the *Flora of Guatemala* (Standley and Steyermark 1943–1976). Illustration sources are listed on page 469. All the photographs in this book were taken by me, with the exception of those that are from the photographers listed. The majority of line drawings are from the U.S. Forest Service, and all are gratefully acknowledged.

Finally, I thank the Guatemalan people. May your trees bring you the riches, joy and peace you deserve.

Introducción
Introduction

Guatemala es una tierra de muchos árboles, gracias a su gran variedad de ambientes y a su posición geográfica en el planeta. Tiene tierras altas que son adecuadas para las muchas familias de plantas de clima templado que se extienden hacia abajo, desde Norteamérica hasta las cordilleras; tiene una conexión de tierras bajas con influencias botánicas de Sudamérica. Los extremos climáticos son amplios — desde zonas resecas con sombra pluviométrica hasta zonas bañadas por lluvia y calor sofocante a cimas montañosas heladas. Este mosaico de diversidad puede ayudar a salvar muchas especies en la región contra la destrucción del cambio climático, si las plantas tienen tiempo y espacio para regenerarse sobre el campo mientras las condiciones cambian.

Árboles Comunes de Guatemala pretende ser una guía sencilla de los árboles que forman parte del paisaje y de los jardines de Guatemala. El país es tan rico en especies que resultó difícil limitar el libro a las 215 incluidas aquí. Una referencia anterior, escrita para incluir todas las especies de árboles que pude encontrar en ese momento, contiene más de 2,300 especies y variedades y suma 1,033 páginas (*Trees of Guatemala* 2008). Existen muchos más árboles en Guatemala de los que se incluyen aquí — espero poder cubrir los más comunes y famosos, y me disculpo si he excluido su árbol favorito.

Gran parte de mi tiempo trabajando en el sector forestal se ha dedicado al campo de la dendrología, una rama de la silvicultura dedicada a la identificación y características de los árboles. Así que, después de años dando cursos diseñados para ingenieros forestales y escribiendo publicaciones técnicas, decidí que era hora de escribir un libro para los no profesionales. La mayoría de personas no son ingenieros forestales, aunque muchos tienen un profundo interés y amor por los árboles. Este libro está dirigido a todos. (¡Todavía me resulta difícil creer que un libro como éste no existe ya!)

Los árboles están ordenados alfabéticamente por familia, género, y especie, basados en nombres actualmente aceptados en la base de datos Trópicos del Jardín Botánico de Missouri (MOBOT). Estan seguidos por nombre común en español e inglés, y otros idiomas hablados en Guatemala, cuando se han encontrado. Los nombres comunes son diversos, como en la mayoría de países; la mayoría de los que van incluidos provienen de la *Flora de Guatemala* (Standley y Steyermark, 1943–1976). Algunos de los árboles introducidos más recientemente a menudo parecen llamarse por su género como nombre común. La información sobre distribución incluye la región nativa y los departamentos en los que el árbol ha sido recolectado u observado por la autora. Cada uno puede encontrarse en otros departamentos, por lo que debe tenerse en cuenta que la información de distribución no es exhaustiva. He mantenido las descripciones de los árboles lo menos técnica posible, y he incluido un glosario para ayudar al lector a comprender los términos técnicos utilizados. La categoría de hábitat incluye la variedad de entornos donde hay más probabilidad de encontrar el árbol, incluidas las elevaciones. La sección sobre usos describe brevemente cómo las diferentes partes del árbol son utilizadas por las comunidades locales y en el comercio. Las notas incluyen datos interesantes, al igual que las épocas de floración y fructificación durante el año.

Sinceramente espero que este volumen inspire a todos a valorar, cuidar y apreciar la rica variedad de árboles en Guatemala. Los árboles y ecosistemas forestales son una parte tan importante del mundo natural, ya que protegen los suelos y proporcionan un hábitat para una gran variedad de aves y otras especies animales, y a la vez aumentan la actividad económica local y nacional, lo que incluye el turismo, la agricultura y la silvicultura comercial.

Guatemala is a land of many trees, thanks to its vast array of environments and geographic position on the globe. It has highlands that are suitable for the many temperate plant families that extend down from North America along the mountain ranges; it has a lowland connection with botanical influences of South America. The climatic extremes are wide — from parched rain-shadows to areas drenched in rain, and sweltering heat to frigid mountaintops. This mosaic of diversity may help save many species in the region from the destruction of climate change if plants have time and space to regenerate over the countryside as conditions shift.

Common Trees of Guatemala is intended to be an uncomplicated guide to the trees that are part of the landscape and gardens of Guatemala. The country is so rich in species that it was difficult to limit the book to the 215 included here. An earlier reference written to include all the tree species I could find at the time contains over 2,300 species and varieties and is 1033 pages long (Trees of Guatemala 2008). There are many more trees in Guatemala than are included here — I hope to cover the most common and famous, and I do apologize if I have left out your favorite tree.

Much of my time working in the forestry sector has been dedicated to the field of dendrology, a branch of forestry concerned with the identification and characteristics of trees. So, after years of teaching courses designed for foresters and writing technical publications, I decided it was time to write a book for the non-professional. Most people are not foresters, although many have a keen interest in and love for trees. This book is intended for everyone. (I still find it difficult to believe a book like this doesn't already exist!)

The trees are listed alphabetically by family, genus and species, based on currently accepted names in the Tropicos database from the Missouri Botanical Gardens. This is followed by Spanish and English common names, as well as other languages spoken in Guatemala, when found. Common names are diverse, as in most countries; most included here came from the *Flora of Guatemala* (Standley and Steyermark 1946–1976). Some of the more recently introduced trees seem to most often go by their genus as a common name. Distribution information includes the native region and the departments where the tree has been collected or observed by the author. Each could be found in other departments, so keep in mind that the distribution information is not exhaustive. I have kept the tree descriptions as nontechnical as possible, and have included a glossary to help the reader understand the technical terms used. The habitat category includes the range of environments where the tree is most likely to be found, including elevations. The section on uses briefly describes how the various parts of a tree are employed by local communities and in commerce. The notes include interesting facts, as well as flowering and fruiting times during the year.

I sincerely hope this volume will inspire all to value, nurture and appreciate the rich variety of trees in Guatemala. Trees and forest ecosystems are such an important part of the natural world, protecting soils and providing habitat for a diversity of birds and other animal species, while supporting local and national economic enterprise, including tourism, agriculture and commercial forestry.

Mapa de Guatemala

Map of Guatemala

Mapa de Guatemala de las Naciones Unidas (Sección Cartográfica de la ONU 2004). Usado con permiso.

United Nations Map of Guatemala (UN Cartographic Section 2004). Used by permission.

Árboles
Trees

Español: **Mangle Negro, Palo de Sal**
English: Black Mangrove

DISTRIBUCIÓN: **Escuintla, Izabal, Retalhuleu, San Marcos**. México; Guatemala; Belice; El Salvador; Honduras; Nicaragua; Costa Rica; Panamá; a lo largo de las costas de Sudamérica; Florida; el paleotrópico.

❧ *Árboles o arbustos, hasta 10 (–20) metros de alto, perennifolios, corteza gris oscura, con patrón de cuadros o fisurada cuando madura, neumatóforos parecen lápices que surgen de la base del árbol;* ***hojas*** *simples, opuestas, delgadas, hasta 10 cm de largo, con cristales de sal visibles, más claras por debajo;* ***flores*** *en densas cabezuelas cónicas, pequeñas, blancas, tubulares, 4-lobuladas, menos de 1 cm de ancho, fragantes;* ***fruto*** *verde, asimétrico, aplanado, 1.5–2 cm de largo; 1 semilla.*

HÁBITAT: Aguas salobres, tierras bajas de la zona intermareas, estuarios y playas; 0–10 metros.

USOS: La corteza se utiliza para curtir cuero y para tintes; las abejas aprovechan las flores para producir buena miel; la madera dura se utiliza como material de construcción y carbón vegetal; al parecer, las semillas son comestibles una vez que han brotado y si se las cocina bien (crudas son tóxicas); la resina se utiliza en remedios caseros.

NOTAS: El mangle negro es un árbol frecuente en pantanos costeros, donde produce raíces aéreas semejantes a lápices que cubren el lodo alrededor de árboles grandes. Las semillas germinan en el árbol y crecen cuando caen en el lodo de la marea. Florece de diciembre a julio; fructifica de julio a octubre.

DISTRIBUTION: **Escuintla, Izabal, Retalhuleu, San Marcos**. Mexico; Guatemala; Belize; El Salvador; Honduras; Nicaragua; Costa Rica; Panama; along the coasts of South America; Florida; the Paleotropics.

❧ *Trees or shrubs, to 10 (–20) meters tall, evergreen, bark dark gray, checkered or fissured when mature, pencil-like pneumatophores arising at the base of the tree;* ***leaves*** *simple, opposite, narrow, to 10 cm long, with visible salt crystals, lighter beneath;* ***flowers*** *in dense conical heads, small, white, tubular, 4-lobed, less than 1 cm wide, fragrant;* ***fruit*** *green, asymmetrical, flattened, 1.5–2 cm long; 1 seed.*

HABITAT: Brackish waters, tidal flats, estuaries and beaches; 0–10 meters.

USES: Bark used for tanning leather, for dyes; flowers visited by bees and produce good honey; hard wood used for lumber and charcoal; seeds reportedly edible once sprouted and well cooked (toxic when raw); resin used in home remedies.

NOTES: Black mangrove is a common tree of coastal swamps, where it produces pencil-like aerial roots that cover the mud around large trees. The seeds germinate on the tree, and are growing when they fall into the tidal mud. Flowering from December to July; fruiting from July to October.

Español: **Justicia Roja**
English: Brazilian Red Cloak

DISTRIBUCIÓN: Departamento de **Guatemala**, **Sacatepéquez**, sin duda en otras partes del país. Nativo de Venezuela; ampliamente cultivado en Centroamérica. Guatemala; El Salvador; Honduras; Nicaragua; Costa Rica; Panamá.

❧ *Árboles pequeños o arbustos de crecimiento rápido, hasta 4 metros de alto, tallos jóvenes subcuadrangulares, nudosos;* ***hojas*** *opuestas, simples, elípticas, 13–28 cm de largo;* ***flores*** *en grupos de espigas, hasta 20 cm de largo, brácteas rojas, 3.5–4.5 cm de largo, sépalos 5, alrededor de 1 cm de largo, pétalos blancos que forman un tubo, con 2 labios, aproximadamente 6 cm de largo;* ***fruto*** *en forma de garrote, dehiscente, alrededor de 3 cm de largo.*

HÁBITAT: En cultivo, jardines, setos vivos.

USOS: Ornamental, de crecimiento veloz, proporciona cobertura rápida y un color espectacular en los paisajes.

NOTAS: Esta especie se reconoce por sus grandes brácteas rojas. Puede ser reproducida mediante recortes arraigados.

DISTRIBUTION: Department of **Guatemala**, **Sacatepéquez**, undoubtedly elsewhere in the country. Native to Venezuela; widely cultivated in Central America. Guatemala; El Salvador; Honduras; Nicaragua; Costa Rica; Panama.

❧ *Fast-growing small trees or shrubs, to 4 meters tall, young stems subquadrangular, knobby;* ***leaves*** *opposite, simple, elliptic, 13–28 cm long;* ***flowers*** *in groups of spikes, to 20 cm long, bracts red, 3.5–4.5 cm long, sepals 5, about 1 cm long, white flower petals forming a tube, 2-lipped, about 6 cm long;* ***fruit*** *club-shaped, dehiscent, about 3 cm long.*

HABITAT: In cultivation, gardens, hedges.

USES: A fast-growing ornamental, providing quick cover and dramatic color in a landscape.

NOTES: This species is recognized by its large red bracts. It can be reproduced by rooted cuttings.

Español: **Sauco, Sauco Blanco, Sauco Colorado, Sauco Extranjero**
English: Elderberry, American Elder, Florida Elder, Gulf Elder, Southern Elder, Mexican Elder; West Indian Elder (Barbados)
Otros: **Tlacha** (Quetzaltenango), **Tunalj** (Sacatepéquez), **Sacatsun** (Q'eqchi', Alta Verapaz), **Bahmán** (Soloma, Huehuetenango), **Tzolokquen** (Suchitepéquez); **Tzoloj, Tzolojche, Tzolojque** (K'iche')
Sinónimo: *Sambucus mexicana*

DISTRIBUCIÓN: **Alta Verapaz, Chimaltenango, Chiquimula, El Progreso, Huehuetenango, Jalapa, Quetzaltenango, Quiché, Sacatepéquez, San Marcos, Sololá, Suchitepéquez, Totonicapán**. Este de Canadá hasta Sudamérica; República Dominicana.
❧ *Árboles pequeños o arbustos, hasta 12 metros de alto (en las montañas de regiones tropicales y subtropicales), tronco corto y grueso, corteza café claro, levemente surcada, a menudo con rayas verdes;* ***hojas*** *opuestas, pinnadas, folíolos 5–11 (más comúnmente 7–9), en su mayoría 3.5–19 cm de largo, márgenes serrados;* ***flores*** *pequeñas, blancas o cremas, fragantes, con (4) 5 pétalos, en una inflorescencia convexa o plana, 6–30 cm de ancho, flores individuales 5–7 mm de ancho;* ***fruto*** *5–8 mm de ancho, púrpura-negro cuando maduro.*
HÁBITAT: Matorrales y bosques húmedos, áreas abiertas, abundante en setos, a lo largo de carreteras; por lo general se planta cerca de casas y en jardines; desde el nivel del mar hasta 3,700 metros.
USOS: Una infusión o decocción de las flores se considera un remedio para el resfrío; fruto popular para jalea en Guatemala y en otros lugares también se utiliza para pasteles y vino; a menudo se planta en setos; atractivo para las abejas y mariposas, importante como alimento y refugio para las aves.
NOTAS: La forma y el tamaño de las hojas varían. Aunque las flores y bayas cocidas son comestibles, las hojas, tallos y frutos verdes son venenosos, y contienen oxalato de calcio, el cual es tóxico.

DISTRIBUTION: **Alta Verapaz, Chimaltenango, Chiquimula, El Progreso, Huehuetenango, Jalapa, Quetzaltenango, Quiché, Sacatepéquez, San Marcos, Sololá, Suchitepéquez, Totonicapán**. Eastern Canada through South America; Dominican Republic.
❧ *Small trees or shrubs, to 12 meters tall (in the mountains of tropical and subtropical regions), trunk short and thick, bark light brown, shallowly furrowed, often streaked with green;* ***leaves*** *opposite, pinnate, leaflets 5–11 (most commonly 7–9), mostly 3.5–19 cm long, margins serrate;* ***flowers*** *small, white or cream-colored, fragrant, with (4) 5 petals, in a convex or flat-topped inflorescence, 6–30 cm wide, individual flowers 5–7 mm wide;* ***fruit*** *5–8 mm wide, purple-black when mature.*
HABITAT: Damp thickets and forests, open areas, abundant in hedges, along roads; commonly planted near houses and in gardens; from sea level to 3,700 meters.
USES: An infusion or decoction of the flowers is considered a remedy for colds; fruit popular for jam in Guatemala, and elsewhere also used for pie-making and wine; often planted in hedges; attractive to bees and butterflies, important food and cover for birds.
NOTES: Leaf form and size are variable. Although the cooked flowers and berries are edible, the leaves, stems and green fruit are poisonous, containing toxic calcium oxalate.

Español: **Liquidámar**; **Estoraque** (Cobán)
English: Sweetgum
Otros: **Ocop**, **Occob** (Q'eqchi'), **Ocóm** (Q'eqchi'), **Tzoté** (Huehuetenango), **Quiramba** (Tactic, Alta Verapaz)

DISTRIBUCIÓN: **Alta Verapaz**, **Baja Verapaz**, **Chiquimula**, **El Progreso**, **Guatemala**, **Huehuetenango**, **Izabal**, **Quiché**, **San Marcos**, **Zacapa**. Este y sur de los Estados Unidos; México; Guatemala; Belice; El Salvador; Honduras; Nicaragua; Costa Rica.

❧ *Árboles, hasta 40 metros de alto, corteza con surcos profundos, grisácea, tronco hasta 1 metro o más de diámetro, ramas jóvenes de color café rojizo, a menudo con canto corchosos o alas gruesas;* ***hojas*** *alternas, con pecíolos muy largos, delgados, hojas 10–18 cm de largo y ancho, profundamente 5–7-lobuladas, lóbulos oblongo-triangulares, puntiagudos en los extremos, finamente serrados, verde oscuros y brillantes en la parte de arriba, y más palidos en la parte de abajo, con mechones de pelos en las axilas de los nervios;* ***flores*** *unisexuales, masculinas y femeninas en grupos separados, verdosas;* ***fruto*** *en cabezuelas compuestas, globosas, secas y duras, compuesto por numerosas cápsulas pequeñas (40–60), cabezuelas 3 cm de ancho, espinosas.*

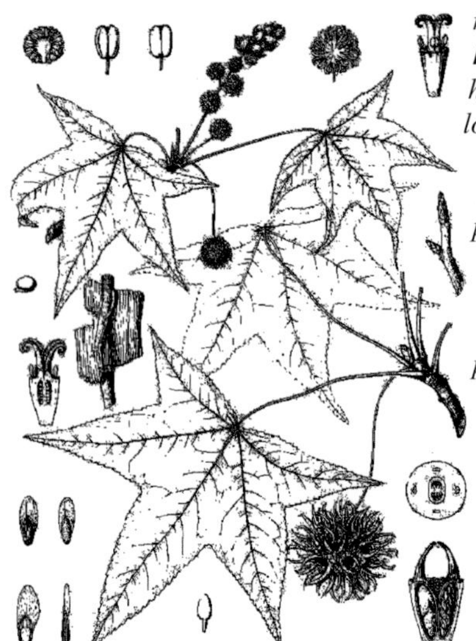

HÁBITAT: Bosques húmedos o mojados, a menudo mixtos, sobre todo en laderas de montañas o a lo largo de arroyos, muchas veces se le asocia con pinos o encinos; 900–2,100 metros.

USOS: Madera valiosa; goma aromática utilizada en productos medicinales y esencias; el chicle se mastica, se le utiliza para darle sabor al tabaco; árbol ornamental popular en la Ciudad de Guatemala como árbol de calle en algunos barrios, con color de otoño, que se torna amarillo brillante, anaranjado, rojo y morado; las hojas se utilizan como decoración en Cobán.

NOTAS: Las flores se pueden ver en marzo; el fruto permanece en el árbol durante meses. El fruto espinoso se acumula debajo del árbol, ¡y puede ser doloroso caminar sobre él descalzo!

DISTRIBUTION: **Alta Verapaz**, **Baja Verapaz**, **Chiquimula**, **El Progreso**, **Guatemala**, **Huehuetenango**, **Izabal**, **Quiché**, **San Marcos**, **Zacapa**. Eastern and southern United States; Mexico; Guatemala; Belize; El Salvador; Honduras; Nicaragua; Costa Rica.

❧ *Trees, to 40 meters tall, bark deeply furrowed, grayish, trunk to 1 meter or more in diameter, young branches reddish brown, often with corky ridges or thick wings;* ***leaves*** *alternate, with very long, slender petioles, leaves 10–18 cm long and wide, deeply 5–7-lobed, lobes oblong-triangular, pointed at the ends, finely serrate, dark green and lustrous above, paler beneath, with tufts of hairs in nerve axils;* ***flowers*** *unisexual, male and female in separate clusters, greenish;* ***fruit*** *in compound heads, globose, dry and hard, composed of numerous small capsules (40–60), heads 3 cm wide, spiny.*

HABITAT: Moist or wet, often mixed forests, mostly on mountainsides or along streams, often associated with pines or oaks; 900–2,100 meters.

USES: Valuable timber; aromatic gum used in medicinals and scents; the gum is chewed, used to flavor smoking tobacco; an ornamental tree popular in Guatemala City as a street tree in some neighborhoods, with autumn color, turning brilliant yellow, orange, red and purple; the leaves are used for decoration in Cobán.

NOTES: Flowers noted in March; fruit persistent on the tree for months. The spiny fruit accumulate under the tree, and can be painful to walk on barefoot!

Español: **Marañón, Jocote Marañón**
English: Cashew, Cashew Apple

DISTRIBUCIÓN: **Baja Verapaz, Chiquimula, El Progreso, Escuintla, Izabal, Jutiapa, Petén, Quiché, Retalhuleu, San Marcos, Santa Rosa, Suchitepéquez, Zacapa**. Sur de México; Guatemala; Belice; El Salvador; Honduras; Nicaragua; Costa Rica; Panamá; Sudamérica; las Antillas. Posiblemente nativo de Brasil y Venezuela; ampliamente plantado en América tropical; cultivado y naturalizado en el paleotrópico.
❧ *Árboles, hasta 12 metros de alto, con copa extendida y aceites venenosos, especialmente en las nueces;* ***hojas*** *simples, alternas, coriáceas, en su mayoría 9–15 cm de largo, hojas jóvenes rojizas;* ***flores*** *en grupos terminales, verde pálidas con rayas rojizas, pétalos 7–8 mm de largo;* ***fruto*** *una nuez reniforme, gris, 2–2.5 cm de largo, en un tallo de flor agrandado (la manzana o 'fruto falso') que es grueso, esponjoso, jugoso, rojo o amarillo.*
HÁBITAT: Con frecuencia se planta en fincas de tierra baja, naturalizado en algunos lugares; 0–1,345 metros.
USOS: El fruto carnoso es comestible y se utiliza para hacer una bebida fermentada; semillas de marañón; la goma se utiliza como barniz; productos medicinales; el aceite de la cáscara de la semilla se utiliza como insecticida; leña; madera para construcción.
NOTAS: Ampliamente cultivado, incluso en Nigeria, la India y la Costa de Marfil, que son los principales países productores de la semilla de marañón. Precaución: las semillas crudas contienen un aceite cáustico, el cual se debe calentar para eliminarlo.

DISTRIBUTION: **Baja Verapaz, Chiquimula, El Progreso, Escuintla, Izabal, Jutiapa, Petén, Quiché, Retalhuleu, San Marcos, Santa Rosa, Suchitepéquez, Zacapa**. Southern Mexico; Guatemala; Belize; El Salvador; Honduras; Nicaragua; Costa Rica; Panama; South America; West Indies. Possibly native to Brazil and Venezuela; widely planted in tropical America; cultivated and naturalized in the Paleotropics.
❧ *Trees, to 12 meters tall, with a spreading crown and poisonous oils, especially in the nuts;* ***leaves*** *simple, alternate, leathery, mostly 9–15 cm long, young leaves reddish;* ***flowers*** *in terminal groups, pale green with reddish stripes, petals 7–8 mm long;* ***fruit*** *a kidney-shaped nut, gray, 2–2.5 cm long, on an enlarged flower stem (the apple or pseudofruit) that is thick, spongy, juicy, red or yellow.*
HABITAT: Commonly planted on lowland farms, naturalized in some places; 0–1,345 meters.
USES: The fleshy part of the fruit stem is eaten and also used for a fermented beverage; cashew nuts; gum used as a varnish; medicinals; oil of the seed's shell is used as an insecticide; fuelwood; construction wood.
NOTES: Cultivated widely, including in Nigeria, India and the Ivory Coast, which are the top cashew-producing countries. Caution: the raw nuts contain a caustic oil, which must be heated to remove.

Español: **Mango**
English: Mango
Otro: **Mang** (Q'eqchi')

DISTRIBUCIÓN: Se puede encontrar en todos los departamentos. Exótico, nativo del sur de Asia; ampliamente plantado en los trópicos.
❧ *Árboles grandes, perennifolios, con una copa muy densa y extendida, tronco a veces hasta 1 metro de diámetro;* ***hojas*** *alternas, simples, normalmente delgadas, 10–20 cm de largo, algo coriáceas;* ***flores*** *verde blanquecinas o amarillentas, normalmente en un grupo terminal muy grande, pétalos 5 mm de largo;* ***fruto*** *verde y amarillo, por lo general con matices de rojo o rosado, variando mucho en tamaño y color; 1 semilla grande, plana y ósea.*
HÁBITAT: Se cultiva en abundancia en toda Guatemala.
USOS: Fruta; sombra; productos medicinales; madera; ornamental.
NOTAS: El follaje joven tiene matices de rojo y morado; antes de caer, las hojas por lo general se ponen amarillas o rojas. Existen muchas variedades de mango, con diferentes formas, tamaños, colores y fibras en la pulpa del fruto. La resina y la cáscara pueden causar irritación en algunos individuos.

DISTRIBUTION: Found in all departments. Exotic, native to southern Asia; widely planted in the tropics.
❧ *Large evergreen trees, with a very dense, spreading crown, trunk sometimes to 1 meter in diameter;* ***leaves*** *alternate, simple, usually narrow, 10–20 cm long, somewhat leathery;* ***flowers*** *whitish green or yellowish, usually in a very large terminal group, petals 5 mm long;* ***fruit*** *green and yellow, usually tinged with red or pink, varying greatly in size and color; 1 large, flat, bony seed.*
HABITAT: Abundantly cultivated throughout Guatemala.
USES: Fruit; shade; medicinals; timber; ornamental.
NOTES: The young foliage is tinged with red and purple; before falling, the leaves usually turn yellow or red. There are many varieties of mango, with differences in shape, size, color and fibers in the fruit pulp. The resin and fruit peel are irritating to some individuals.

Español: **Pirú, Pimiento Falso**
English: Peruvian Pepper Tree, California Pepper Tree

DISTRIBUCIÓN: Nativo desde el norte de Sudamérica hasta el centro de Chile y Argentina, pero se cultiva para adorno o como árbol de sombra en otras regiones del mundo. **Guatemala**, **Sacatepéquez**, y sin duda se planta en muchos otros departamentos. México; Guatemala; El Salvador; Honduras; Nicaragua.
❧ *Árboles, a menudo hasta 15 metros de alto, tronco corto y grueso, ramas agraciadas, caídas;* ***hojas*** *alternas, pinnadas, folíolos 15–27, verde oscuros, lineales o lineal-lanceolados, enteros o casi enteros, a veces serrados, en su mayoría de 3–6 cm de largo, raquis de la hoja con alas angostas;* ***flores*** *pequeñas, de color blanco amarillento, masculinas y femeninas, producidas en plantas separadas (dioicas), en grupos abiertos colgantes, pétalos oblongos;* ***fruto*** *rojo rosáceo, globoso, 5 mm de diámetro, con una piel papirácea.*
HÁBITAT: Se planta en partes montañosas de la región central, parques, calles y jardines; en su mayoría a más de 1,200 metros, hasta 2,700 metros o más.
USOS: Ornamental; las hojas y pimientos son aromáticos, y las bayas maduras son un sustituto de la pimienta negra (granos de pimienta rosa), aunque no tiene relación con la verdadera pimienta negra (*Piper nigrum*). Tiene varios usos en la medicina tradicional y estudios recientes han demostrado efectos antidepresivos; propiedades insecticidas.
NOTAS: El pirú es de crecimiento rápido, perennifolio y de larga vida. Una vez establecido, es tolerante a la sequía. Es una maleza que se considera grave e invasiva en muchas partes del mundo.

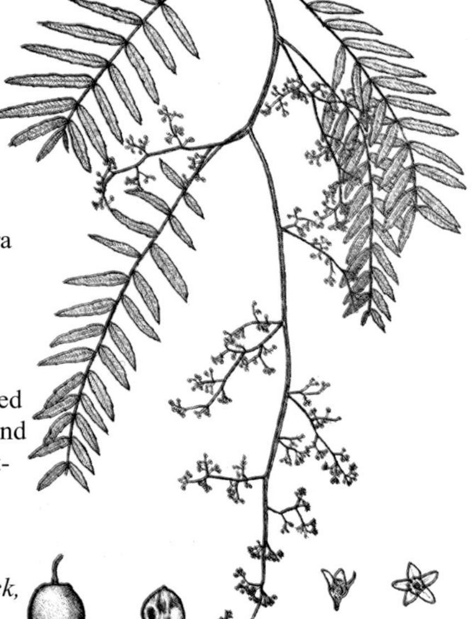

DISTRIBUTION: Native from northern South America to central Chile and Argentina, but cultivated for ornament or as a shade tree in other regions around the world. **Guatemala**, **Sacatepéquez**, and undoubtedly planted in numerous other departments. Mexico; Guatemala; El Salvador; Honduras; Nicaragua.
❧ *Trees, often to 15 meters tall, trunk short and thick, branches graceful, drooping;* ***leaves*** *alternate, pinnate, leaflets 15–27, dark green, linear or linear-lanceolate, entire or nearly entire, sometimes serrate, mostly 3–6 cm long, rachis of leaf narrowly winged;* ***flowers*** *small, yellowish white, male and female flowers occur on separate plants (dioecious), in pendulous open groups, petals oblong;* ***fruit*** *pinkish red, globose, 5 mm in diameter, with a papery skin.*
HABITAT: Planted in mountainous parts of the central region, in parks, along streets and in gardens; mostly above 1,200 meters, up to 2,700 meters or more.
USES: Ornamental; the leaves and berries are aromatic, and the ripe berries are a black pepper substitute (pink peppercorns), although it is not related to true black pepper (*Piper nigrum*). It has a number of uses in traditional medicine, and recent studies have looked at antidepressant effects; insecticidal properties.
NOTES: Peruvian pepper tree is quick growing, evergreen and long lived. Once established it is drought tolerant. It is a serious invasive weed in many parts of the world.

Español: Pimienta de Brasil
English: **Brazilian Pepper Tree**, **Christmas Berry**

DISTRIBUCIÓN: Originaria de Brasil, Argentina y Paraguay; establecida en muchos lugares fuera de su área de distribución natural. **Alta Verapaz**, **Guatemala**, **Sacatepéquez**. Florida (Estados Unidos); México; Guatemala; El Salvador; Nicaragua; Panamá; Sudamérica.
❧ *Árboles pequeños, perennifolios, hasta unos 10 metros de alto, de vez en cuando una enredadera leñosa (liana) o epífita, a menudo con un tronco multitallo;* ***hojas*** *alternas, pinnadas, de color verde-bronce, 10–22 cm de largo, por lo general de 7 (3–10) folíolos lisos, 2–10 cm de largo, con márgenes finamente dentados y venas amarillentas, el raquis de la hoja entre las valvas a menudo ligeramente alado;* ***flores*** *pequeñas, de color blanco cremoso, en racimos colgantes; las plantas pueden tener flores masculinas o femeninas (dioicas);* ***fruto*** *una pequeña drupa roja, 4–5 mm de ancho, en racimos densos.*
HÁBITAT: Se considera que la pimienta de Brasil es de fácil cultivo y tolera la mayoría de suelos, pero crece mejor en elevaciones bajas.
USOS: Ornamental; cuando se recorta es un excelente árbol de sombra. La flor es considerada melífera (produce miel). Aunque no es una verdadera pimienta negra (*Piper nigrum*), el fruto seco se vende a menudo como granos de pimienta rosa, al igual que el fruto de la especie relacionada *Schinus molle* (pimiento falso).
NOTAS: En algunos climas cálidos y húmedos, como en Hawái y la Florida, la planta se ha convertido en una maleza grave.

DISTRIBUTION: Native to Brazil, Argentina and Paraguay; established in many areas outside its native range. **Alta Verapaz**, **Guatemala**, **Sacatepéquez**. Florida (USA); Mexico; Guatemala; El Salvador; Panama; South America.
❧ *Small evergreen trees, up to about 10 meters tall, occasionally a woody vine (liana) or epiphyte, often with a multi-stemmed trunk;* ***leaves*** *alternate, pinnate, bronze-green, 10–22 cm long, usually of 7 (3–10) smooth leaflets, 2–10 cm long, with finely toothed margins and yellowish veins, the leaf rachis between the leaflets is often slightly winged;* ***flowers*** *small, creamy white, borne in drooping clusters; the plants will have either male or female flowers (dioecious);* ***fruit*** *a small red drupe, 4–5 mm wide, in dense clusters.*
HABITAT: Brazilian pepper tree is considered easily grown and tolerates most soils, but grows best at low elevations.
USES: Ornamental; when trimmed it makes an excellent shade tree. Its flower is considered to be melliferous (honey producing). Although it is not a true black pepper (*Piper nigrum*), its dried fruit is often sold as pink peppercorn, as is the fruit from the related species *Schinus molle* (Peruvian pepper tree).
NOTES: In some warm, wet climates, such as in Hawaii and Florida, the plant has become a serious weed.

Español: **Jocote, Jocote Jobo, Jobo Jocote, Jocote de Corona**
English: Purple Mombin, Red Mombin, Hog Plum, Spanish Plum
Otros: **Poc** (Q'eqchi'), **Kinim** (Petén, Maya)

DISTRIBUCIÓN: **Alta Verapaz, Baja Verapaz, Chiquimula, El Progreso, Escuintla, Guatemala, Huehuetenango, Izabal, Jalapa, Jutiapa, Petén, Quiché, Retalhuleu, Sacatepéquez, San Marcos, Santa Rosa, Sololá, Suchitepéquez, Zacapa**. Nativo desde México hasta Sudamérica; cultivado en África y el sur de Asia.
❧ *Árboles caducifolios, hasta 15 metros de alto, ramas gruesas;* ***hojas*** *alternas, pinnadas, folíolos 5–12 pares, en su mayoría subsésiles, variables en forma;* ***flores*** *de color rosado vivo o morado rojizo, a menudo aparece cuando el árbol está áfilo, pétalos 3 mm de largo;* ***fruto*** *3–3.5 cm de largo o más, por lo general rojo o anaranjado, a veces amarillo, pulpa dulce y jugosa, amarilla pálida; 1 semilla grande.*
HÁBITAT: En bosques secos y cultivado, por todo el país; nivel del mar hasta 1,400 metros.
USOS: El fruto se come fresco, y una vez maduro se utiliza para hacer una bebida alcohólica; cercos vivos; los retoños jóvenes y las hojas son comestibles; las cenizas se utilizan en la fabricación de jabón; planta huésped para la crianza de insectos escamas de laca.
NOTAS: El árbol varía en tamaño de manera considerable. Existen muchas variedades del fruto, con diferencias en color, tamaño y sabor. Florece de enero a mayo.

DISTRIBUTION: **Alta Verapaz, Baja Verapaz, Chiquimula, El Progreso, Escuintla, Guatemala, Huehuetenango, Izabal, Jalapa, Jutiapa, Petén, Quiché, Retalhuleu, Sacatepéquez, San Marcos, Santa Rosa, Sololá, Suchitepéquez, Zacapa**. Native from Mexico to South America; grown in Africa and southern Asia.
❧ *Deciduous trees, to 15 meters tall, branches thick;* ***leaves*** *alternate, pinnate, leaflets 5–12 pairs, mostly subsessile, variable in shape;* ***flowers*** *bright pink or reddish purple, often appearing when tree is leafless, petals 3 mm long;* ***fruit*** *3–3.5 cm long or more, generally red or orange, sometimes yellow, pulp sweet and juicy, pale yellow; 1 large seed.*
HABITAT: In dry forests and cultivated, throughout the country; sea level to 1,400 meters.
USES: Fruit eaten fresh, and ripe fruit used to make an alcoholic drink; living fences; young shoots and leaves eaten; ashes used to make soap; a host plant in the cultivation of lac insects.
NOTES: The tree varies greatly in size. There are many fruit varieties, differing in color, size and flavor. Flowering from January to May.

Español: **Guanaba, Guanaba Dulce, Guanábana**
English: Soursop

DISTRIBUCIÓN: **Alta Verapaz, Izabal, Jutiapa, Petén**, tierras bajas de la costa del Pacífico. México; Guatemala; El Salvador; Honduras; Nicaragua; Costa Rica; Panamá; Sudamérica; las Antillas. Se cultiva en partes de África; la región nativa posiblemente sea las Antillas o Brasil.
❧ *Árboles, hasta 12 metros de alto, follaje con mal olor, ramitas jóvenes con pelos ferrugíneos;* ***hojas*** *alternas, simples, brillantes, 8–15 cm de largo, domacios en las axilas de los nervios;* ***flores*** *solitarias, terminales u opuestas a las hojas, pétalos exteriores muy gruesos, 2.5–3.5 cm de largo, amarillentos, pétalos interiores más pequeños;* ***fruto*** *15–20 cm de largo o más, verde, cubierto con espinas flexibles curvadas, pulpa blanca y jugosa; semillas numerosas, 1.5 cm de largo, negras.*
HÁBITAT: De extenso cultivo por todo el país; común; 0–1,000 metros.
USOS: Fruto comestible, utilizado en bebidas y sorbetes; la madera a veces se utiliza en El Salvador para fabricar yugos, ya que evita la caída del pelo en los bueyes; una decocción de las hojas se aplica en el cabello para matar piojos; veneno para peces; té medicinal.
NOTAS: La corteza del fruto tiene un olor desagradable, pero la pulpa blanca es agridulce. La fruta puede pesar hasta 3 kilogramos. Florece la mayoría de los meses.

DISTRIBUTION: **Alta Verapaz, Izabal, Jutiapa, Petén**, lowlands of the Pacific coast. Mexico; Guatemala; El Salvador; Honduras; Costa Rica; Panama; South America; West Indies. Cultivated in parts of Africa; native region possibly the West Indies or Brazil.
❧ *Trees, to 12 meters tall, foliage ill-scented, young twigs with rusty hairs;* ***leaves*** *alternate, simple, lustrous, 8–15 cm long, domatia in nerve axils;* ***flowers*** *solitary, terminal or opposite leaves, outer petals very thick, 2.5–3.5 cm long, yellowish, inner petals smaller;* ***fruit*** *15–20 cm long or longer, green, covered with flexible curved spines, pulp white and juicy; seeds numerous, 1.5 cm long, black.*
HABITAT: Widely cultivated throughout the country; common; 0–1,000 meters.
USES: Fruit edible, used in drinks and sherbets; wood sometimes used in El Salvador for ox yokes, because it does not cause the oxen's hair to fall out; a decoction of the leaves is applied to hair to kill head lice; fish poison; medicinal teas.
NOTES: The rind of the fruit has an unpleasant odor, but the white flesh is sweet and tart. The fruit can weigh up to 3 kilos. Flowering most months.

Español: **Ylang-ylang**
English: Ylang-Ylang, Ilang-Ilang, Perfume Tree

DISTRIBUCIÓN: **Zacapa**, costa norte. Nativo de la India, Indonesia y las Filipinas; cultivado en muchas zonas tropicales, debido a sus flores perfumadas.
❧ *Árboles pequeños, hasta 15 metros de alto, ramas delgadas, arqueadas hacia arriba en la punta;* ***hojas*** *simples, alternas, 10–15 cm de largo o más;* ***flores*** *de color amarillo verdoso, colgantes, muy fragantes, pétalos largos y delgados;* ***fruto*** *bayas, agrupadas en un tallo largo y delgado, verdes tornándose negras.*
HÁBITAT: En cultivos, a menudo se esparce; se puede encontrar en sitios de tierra baja.
USOS: Ornamental; perfume.
NOTAS: El árbol se caracteriza por sus flores intensamente fragantes, las cuales tienen más perfume durante la noche. Las flores producen un aceite volátil, conocido en el comercio como aceite de ylang-ylang, el cual se utiliza en perfumes. Florece durante varias épocas del año.

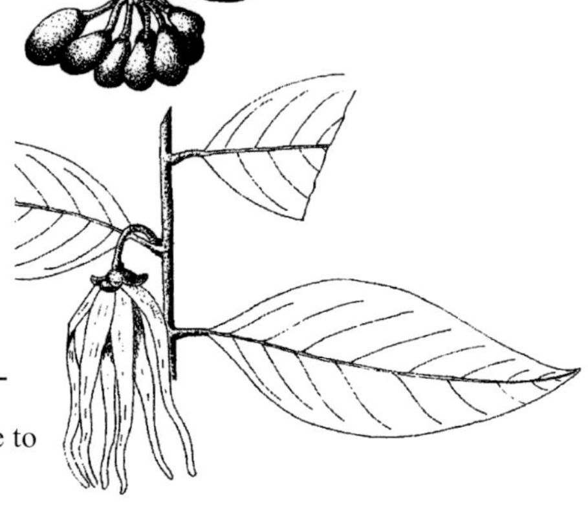

DISTRIBUTION: **Zacapa**, north coast. Native to India, Indonesia and the Philippines; grown in many tropical areas for its sweet-scented flowers.
❧ *Small trees, to 15 meters tall, branches slender, arching upward at the tip;* ***leaves*** *simple, alternate, 10–15 cm long or longer;* ***flowers*** *greenish yellow, drooping, very fragrant, petals long and narrow;* ***fruit*** *berries, clustered on a long slender stem, green turning black.*
HABITAT: Cultivated, often escaped; found on lowland sites.
USES: Ornamental; perfume.
NOTES: The tree is noted for its intensely fragrant flowers, which smell strongest at night. The flowers yield a volatile oil, known in commerce as oil of ylang-ylang, used in perfumes. Flowering at various times of the year.

Español: **Falso Ilan**
English: Indian Mast Tree

DISTRIBUCIÓN: Ciudad de Guatemala, probablemente también se planta en otras partes de Guatemala. Nativo de Sri Lanka y la India.

❧ *Árbol perennifolio, hasta 25–30 metros de alto, copa simétrica, delgada, columnar, con ramas péndulas;* ***hojas*** *largas y angostas, con márgenes ondulados, 11–22 cm de largo;* ***flores*** *en forma de estrella, se encuentran en las axilas de las hojas o de las hojas caídas, por lo general abundantes, pétalos angostos, hasta 1.2 cm de largo, de color amarillo verdoso;* ***fruto*** *casi globular a ovoide, 2–2.5 cm de largo, con 1 semilla, rabo 8–12 mm de largo, dado en grupos de 10–20, al principio verde, luego se tornan de un color morado o negro al madurar.*

HÁBITAT: En cultivos.

USOS: Ornamental; reducción de ruido; el fruto es consumido por los pájaros; en la India se poda en setos recortados.

NOTAS: Presente en jardines de muchos países tropicales alrededor del mundo y al parecer recién llegado a los jardines guatemaltecos. En su área de distribución nativa, existe una variedad del árbol que tiene una copa de extensión normal.

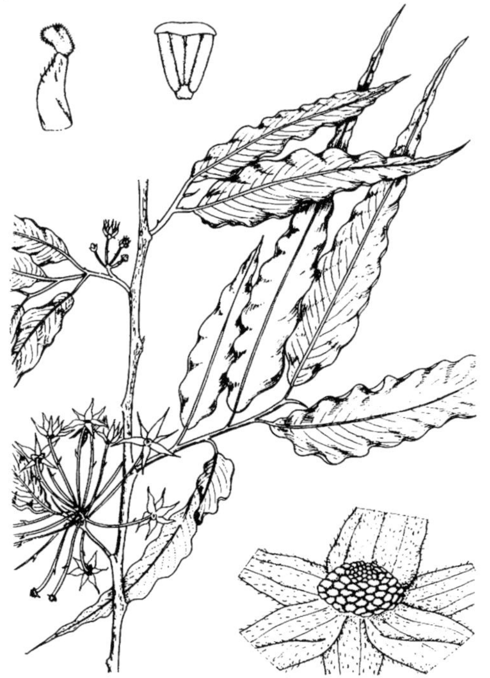

DISTRIBUTION: Guatemala City, probably also planted elsewhere in Guatemala. Native to Sri Lanka and India.

❧ *An evergreen tree, to 25–30 meters tall, crown symmetrical, narrow, columnar, with pendulous branches;* ***leaves*** *long and narrow, with undulate margins, 11–22 cm long;* ***flowers*** *star-shaped, in axils of leaves or fallen leaves and usually numerous, petals narrow, up to 1.2 cm long and greenish yellow;* ***fruit*** *nearly globular to ovoid, 2–2.5 cm long, 1-seeded, stalk 8–12 mm long, borne in clusters of 10–20, at first green, later turning purple or black when ripe.*

HABITAT: Cultivated.

USES: Ornamental; noise alleviation; the fruit is eaten by birds; pruned in India into shaped hedges.

NOTES: Introduced into gardens in many tropical countries around the world, and apparently a recent arrival to gardens in Guatemala. In its native range, there is a variety of the tree with a normally spreading crown.

Español: **Algodón de Seda, Huevos de Yankee, Huevo de Aire**
English: Giant Milkweed

DISTRIBUCIÓN: Autóctono del paleotrópico, pero de extensa presencia en todo el neotrópico. Recolectado en **Chiquimula**, **El Progreso**, **Izabal**, **Zacapa**; sin duda se puede encontrar en otras áreas.
❧ *Árboles pequeños o arbustos, perennes, hasta 6 metros de alto, con pocas ramas gruesas extendidas y una copa rala, corteza blanquecina, gruesa y suberosa, con abundante látex;* ***hojas*** *simples, opuestas, láminas 7.5–18 cm de largo, ligeramente coriáceas, con pelos finos y suaves por debajo;* ***flores*** *en grupos, corola en forma de estrella, con 5 lóbulos puntiagudos de 1 cm de largo, blanquecinos con terminales morados;* ***fruto*** *1 o 2 folículos grandes e inflados, 7.5–11 cm de largo, ligeramente carnosos, de color amarillo verdoso pero se tornan pardos y secos; semillas numerosas, aplanadas, café rojizas, con una cantidad de pelos blancos.*
HÁBITAT: Naturalizado, frecuente y disperso en bosques secos costeros, pastizales y playas; 0–200 (–400) metros. Dado a que la planta no es apetecible para el ganado, suele ser frecuente en pastizales.
USOS: Los pelos sedosos de las semillas se utilizan en ocasiones para rellenar cojines; remedios caseros.
NOTAS: La madera es blanca y blanda. Florece y fructifica todo el año.

DISTRIBUTION: Indigenous to the Paleotropics, but widely introduced throughout the Neotropics. Collected in **Chiquimula**, **El Progreso**, **Izabal**, **Zacapa**; doubtlessly found in other areas.
❧ *Small trees or shrubs, evergreen, to 6 meters tall, with few thick, spreading branches and a sparse crown, bark whitish, thick and corky, with abundant latex;* ***leaves*** *simple, opposite, blades 7.5–18 cm long, slightly leathery, with fine, soft hairs beneath;* ***flowers*** *in clusters, corolla star-shaped with 5 pointed lobes 1 cm long, whitish with purple ends;* ***fruit*** *1 or 2 large inflated follicles, 7.5–11 cm long, slightly fleshy, greenish yellow but becoming brown and dry; seeds numerous, flat, reddish brown, with a large mass of white hairs.*
HABITAT: Naturalized, common and dispersed in dry coastal woodlands, pastures and beaches; 0–200 (–400) meters. Since the plant is not palatable to livestock, it tends to be common in pastures.
USES: The seeds' silky hairs are sometimes used to stuff cushions; home remedies.
NOTES: The wood is white and soft. Flowering and fruiting all year.

Español: **Chilindrón, Chilco, Chilca, Chirca, Canjura**
English: Yellow Oleander, Lucky Nut, Luck Seeds
Otro: **Acitz** (Petén, Maya)
Sinónimo: *Thevetia peruviana*

DISTRIBUCIÓN: **Chiquimula, Guatemala, Jutiapa, Petén, Santa Rosa, Zacapa**. Nativo de América tropical, tal vez de México; ampliamente cultivado en los trópicos de ambos hemisferios.

❧ *Árboles pequeños, por lo general 3–5 metros de alto, tronco corto, con corteza gris clara, ramificación a menudo irregular, con savia blanca;* ***hojas*** *angostas, lineales, 7–15 cm de largo, lustrosas;* ***flores*** *color amarillo brillante o en ocasiones salmón pálido, en forma de trompeta, lóbulos 3.5–4.5 cm de largo, se extiende;* ***fruto*** *4–4.5 cm de ancho, carnoso, verde, luego se torna de color negro.*

HÁBITAT: Se planta con frecuencia como ornamental, a menudo en sitios secos; 10–1,200 metros.

USOS: Ornamental; medicinal; en algunos lugares, la gente recolecta las semillas para la buena suerte; veneno para peces; insecticida.

NOTAS: La madera es blanca, las flores aromáticas. La savia lechosa y las semillas son venenosas, utilizadas como veneno para peces y para insecticidas; sin embargo, se observan usos medicinales. Es un árbol sólido, resistente a la sequía, a veces utilizado como seto vivo o para sombra.

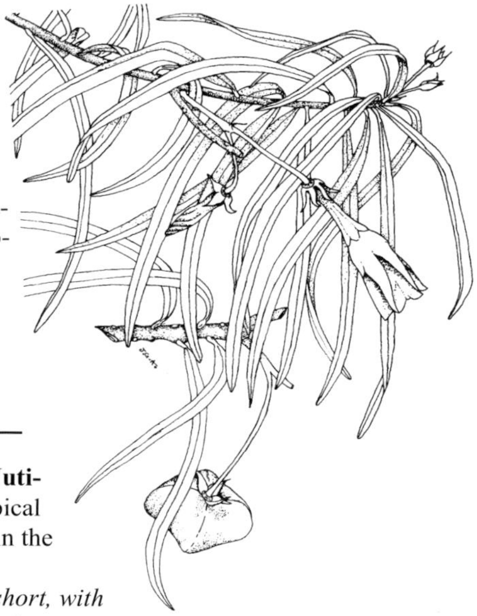

DISTRIBUTION: **Chiquimula, Guatemala, Jutiapa, Petén, Santa Rosa, Zacapa**. Native of tropical America, perhaps of Mexico; widely cultivated in the tropics of both hemispheres.

❧ *Small trees, commonly 3–5 meters tall, trunk short, with light gray bark, branching often irregular, with white sap;* ***leaves*** *narrow, linear, 7–15 cm long, glossy;* ***flowers*** *bright yellow or sometimes pale salmon-orange, trumpet-shaped, lobes 3.5–4.5 cm long, spreading;* ***fruit*** *4–4.5 cm wide, fleshy, green, later turning black.*

HABITAT: Planted commonly for ornament, often on dry sites; 10–1,200 meters.

USES: Ornamental; medicinal; seeds carried in some places for luck; fish poison; insecticide.

NOTES: The wood is white, the flowers fragrant. The milky sap and seeds are poisonous, used in fish poison and insecticides; nevertheless, medicinal uses are noted. This is a tough, drought-resistant tree, sometimes used as a hedge or for shade.

Español: **Narciso**
English: Oleander

DISTRIBUCIÓN: Nativo de la región mediterránea y Asia Menor; ampliamente plantado en jardines y parques.
❧ *Árboles pequeños o arbustos, perennes, multitallos, hasta 6 metros de alto, con savia transparente y venenosa;* ***hojas*** *opuestas o en verticilos de 3–4, coriáceas, 6–25 cm de largo;* ***flores*** *en una inflorescencia con pocas o numerosas flores, éstas a menudo doble, blancas, rosadas, rojas o amarillas;* ***fruto*** *un folículo robusto, en pares, 8–15 cm de largo, se resquebrajan para liberar semillas con mechones blancos.*
HÁBITAT: Se planta de manera extensa en jardines; tolera el rocío del mar, la contaminación del aire y el descuido.
USOS: Ornamental; medicinal. Precaución: cáustico y tóxico.
NOTAS: El narciso es una planta popular, debido a sus flores coloridas y a veces con un perfume dulce producidas durante casi todo el año. Todas sus partes son tóxicas, incluido el humo, cuando se prende fuego. Los alcaloides se utilizan en la medicina como un tónico y estimulante para el corazón, y tienen una larga historia como veneno. Una infusión de las hojas en aceite se utiliza como remedio para enfermedades de la piel y para erradicar parásitos de insectos, aunque la savia es cáustica para algunas personas. Al parecer, la planta es tóxica para todo tipo de ganado.

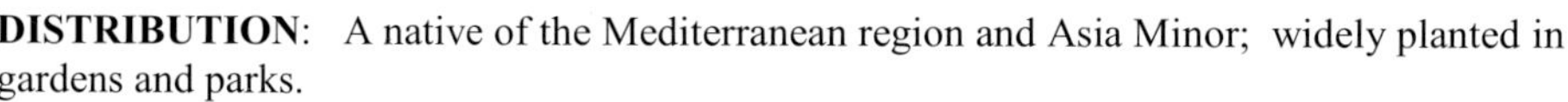

DISTRIBUTION: A native of the Mediterranean region and Asia Minor; widely planted in gardens and parks.
❧ *Small trees or shrubs, evergreen, multi-stemmed, to 6 meters tall, with clear poisonous sap;* ***leaves*** *opposite or in whorls of 3–4, leathery, 6–25 cm long;* ***flowers*** *in an inflorescence with few or numerous flowers, these often double, white, pink, red or yellow;* ***fruit*** *a stout follicle, in pairs, 8–15 cm long, splitting to release seeds with tufts of white hairs.*
HABITAT: Widely planted in gardens; tolerant to ocean spray, air pollution and neglect.
USES: Ornamental; medicinal. Caution: caustic and toxic.
NOTES: Oleander is a popular plant thanks to its colorful and sometimes sweet-scented flowers produced nearly year round. All of its parts are toxic, including the smoke if burned. The alkaloids are used in medicine as a heart stimulant and tonic, and have a long history as a poison. An infusion of the leaves in oil is used as a remedy for skin diseases and to destroy insect parasites, though the sap is caustic to some. The plant is reportedly toxic to all livestock.

Español: **Flor de Mayo, Nicté, Palo de la Cruz**
English: Frangipani
Otros: **Sak Nikte', Nikte'** (Maya)

DISTRIBUCIÓN: **Baja Verapaz, Chiquimula, El Progreso, Guatemala, Huehuetenango, Jutiapa, Petén, Retalhuleu, Sacatepéquez, San Marcos, Santa Rosa, Zacapa**; sin duda en todos los departamentos. Nativo desde México hasta Colombia y las Antillas; se cultiva en todo el mundo.

❧ *Árboles pequeños, los silvestres hasta 12 metros de alto, ramas gruesas ascendentes con visibles cicatrices de hoja y abundante savia lechosa cuando se corta;* ***hojas*** *simples, alternas, algo suculentas cuando frescas, 12–50 cm de largo;* ***flores*** *en grupos terminales, con 5 pétalos, muy aromáticas, blancas con una garganta amarilla (en árboles nativos), amarillas, rosadas o multicolor (en árboles de cultivo);* ***fruto*** *un par de folículos, 9–30 cm de largo; semillas aladas.*

HÁBITAT: Árbol nativo en bosques secos y a menudo rocosos, ampliamente cultivado en diversos colores; se cultiva en todo el país; nivel del mar hasta 1,360 metros.

USOS: Ornamental; perfume; medicinal; árbol sagrado en templos de Asia.

NOTAS: Esta flor aromática es la flor nacional de Nicaragua; un extracto se utiliza en perfumes (también llamado frangipani). Las ramas rotas producen un abundante látex lechoso que derrama al cortarlas. Durante la mayor parte de la estación seca, el árbol se encuentra áfilo; florece de manera más abundante en abril y mayo, por lo general antes de que aparezcan las hojas nuevas.

DISTRIBUTION: **Baja Verapaz, Chiquimula, El Progreso, Guatemala, Huehuetenango, Jutiapa, Petén, Retalhuleu, Sacatepéquez, San Marcos, Santa Rosa, Zacapa**; undoubtedly in all departments. Native from Mexico to Colombia and the West Indies; cultivated worldwide.

❧ *Small trees, when wild to 12 meters tall, thick ascending branches with conspicuous leaf scars and copious milky sap when cut;* ***leaves*** *simple, alternate, somewhat succulent when fresh, 12–50 cm long;* ***flowers*** *in terminal clusters, with 5 petals, very fragrant, white with a yellow throat (native trees), yellow, pink or multicolored (cultivated trees);* ***fruit*** *a pair of follicles, 9–30 cm long; seeds winged.*

HABITAT: A native tree in dry, often rocky forests, widely grown in several color forms; cultivated throughout the country; sea level to 1,360 meters.

USES: Ornamental; perfume; medicinals; a sacred tree in temples of Asia.

NOTES: This fragrant blossom is the national flower of Nicaragua; an extract is used in perfumes (also called frangipani). Broken branches result in an abundance of milky latex that pours from the break. During much of the dry season, the tree is leafless; flowering most profusely in April and May, usually before the new leaves appear.

Español: **Araucaria**
English: Bunya-Bunya Pine, False Monkey Puzzle Tree

DISTRIBUCIÓN: **Antigua**, **Totonicapán**, **San Marcos**; sin duda en otros departamentos. Nativa de Australia; ampliamente cultivada en todo el mundo.
❧ *Árboles grandes, hasta 50 metros de alto, tronco hasta 1 metro de diámetro, corteza color café grisáceo oscuro, gruesa, escamosa, copa piramidal, ramillas densas, colgantes, verdes;* ***hojas*** *rígidas con una punta afilada, extendidas, de color verde brillante, aplanadas, duras, gruesas, coriáceas; hojas de formas variables: las de los árboles jóvenes y ramillas vegetativas más largas y dispuestas de manera más suelta, 2.5–5 cm de largo, las de los árboles viejos y ramillas que producen conos 0.7–2.8 cm de largo;* ***conos*** *masculinos o femeninos: conos masculinos axilares, cilíndricos, producen polen, conos femeninos ovoides-subglobosos, aproximadamente 30 cm de largo, 22 cm de ancho, brácteas con márgenes relativamente gruesos, ápice triangular, reflejo; semillas sin alas, alargado-elípticas.*
HÁBITAT: Se planta con frecuencia en jardines de Guatemala; hasta 2,700 metros.
USOS: Ornamental; las nueces y los brotes son comestibles desde la historia hasta la actualidad; la corteza se utiliza como leña; la madera es valorada por los ebanistas y es utilizada para fabricar guitarras acústicas.
NOTAS: Los indígenas australianos comen la nuez de la araucaria, tanto cruda como cocida (asada o hervida). Tradicionalmente, las nueces se molían para hacer una pasta, la cual se comía directamente o se cocía sobre las brasas para hacer pan. Las nueces también se almacenaban en el lodo de los arroyos y se comían en un estado fermentado, el cual se consideraba un manjar. En la actualidad, los árboles se cultivan a nivel comercial en Australia, debido a sus nueces y madera.

DISTRIBUTION: **Antigua**, **Totonicapán**, **San Marcos**; undoubtedly in other departments. Native of Australia; widely planted around the world.
❧ *Large trees, to 50 meters tall, trunk to 1 meter in diameter, bark dark gray-brown, thick, flaking, crown pyramidal, branchlets dense, pendulous, green;* ***leaves*** *stiff with a sharp point, spreading, bright green, flattened, hard, thick, leathery; leaves of variable forms: those of young trees and vegetative branchlets longer and more loosely arranged, 2.5–5 cm long, and those of old trees and cone-bearing branchlets 0.7–2.8 cm long;* ***cones*** *either male or female: male cones axillary, cylindric, producing pollen, female cones ovoid-subglobose, about 30 cm long, 22 cm wide, bracts with relatively thick margins, apex triangular, reflexed; seeds wingless, elongate-elliptic.*
HABITAT: Planted frequently in gardens in Guatemala; up to 2,700 meters.
USES: Ornamental; historically and currently the nuts and shoots are eaten; bark used as kindling; timber valued by cabinetmakers and used to make acoustic guitars.
NOTES: Indigenous Australians eat the nut of the bunya tree both raw and cooked (roasted, boiled). Traditionally, the nuts were ground and made into a paste, which was eaten directly or cooked over hot coals to make bread. The nuts were also stored in the mud of running creeks and eaten in a fermented state—this was considered a delicacy. Currently, the trees are grown commercially in Australia for their nuts and timber.

Español: **Araucaria Excelsa**
English: Norfolk Island Pine, Christmas Tree (Belize)

DISTRIBUCIÓN: Generalizada en jardines de Guatemala. Nativa de la Isla Norfolk, entre Nueva Zelanda y Nueva Caledonia; hoy en día plantada por todo el mundo, en regiones tropicales y subtropicales.
❧ *Árboles altos, parecidos a un pino, con forma simétrica, tronco recto y erguido, copa cónica, verde oscura, hasta 50 metros de alto, tronco hasta 1.5 metros de diámetro, ramitas que se extienden en sentido horizontal o cuelgan;* ***hojas*** *de dos formas: las de árboles jóvenes y ramillas laterales están disputestas de manera suelta, 6–12 mm de largo, con 3 o 4 surcos; las de árboles maduros y ramillas que producen conos están densamente dispuestas, y se extienden ligeramente, más anchas, algo curvadas, 5–10 mm de largo, de mayor ancho en la base;* ***conos masculinos*** *terminales, flexibles, alrededor de 5 cm de largo;* ***conos femeninos*** *subglobosos, 8–12 cm de largo cuando maduros, 7–11 cm de ancho, en ocasiones más anchos que largos, cubiertos con brácteas puntiagudas; semillas elipsoides, ligeramente aplanadas, con un ala lateral.*

HÁBITAT: Se planta en parques y jardines; elevaciones bajas hasta bastante altas.
USOS: Árbol ornamental en jardines y patios; los árboles pequeños son plantas frecuentes en macetas, a menudo se utilizan como árboles de Navidad.
NOTAS: Aunque el nombre común incluye la palabra "pino", el árbol no es un verdadero pino (no del género *Pinus*).

DISTRIBUTION: Widespread in gardens of Guatemala. Native to Norfolk Island, between New Zealand and New Caledonia; now planted worldwide in tropical and subtropical regions.
❧ *Tall, pine-like trees, with a symmetrical form, straight, erect trunk and conical crown, dark green, to 50 meters tall, trunk to 1.5 meters in diameter, branchlets spreading horizontally or drooping;* ***leaves*** *of two forms: those of young trees and lateral branchlets loosely arranged, spreading, 6–12 mm long, 3- or 4-ridged; those of mature trees and cone-bearing branchlets densely arranged, only slightly spreading, wider, somewhat curved, 5–10 mm long, widest at base;* ***pollen cones*** *terminal, flexible, about 5 cm long;* ***seed cones*** *subglobose, 8–12 cm long when mature, 7–11 cm wide, sometimes wider than long, covered with pointed bracts; seeds ellipsoid, slightly flattened, with a lateral wing.*
HABITAT: Planted in parks and gardens; low to fairly high elevations.
USES: Ornamental tree in gardens and patios; small trees are common potted plants, often used as Christmas trees.
NOTES: Although the common name includes "pine," the tree is not a true pine (not in the genus *Pinus*).

Español: **Coyol**, **Cocoyol**, **Supa** (Petén), **Suba**
English: Spiny Royal Palm, Macaw Palm, Coyol Palm
Otros: **Tuc** (Maya), **Map** (Q'eqchi')
Sinónimo: *Acrocomia aculeata*

DISTRIBUCIÓN: **Alta Verapaz**, **Baja Verapaz**, **Chiquimula**, **El Progreso**, **Escuintla**, **Huehuetenango**, **Jutiapa**, **Petén**, **Quetzaltenango**, **Quiché**, **Retalhuleu**, **San Marcos**, **Santa Rosa**, **Sololá**, **Suchitepéquez**, **Zacapa**. México; Guatemala; Belice; El Salvador; Honduras; Nicaragua; Panamá.
❧ *Palmeras grandes, individuales, armadas con espinas agudas, tronco robusto, columnar, hasta 20 metros de alto;* ***hojas*** *numerosas, pinnadas, persistentes, hojas inferiores que cuelgan por debajo de la corona, 2–4 metros de largo, raquis armado en la parte de abajo con grandes espinas planas, 1–5 (–10) cm de largo, vaina de la hoja persistente, armada con numerosas espinas negras y grandes;* ***inflorescencia*** *amarilla, pesada, colgante, ramificada una vez, tallo robusto, arqueado, por lo general espinoso;* ***flores*** *en su mayoría masculinas, 5–6 mm de largo, flores femeninas alrededor de 10 mm de largo;* ***fruto*** *deprimido-globoso, 3–4.5 cm de diámetro, verde oliva a amarillento.*
HÁBITAT: Bosques secos y campos abiertos; 100–1,300 metros.
USOS: El fruto es la fuente de un aceite y, cuando se cocina, es comestible; la savia se aprovecha para hacer vino y vinagre.
NOTAS: Su distribución parece haber sido influenciada por asentamientos precolombinos. Se encuentra en prados, donde puede sobrevivir a incendios y al ganado. Florece de abril a mayo; fructifica de marzo a junio del año siguiente. Cuando florece, esta palmera está llena de abejas y escarabajos. Algunos botánicos la denominan *Acrocomia aculeata*.

DISTRIBUTION: **Alta Verapaz**, **Baja Verapaz**, **Chiquimula**, **El Progreso**, **Escuintla**, **Huehuetenango**, **Jutiapa**, **Petén**, **Quetzaltenango**, **Quiché**, **Retalhuleu**, **San Marcos**, **Santa Rosa**, **Sololá**, **Suchitepéquez**, **Zacapa**. Mexico; Guatemala; Belize; El Salvador; Honduras; Nicaragua; Panama.
❧ *Large palms, solitary, armed with sharp spines, trunk stout, columnar, to 20 meters tall;* ***leaves*** *numerous, pinnate, persistent, lower leaves hanging below the crown, 2–4 meters long, rachis armed below with large flat spines, 1–5 (–10) cm long, leaf sheath persistent, armed with numerous large black spines;* ***inflorescence*** *yellow, heavy, pendent, branched once, stalk stout, arching, usually spiny;* ***flowers*** *mostly male, 5–6 mm long, the fewer female flowers about 10 mm long;* ***fruit*** *depressed-globose, 3–4.5 cm in diameter, olive green to yellowish.*
HABITAT: Dry forests and open fields; 100–1,300 meters.
USES: The fruit is the source of an oil, and when cooked the fruit is edible; the sap is tapped for wine and vinegar.
NOTES: Distribution thought to have been influenced by pre-Columbian settlements. Found in pastures, where it can survive fires and cattle. Flowering from April to May; fruiting from March to June of the following year. When in flower, this palm is alive with bees and beetles. Called *Acrocomia aculeata* by some botanists.

Español: **Cola de Pescado, Palma Comida por las Ratas**
English: Wine Palm, Fishtail Palm

DISTRIBUCIÓN: **Guatemala**, **Sacatepéquez**, sin duda también se puede encontrar en otros departamentos. Nativa del sudeste de Asia y Malasia; ampliamente cultivada en Guatemala, pero rara vez se recolecta.

❧ *Palmeras solitarias, hasta 12 metros de alto, tronco hasta 60 cm de diámetro, inerme, robusto, gris, anillado con viejas cicatrices foliares;* ***hojas*** *7–15, 3–5 metros de largo, 2-pinnadas, arqueadas, folíolos en forma de cola de pescado, hasta 15 cm de largo, vaina y pecíolo alrededor de 1.5 metros de largo, cubiertos con pelos densos y escamas cafés, la vaina se desintegra en gruesas fibras negras;* ***inflorescencia*** *300–400 cm de largo, flores de color crema verdoso, las masculinas alargadas, con 6–100 estambres, las femeninas globosas;* ***fruto*** *redondeado, 1.2–1.5 mm de diámetro, rojo oscuro cuando está maduro; semillas 1–2.*

HÁBITAT: Jardines, parques; tierras bajas.

USOS: Plantado como ornamental; planta de interior y exterior; la savia se utiliza para preparar azúcar y una bebida alcohólica.

NOTAS: El árbol empieza a florecer desde la parte superior del tallo, con inflorescencias que aparecen de manera progresiva hacia el tronco; después de aparecer el último grupo de flores, el árbol muere. Precaución: el fruto causa irritación en la piel. Esta palmera tiene un tronco más grueso y alto que la *Caryota mitis*, otra palmera ornamental del tipo cola de pescado. Fructifica en septiembre.

DISTRIBUTION: **Guatemala**, **Sacatepéquez**, undoubtedly found in other departments. Native of southeastern Asia and Malaysia; widely cultivated in Guatemala, but rarely collected.

❧ *Solitary palms, to 12 meters tall, trunk to 60 cm in diameter, unarmed, stout, gray, with circular old leaf scars;* ***leaves*** *7–15, 3–5 meters long, 2-pinnate, arching, leaflets in the shape of a fish tail, to 15 cm long, sheath and petiole about 1.5 meters long, covered by dense hairs and brown scales, sheath disintegrating into thick black fibers;* ***inflorescence*** *300–400 cm long, flowers greenish cream, male flowers elongate, with 6–100 stamens, female flowers globose;* ***fruit*** *rounded, 1.2–1.5 mm in diameter, dark red when ripe; seeds 1–2.*

HABITAT: Gardens, parks; lowlands.

USES: Planted as an ornamental; indoor and outdoor houseplant; sap used to prepare sugar and an alcoholic beverage.

NOTES: The tree begins flowering from the top of the stem, with inflorescences appearing progressively down the trunk; after the last group of flowers appears, the tree dies. Caution: the fruit is irritating to the skin. This palm has a trunk thicker and taller than *Caryota mitis*, another ornamental fishtail palm. Fruiting in September.

Español: **Pacaya**; **Chimp** (San Marcos); **Bojón** (Quetzaltenango, San Marcos); **Ternero** (Cobán); **Aula-té**, **Pacaya Grande**, **Chem-chem** (Alta Verapaz)
English: Pacaya Palm, Tepejilote Palm
Otros: **Ixqui-quib** (planta masculina), **Telom-quib** (planta femenina) (Q'eqchi')

DISTRIBUCIÓN: **Alta Verapaz**, **El Progreso**, **Huehuetenango**, **Izabal**, **Quetzaltenango**, **San Marcos**, **Suchitepéquez**, **Petén**; se planta en varios otros departamentos: **Escuintla**, **Guatemala**, **Sacatepéquez**, **Santa Rosa**. México; Guatemala; Belice; El Salvador; Honduras; Nicaragua; Costa Rica; Panamá; Colombia.
❧ *Palmeras, por lo general solitarias, a menudo con raíces de apoyo, tronco hasta 7 metros de alto o más, 1.8–10 cm de ancho;* ***hojas*** *pinnadas, grandes, 70–190 cm de largo, con 12–25 pinnas subopuestas a cada lado;* ***flores*** *en una inflorescencia que surge por debajo de las hojas, flores masculinas en 18–50 (o más) ramas delgadas 7–15 cm de largo, de color amarillo brillante, un tanto carnosas, muy densamente amontonadas en filas, flores femeninas en un tallo 10–27 cm de largo, con ramas un poco gruesas, algo anguladas, todo se torna anaranjado cuando fructifica;* ***fruto*** *algo elipsoide, azul-verde y cuando madura se torna negro, 13–15 mm de largo (hasta 20 cuando fresco).*
HÁBITAT: Prefiere la sombra; se planta para alimento u ornamento; se puede encontrar en estado silvestre en bosques mixtos, húmedos o mojados; hasta 1,600 metros.
USOS: Se cultiva para la inflorescencia masculina comestible, la cual se cosecha antes de que floresca; una fuente de palmito; una palmera ornamental llamativa, las hojas se utilizan en arreglos florales.
NOTAS: *Chamaedorea tepejilote* se considera la mejor especie comestible de la pacaya. Platos comunes incluyen ensaladas y fiambres, tradicionalmente servidos en el Día de los Muertos, en Guatemala; remojada en huevo batido y frita (pacayas envueltas), también con huevos revueltos.

DISTRIBUTION: **Alta Verapaz**, **El Progreso**, **Huehuetenango**, **Izabal**, **Quetzaltenango**, **San Marcos**, **Suchitepéquez**, **Petén**; planted in several other departments: **Escuintla**, **Guatemala**, **Sacatepéquez**, **Santa Rosa**. Mexico; Guatemala; Belize; El Salvador; Honduras; Nicaragua; Costa Rica; Panama; Colombia.
❧ *Palms, usually solitary, often with prop roots, trunk to 7 meters tall or more, 1.8–10 cm wide;* ***leaves*** *pinnate, large, 70–190 cm long, with 12–25 subopposite pinnae on each side;* ***flowers*** *in an inflorescence borne below the leaves, male flowers on 18–50 (or more) slender branches 7–15 cm long, flowers bright yellow, somewhat fleshy, very densely crowded in lines; female flowers on a stalk 10–27 cm long, with thickish, somewhat angled branches, the whole becoming orange in fruit;* ***fruit*** *somewhat ellipsoid, blue-green maturing black, 13–15 mm long (to 20 when fresh)* .
HABITAT: Shade-loving; planted for food or ornament; found in the wild in moist or wet mixed forests; up to 1,600 meters.
USES: Cultivated for the edible male inflorescence, which is harvested before it opens; a source of palm heart; a striking ornamental palm, the leaves are used in floral arrangements.
NOTES: *Chamaedorea tepejilote* is considered the best pacaya species for eating. Common dishes include salads and *fiambre*, a dish traditionally served on the Day of the Dead in Guatemala; dipped in egg batter and fried (*pacayas envueltas*), also in scrambled eggs.

Español: **Coco, Cocotero**
English: Coconut

DISTRIBUCIÓN: Se desconoce el origen del coco, pero probablemente es del Océano Pacífico occidental. En la actualidad se cultiva de manera extensa en los trópicos y subtrópicos. Naturalizado en la zona atlántica; se cultiva en el resto del país.
❧ *Palmeras solitarias, tronco agraciado, a menudo curvado, hasta 20 metros de alto, hasta 30 cm de diámetro o más, tallo visiblemente anillado y engrosado en la base;* ***hojas*** *numerosas, 5–7 metros de largo, pinnadas, unidas en una copa plumosa;* ***flores*** *masculinas o femeninas, en un grupo ramificado entre las hojas: flores masculinas 9–13 mm de largo, estambres 6, flores femeninas 15–21 mm de largo;* ***fruto*** *grande, 20–30 cm de largo, capa exterior lisa, verde a café rojiza clara, anaranjada o amarilla cuando madura, con una capa gruesa y fibrosa por dentro; 1 semilla, muy grande, cavidad central parcialmente llena de fluido.*
HÁBITAT: Costero, sobre todo en playas; plantado de forma extensa en elevaciones bajas, pero a veces en elevaciones bastante altas y lejos del mar; 0–1,000 metros.
USOS: Árbol tropical de amplio cultivo, con numerosos usos de todas sus partes, tanto a nivel doméstico como comercial: la pulpa blanca dentro del coco (carne de coco) se ralla y se utiliza en pasteles, galletas, panes y dulces; el aceite de coco es comestible y se procesa para producir margarina, jabón, cosméticos, velas y bronceador; el fruto inmaduro produce una bebida refrescante (agua de coco); las hojas se utilizan como techado y en canastas y sombreros tejidos; el tronco se utiliza para la construcción y en artículos de madera; la fibra de la cáscara (estopa de coco) se utiliza como relleno y para hacer cuerdas, redes y tapetes; el corazón de palma (palmito) se come como verdura; los usos medicinales son numerosos.
NOTAS: Florece y fructifica en octubre.

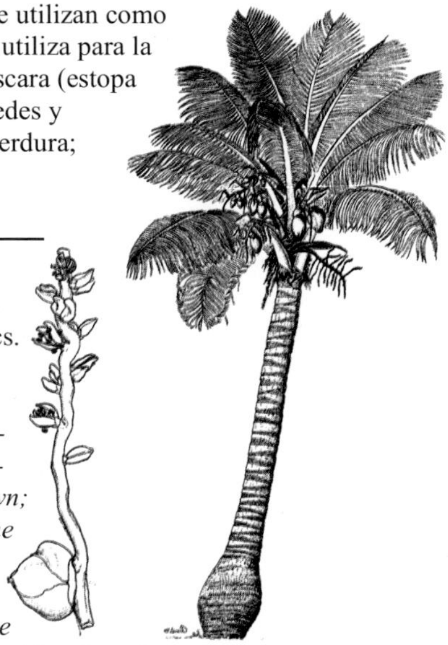

DISTRIBUTION: The coconut's origin is unknown, but it is probably from the western Pacific Ocean. Currently it is widely cultivated in the tropics and subtropics. Naturalized in the Atlantic zone; cultivated elsewhere.
❧ *Solitary palms, graceful trunk often curved, to 20 meters tall, to 30 cm in diameter or more, stem conspicuously ringed and thickened at the base;* ***leaves*** *numerous, 5–7 meters long, pinnate, united in a feathery crown;* ***flowers*** *male or female, in a branched cluster among the leaves: male flowers 9–13 mm long, stamens 6, female flowers 15–21 mm long;* ***fruit*** *large, 20–30 cm long, smooth outer layer green to light reddish brown, orange or yellow when mature, with a thick and fibrous layer inside; 1 seed, very large, with a central cavity partially filled with fluid.*
HABITAT: Coastal, especially on beaches; widely planted at low elevations, but sometimes at fairly high elevations and far from the ocean; 0–1,000 meters.
USES: A widely cultivated tropical tree, with numerous uses for all its parts, both at the domestic and commercial level: the white flesh inside the nut (coconut) is shredded and used in pies, cookies, bread and candies; coconut oil is edible and processed into margarine, soap, cosmetics, candles and suntan lotion; immature fruit yields a refreshing drink (coconut water); leaves used for thatch and woven into hats and baskets; trunk used for construction and wooden articles; coconut husk fiber (coir) used as stuffing and to make ropes, nets and mats; palm hearts can be eaten as a vegetable; medicinal uses are numerous.
NOTES: Flowering and fruiting in October.

Español: **Palma Areca, Palmera Bambú**
English: Golden Cane Palm, Bamboo Palm, Butterfly Palm
Sinónimo: *Chrysalidocarpus lutescens*

DISTRIBUCIÓN: Nativa de Madagascar; con frecuencia se planta en los trópicos y subtrópicos. Probablemente se puede encontrar en todos los departamentos.
❧ *Palmeras con muchos tallos, hasta 8 metros de alto, pero por lo general más pequeña, tallos color verde amarillento a verde grisáceo, anillados con viejas cicatrices foliares, 7–12 cm de ancho;* ***hojas*** *pinnado-compuestas, arqueadas, alrededor de 2 metros de largo;* ***flores*** *nacen en grupos ramificados abiertos de alrededor de 60 cm de largo, blancas a amarillentas;* ***fruto*** *alrededor de 2 cm de largo, amarillo tornándose morado-negro.*
HÁBITAT: A menudo se puede encontrar en jardines tropicales de todo el mundo y es la palmera de maceta más común. Puede crecer a pleno sol o en la sombra; prefiere suelo húmedo, pero tolera condiciones secas una vez establecida.
USOS: Ornamental; debido a su hábito de crecimiento agrupado, se utiliza como seto, pantalla de privacidad, o cortavientos.
NOTAS: El *Dypsis lutescens* a menudo se denomina como *Chrysalidocarpus lutescens*, un nombre más antiguo, en la actualidad considerado un sinónimo botánico. En su nativa Madagascar, se encuentra en peligro de extinción y es muy rara.

DISTRIBUTION: Native to Madagascar; commonly planted in the tropics and subtropics. Likely found in every department.
❧ *Many-stemmed palms, up to 8 meters tall, but usually smaller, stems yellow-green to gray-green, ringed with old leaf scars, 7–12 cm wide;* ***leaves*** *pinnately compound, arching, about 2 meters long;* ***flowers*** *borne in open, branched groups about 60 cm long, white to yellowish;* ***fruit*** *about 2 cm long, yellow turning purple-black.*
HABITAT: Frequently found in tropical gardens around the world, and is the most common potted palm. It will grow in full sun or shade; prefers moist soil, but tolerates dry conditions once established.
USES: Ornamental; because of its clustering growth habit, it is used as a hedge, screen or windbreak.
NOTES: *Dypsis lutescens* is often seen labeled as *Chrysalidocarpus lutescens*, an older name now considered a botanical synonym. In its native Madagascar, it is endangered and very rare.

Español: **Palmera Africana, Palma Aceitera**
English: African Oil Palm

DISTRIBUCIÓN: Zona atlántica. Nativa desde Senegal hasta Angola, Zanzíbar y Madagascar; ampliamente cultivada para la producción de aceite en la zona atlántica de Centroamérica.

❧ *Palmeras grandes, tronco erguido, hasta 20 metros de alto, 22–75 cm de diámetro;* ***hojas*** *3–5 metros de largo, pecíolo con dientes en los márgenes;* ***flores*** *masculinas o femeninas, divididas en grupos separados: inflorescencia masculina ramificada, hasta 40 cm de largo, flores masculinas alrededor de 4 mm de largo, de color crema, con olor a anís; flores femeninas alrededor de 20 mm de largo, blancas;* ***fruto*** *anaranjado a rojo cuando está maduro, 2–5 cm de largo, en grupos de hasta 300, con pulpa amarilla-anaranjada la cual rodea una almendra dura que contiene 1 semilla.*

HÁBITAT: Ampliamente cultivada para la producción de aceite; 0–200 metros.

USOS: Los árboles se cultivan en plantaciones de las regiones tropicales del mundo y proporcionan un producto básico de exportación: el aceite. Dos tipos de aceite comestible se extraen del fruto: aceite de palma, extraído de la pulpa del fruto, y aceite de palmiste, que proviene de la semilla. El aceite de palma se utiliza en margarina, manteca, velas, leche en polvo para café (artificial) y cosméticos. El aceite de palmiste se utiliza para fabricar jabón y chocolate.

NOTAS: Los restos de hojas viejas en el tronco proporcionan un hábitat idóneo para muchas epífitas, incluidos los helechos. El aceite es una buena fuente de vitamina A; no contiene colesterol y se considera saludable, excepto cuando parcialmente hidrogenado en el procesamiento. Florece y fructifica durante el mes de junio.

DISTRIBUTION: Atlantic zone. Native from Senegal to Angola, Zanzibar and Madagascar; widely cultivated for the production of oil in the Atlantic zone of Central America.

❧ *Large palms, trunk erect, to 20 meters tall, 22–75 cm in diameter;* ***leaves*** *3–5 meters long, petiole with teeth on the margins;* ***flowers*** *either male or female, grouped in separate clusters; male inflorescence branching, to 40 cm long, male flowers about 4 mm long, cream-colored, with the scent of anise, female flowers about 20 mm long, white;* ***fruit*** *orange to red when mature, 2–5 cm long, in groups of up to 300, with yellow-orange pulp surrounding a hard stone containing 1 seed.*

HABITAT: Widely cultivated for the production of oil; 0–200 meters.

USES: The trees are grown on plantations in tropical regions of the globe and provide an export commodity: oil. Two types of edible oil are extracted from the fruit: palm oil, pressed from the fruit pulp, and palm kernel oil, from the seed. Palm oil is used in margarine, shortening, candles, coffee creamer (artificial) and cosmetics. Palm kernel oil goes into soap and chocolate.

NOTES: The remains of old leaves on the trunk provide a perfect habitat for many epiphytes, including ferns. The oil is a good source of vitamin A; it does not contain cholesterol, and is considered healthy except when partially hydrogenated in processing. Flowering and fruiting during the month of June.

Español: **Fénix**, **Palmera Dátil**, **Palmera Canaria** (España)
English: Canary Island Date Palm

DISTRIBUCIÓN: **Guatemala**, **Sacatepéquez**, y otros lugares. Nativo de las Islas Canarias; ampliamente cultivado.

❧ *Palmeras, con un enorme tronco solitario, hasta 13 metros de alto, 50–70 cm de diámetro, cubierto con un patrón de diamante de viejas bases foliares;* ***hojas*** *pinnadas, numerosas, 5–7 metros de largo, las superiores erguidas, las inferiores péndulas o arqueadas, pinnas alrededor de 150 pares, las más bajas en el pecíolo modificadas en espinas;* ***flores*** *en grupos con una sola ramificación, alrededor de 100 cm de largo, mucho más cortas que las hojas, de color amarillo-anaranjado, flores masculinas blanquecinas, estambres 6, flores femeninas globosas;* ***fruto*** *2–3 cm de largo, anaranjado amarillento, liso, por dentro carnoso; semilla visiblemente acanalada.*

HÁBITAT: Cultivos; 125 metros, pero se puede cultivar a elevaciones mayores o menores.

USOS: Ornamental; fruto al parecer comestible, pero no muy apetecible.

NOTAS: Esta palmera es similar a la palmera datilera verdadera (*Phoenix dactylifera*), pero tiene una copa más densa y hojas verdes más oscuras. Florece y fructifica en junio.

DISTRIBUTION: **Guatemala**, **Sacatepéquez**, and elsewhere. Native to the Canary Islands; widely cultivated.

❧ *Palms, with a massive solitary trunk, to 13 meters tall, 50–70 cm in diameter, covered with the diamond pattern of old leaf bases;* ***leaves*** *pinnate, numerous, 5–7 meters long, the upper ones erect, those lower pendulous or arching, pinnae about 150 pairs, those lower on the leaf stalk modified into spines;* ***flowers*** *in 1-branched groups, about 100 cm long, much shorter than the leaves, yellow-orange, male flowers whitish, stamens 6, female flowers globose;* ***fruit*** *2–3 cm long, yellowish orange, smooth, fleshy within; seed conspicuously grooved.*

HABITAT: Cultivated; 125 meters, but can be grown at higher or lower elevations.

USES: Ornamental; fruit reported edible, but not very appealing.

NOTES: This palm is similar to the true date palm (*Phoenix dactylifera*), but it has a denser crown and darker green leaves. Flowering and fruiting in June.

Español: **Palmera Fénix, Fénix Robelina, Palmera Rubelina, Datilera Enana**
English: Dwarf Date Palm, Pygmy Date Palm

DISTRIBUCIÓN: Nativa de las selvas tropicales del sudeste de Asia, en particular Tailandia y Birmania (Myanmar); cultivada en todo el mundo, tanto en interiores como exteriores. Posiblemente se pueda encontrar en todos los departamentos como planta ornamental.
❧ *Palmeras pequeñas, con un solo tallo, a menudo plantadas en grupos, de crecimiento lento, alcanza alturas de más de 3 metros, tallo cubierto con las bases de hojas viejas (a menos que se recorte) y encabezado por una densidad de hojas pinnadas de color verde claro;* ***hojas*** *hasta alrededor de 1.2 metros de largo, folíolos inferiores modificados en espinas agudas, 5–8 cm de largo;* ***flores*** *color crema, en inflorescencias cortas 30 cm de largo, flores masculinas nacen en una planta independiente;* ***fruto*** *en plantas femeninas, 1.25 cm de largo, morado oscuro a café-negro cuando madura.*
HÁBITAT: Jardines, patios, a menudo se cultiva en macetas.
USOS: Una palmerita airosa, de preferencia para el paisajismo; también es una planta popular en recipientes de interior en centros comerciales y utilizada en paisajismo de zonas comerciales.
NOTAS: Una palmera atractiva para espacios pequeños.

DISTRIBUTION: Native to the tropical forests of Southeast Asia, in particular Thailand and Burma (Myanmar). Grown around the world, both indoors and outdoors. Possibly found in all departments as an ornamental.
❧ *Small, single-stemmed palms, often planted in groups, slow-growing, reaching heights of over 3 meters, stem covered with old leaf bases (unless trimmed) and topped with a dense head of bright green pinnate leaves;* ***leaves*** *to about 1.2 meters long, lower leaflets modified into sharp-pointed spines 5–8 cm long;* ***flowers*** *cream-colored, on a short, 30 cm long inflorescence, male flowers are borne on a separate plant;* ***fruit*** *on female plants, 1.25 cm long, dark purple to brown-black when ripe.*
HABITAT: Gardens, patios, often grown in pots.
USES: This is a graceful little palm, favored in landscaping; also a popular indoor container plant in shopping malls and used in landscaping in commercial areas.
NOTES: An attractive palm for small spaces.

Español: **Palma Real, Palmera Real**
English: Royal Palm, Cuban Royal Palm

DISTRIBUCIÓN: Nativa de Cuba y posiblemente también de Yucatán en México, norte de Centroamérica y sudeste de la Florida; se cultiva en gran parte de América tropical y se planta de manera extensa en Guatemala.

❧ *Palmeras altas, hasta 25 metros de alto, tronco color gris cemento, liso, engrosado en la mitad o cerca de ella, por lo general también cerca de la base, eje de la corona liso y verde, justo debajo de la copa;* ***hojas*** *pinnadas, arqueadas, 3–4 metros de largo;* ***flores*** *en una inflorescencia ramificada, blancas a cremas;* ***fruto*** *en racimos pesados, algo globoso, 8–13 mm de largo, en la madurez de color café rojizo o morado.*

HÁBITAT: Ampliamente plantada a lo largo de carreteras y en jardines en Guatemala.

USOS: Palmera ornamental; en Cuba, los troncos proporcionan tablones para la construcción de casas y muebles; el fruto es una fuente de aceite y un alimento para animales; las hojas se utilizan para techar; el corazón de palma (palmito) es comestible.

NOTAS: Las palmeras reales a menudo se encuentran plantadas en elegantes hileras, a lo largo de carreteras y calzadas.

DISTRIBUTION: Native to Cuba and possibly also the Yucatan of Mexico, northern Central America and southwest Florida; grown in most parts of tropical America, and widely planted in Guatemala.

❧ *Tall palms, to 25 meters tall, trunk concrete gray, smooth, swollen at or near middle, commonly also near base, the smooth, green crownshaft just below the crown;* ***leaves*** *pinnate, arching, 3–4 meters long;* ***flowers*** *in a branched inflorescence, white to cream-colored;* ***fruit*** *in heavy clusters, somewhat globose, 8–13 mm long, at maturity reddish brown or purplish.*

HABITAT: Widely planted along roads and in gardens in Guatemala.

USES: Ornamental palm; in Cuba the trunks provide planks for house construction and furniture; fruit a source of oil and animal feed; leaves used for thatching; edible palm hearts.

NOTES: Handsome lines of royal palms are often found planted along highways and driveways.

Español: **Palmera Navideña, Palmera Miami, Palma de Manila**
English: Christmas Palm, Manila Palm
Sinónimo: *Adonidia merrillii*

DISTRIBUCIÓN: **Guatemala**, **Sacatepéquez**, probablemente se plante en la mayoría de los otros departamentos. Nativa de las Filipinas, pero se puede encontrar en muchos países plantada como ornamental.

❧ *Palmeras pequeñas, delgadas, con un solo tronco, hasta 5 metros de alto, tronco gris, liso, con anillos de cicatrices foliares y una base hinchada, debajo de las hojas se encuentra el eje de la corona, verde y liso;* ***hojas*** *pinnadas, arqueadas, alrededor de 1.5 metros de largo;* ***flores*** *color amarillo pálido, en una inflorescencia de aproximadamente 60 cm de largo; cada* ***fruto*** *en el racimo resultante mide unos 3 cm de largo, al principio verde, luego cambia a rojo vivo cuando maduro; 1 semilla dura.*

HÁBITAT: Cultivada.

USOS: Se planta en jardines, a veces en grupos, y a menudo en macetas. El tamaño reducido de la palmera la hace adecuada para patios y espacios pequeños.

NOTAS: *Veitchia merrillii* es una palmera compacta que se asemeja a una versión enana de la palmera real (*Roystonea regia*).

DISTRIBUTION: **Guatemala**, **Sacatepéquez**, likely planted in most other departments. Native to the Philippines, but found in many countries planted as an ornamental.

❧ *Small, slender, single-stemmed palms, to about 5 meters tall, the smooth, gray trunk with leaf scar rings and a swollen base, below the leaves is a green, smooth crownshaft;* ***leaves*** *pinnate, arched, about 1.5 meters long;* ***flowers*** *pale yellow, in an inflorescence about 60 cm long; each* ***fruit*** *in the resulting cluster is about 3 cm long, at first green, then changing to brilliant red when ripe; 1 hard seed.*

HABITAT: Cultivated.

USES: Planted in gardens, sometimes in groups, and often in pots. The palm's reduced size makes it suitable for courtyards and small spaces.

NOTES: *Veitchia merrillii* is a compact palm that resembles a dwarf version of the royal palm (*Roystonea regia*).

Español: **Washingtonia**
English: California Palm, Desert Fan Palm, Washington Palm

DISTRIBUCIÓN: Nativa del sudoeste de Arizona, sudeste de California y norte de Sonora y Baja California; a menudo se planta para adorno en Guatemala, sobre todo en la región central (**Guatemala**, **Sacatepéquez**), también en otros lugares, como **Quetzaltenango** (Almolonga), **Retalhuleu** y **Zacapa**.
❧ *Palmeras, con un tronco a veces 15 metros de alto, 1 metro de diámetro, pero en cultivos por lo general son más pequeñas, a menudo cubiertas de hojas muertas que cuelgan, pero éstas pueden ser removidas por el hombre o destruidas por el fuego;* ***hojas*** *con un pecíolo 2 metros de largo o menos, 10–15 cm de ancho en la base, espinas marginales algo ganchudas, 1 cm de largo o menos, láminas hasta 2 metros de ancho, con hilos blancos unidos a los bordes de las divisiones de las hojas;* ***flores*** *en una inflorescencia grande, en su mayoría 3–4 metros de largo cuando maduran, pendiente en la fruta, cáliz 5 mm de largo, levemente lobulado, pétalos estriados reflejos a la base de la flor, estambres casi el doble de largo que el cáliz;* ***fruto*** *corto-oblongo a ovoide, 7–10 mm de largo; semillas 5–7 mm de largo.*
HÁBITAT: Se planta para ornamento y se esparce.
USOS: Frutos y semillas comestibles; árbol de calle y jardín; las fibras de las hojas se utilizan en cestería.
NOTAS: La "falda" de hojas viejas es un microhábitat para pequeñas aves y otros animales. La población de nativos americanos consumía el fruto y lo molían hasta convertirlo en harina. El género lleva el nombre de George Washington.

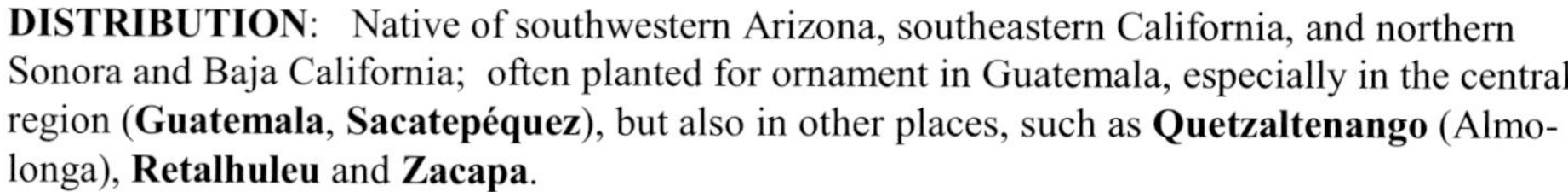

DISTRIBUTION: Native of southwestern Arizona, southeastern California, and northern Sonora and Baja California; often planted for ornament in Guatemala, especially in the central region (**Guatemala**, **Sacatepéquez**), but also in other places, such as **Quetzaltenango** (Almolonga), **Retalhuleu** and **Zacapa**.
❧ *Palms, with a trunk sometimes 15 meters tall, 1 meter in diameter, but in cultivation usually smaller, often covered with hanging dead leaves, but these can be removed by man or destroyed by fire;* ***leaves*** *with a petiole 2 meters long or less, 10–15 cm wide at base, marginal spines somewhat hooked, 1 cm long or less, blades to 2 meters wide, with white threads attached to the edges of leaf divisions;* ***flowers*** *in a large inflorescence, mostly 3–4 meters long at maturity, pendent in fruit, calyx 5 mm long, shallowly lobed, striate petals reflexed to base of flower, stamens about twice as long as calyx;* ***fruit*** *short-oblong to ovoid, 7–10 mm long; seeds 5–7 mm long seeds.*
HABITAT: Planted for ornament and escaped.
USES: Fruit and seeds are edible; street and garden tree; leaf fibers are used in basketry.
NOTES: The "skirt" of old leaves is a microhabitat for small birds and other animals. Native Americans consumed the fruit and ground it into flour. The genus is named for George Washington.

Español: **Pony**
English: Ponytail Palm, Elephant's Foot

DISTRIBUCIÓN: **Baja Verapaz**, **Guatemala**, **Jalapa**, **Sacatepéquez**. Originario de México; ampliamente cultivado en todo el mundo como planta ornamental.

❧ *Árboles bajos, hasta 5 metros de alto, por lo general con un solo tronco y una gran base hinchada a nivel del suelo, cuando envejecen por lo general se ramifican;* ***hojas*** *en un grupo terminal, largas, lineales, rígidas, hasta 2 metros de largo, alrededor de 2.5 cm de ancho, delgadas, casi planas, verdes, recurvas, con ranuras lisas y márgenes casi lisos;* ***flores*** *en un gran panículo vertical, flores pequeñas, de color amarillo blanquecino, segmentos de flor 6, estambres 6;* ***fruto*** *una cápsula con 3 alas.*

HÁBITAT: Jardines, calles, jardineras.

USOS: Ornamental, planta de interior o exterior; en regiones templadas se cultiva en contenedores de interior.

NOTAS: Tolerante a la sequía y de crecimiento lento. Una especie nativa, *Beaucarnea guatemalensis*, a veces se encuentra plantada en parques y jardines de la Ciudad de Guatemala. A pesar de uno de sus nombres comunes, no está estrechamente relacionada con las palmeras reales (familia Arecaceae).

DISTRIBUTION: **Baja Verapaz**, **Guatemala**, **Jalapa**, **Sacatepéquez**. Native to Mexico; widely planted around the world as an ornamental.

❧ *Low trees, to 5 meters tall, usually with a single trunk and large swollen base at ground level, when older often branching;* ***leaves*** *in a terminal cluster, long, linear, stiff, to 2 meters long, about 2.5 cm wide, thin, nearly flat, green, recurving, with smooth grooves and nearly smooth margins;* ***flowers*** *in a large upright panicle, flowers small, whitish yellow, flower segments 6, stamens 6;* ***fruit*** *a 3-winged capsule.*

HABITAT: Gardens, streets, planters.

USES: Ornamental, houseplant or outdoor plant; in temperate regions grown in containers indoors.

NOTES: Drought tolerant and slow growing. A native species, *Beaucarnea guatemalensis*, is sometimes found planted in parks and gardens of Guatemala City. Despite one of its common names, it is not closely related to the true palms (Arecaceae family).

Español: **Planta Gigante**
English: Corn Plant, Dragon Lily, Fragrant Dracaena

DISTRIBUCIÓN: Probablemente se pueda encontrar en todos los departamentos. Nativa de las regiones cálidas del Viejo Mundo; en la actualidad se cultiva con frecuencia en América tropical.
❧ *Árboles o arbustos, hasta 6 metros de alto, troncos gruesos, leñosos, a menudo sin ramas;* ***hojas*** *lanceoladas, hasta 1 metro de largo, flácidas, verdes y lustrosas, a veces variegadas;* ***flores*** *en panículos grandes 30–50 cm de largo, flores en grupos a lo largo de la inflorescencia, cada una 12–15 mm de largo, blancas a rosadas, rayadas en capullo, fragantes;* ***fruto*** *una baya globosa, hasta 15 mm de ancho, lisa o ligeramente surcada, anaranjada rojiza cuando madura.*
HÁBITAT: Cultivada a lo largo de caminos y en las orillas de campos agrícolas; 260–800 metros.
USOS: A menudo se utiliza en cercas vivas; estabilización de suelos; planta de interior popular.
NOTAS: Florece en noviembre. Se reproduce mediante recortes arraigados.

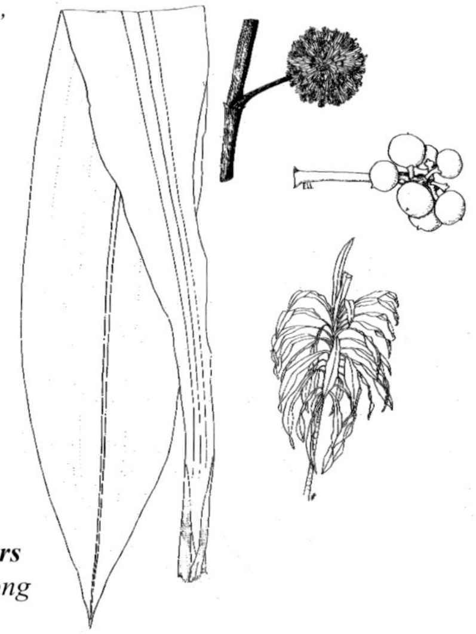

DISTRIBUTION: Likely found in all departments. Native to warm regions of the Old World; now commonly cultivated in tropical America.
❧ *Trees or shrubs, to 6 meters tall, stems thick, woody, often unbranched;* ***leaves*** *lanceolate, to 1 meter long, flaccid, green and glossy, sometimes variegated;* ***flowers*** *in large panicles 30–50 cm long, flowers in clusters along the inflorescence, each 12–15 mm long, white to pink, striped in bud, fragrant;* ***fruit*** *a globose berry, to 15 mm wide, smooth or slightly grooved, reddish orange when ripe.*
HABITAT: Cultivated along roads and the edges of agricultural fields; 260–800 meters.
USES: Often used in live fences; soil stabilization; a popular houseplant.
NOTES: Flowering in November. Reproduced from rooted cuttings.

Español: **Izote, Izotal**
English: Palm Lily, Giant Yucca
Sinónimo: *Yucca elephantipes*

DISTRIBUCIÓN: Se pueda encontrar en todos los departamentos. Posiblemente nativo de México y Guatemala; ampliamente plantado en el mundo.
❧ *Árboles pequeños o arbustos, hasta 10 metros de alto, por lo general con varios tallos, cada uno con una roseta terminal de hojas, tronco agrandado en la base;* ***hojas*** *lineales, hasta 100 cm de largo, 5–7 cm de ancho, rígidas, aplanadas o ligeramente cóncavas, lisas, de color verde oscuro;* ***flores*** *en una panícula erguida, de color blanco cremoso, globosas, carnosas, tépalos 6, 3–5 cm de largo;* ***fruto*** *una cápsula como una baya, 7–8 cm de largo, indehiscente, con pulpa blanquecina y semillas papiráceas.*

HÁBITAT: Matorrales o vallas, en bosques tropicales caducifolios o en cultivos; donde se le encuentra es abundante; hasta 1,100 metros de elevación.
USOS: Ornamental; planta de interior; setos vivos; control de erosión; las flores se comen como vegetal, y a veces se cocinan con huevos revueltos; semillas utilizadas en encurtidos de chile; las hojas proporcionan una fibra.
NOTAS: Propagado mediante recortes arraigados. Florece en abril y mayo. Su flor, el izote, es la flor nacional de El Salvador.

DISTRIBUTION: Found in all departments. Likely native to Mexico and Guatemala; widely planted in the world.
❧ *Small trees or shrubs, to 10 meters tall, usually with several stems, each with a terminal rosette of leaves, trunk enlarged at the base;* ***leaves*** *linear, to 100 cm long, 5–7 cm wide, rigid, flat or slightly concave, smooth, dark green;* ***flowers*** *in an erect panicle, creamy white, globose, fleshy, tepals 6, 3–5 cm long;* ***fruit*** *a berry-like capsule, 7–8 cm long, indehiscent, with whitish pulp and papery seeds.*
HABITAT: Thickets or fences, deciduous tropical forests or in cultivation; locally common; to 1,100 meters in elevation.
USES: Ornamental; house plant; hedge; erosion control; flowers used as a vegetable, sometimes cooked with scrambled eggs; seeds used in a chile pickle; leaves provide a fiber.
NOTES: Propagated by rooted cuttings. Flowering in April and May. Its flower, the *izote*, is the national flower of El Salvador.

Español: **Caña de Agua** (Alta Verapaz); **Catarina**, **Santa Catarina** (Guatemala, Sacatepéquez, San Marcos); **Dalila** (Jalapa, Totonicapán); **Dalia de Palo** (Chimaltenango); **Flor de la Concebida** (Alta Verapaz)

English: Tree Dahlia

Otros: **C'olox** (Q'eqchi', Alta Verapaz); **Runai** (Guatemala); **Tunay** (Huehuetenango, Totonicapán); **Tzoloj** (Alta Verapaz)

DISTRIBUCIÓN: **Alta Verapaz**, **Baja Verapaz**, **Chimaltenango**, **Chiquimula**, **Guatemala**, **Huehuetenango**, **Jalapa**, **Jutiapa**, **Quetzaltenango**, **Quiché**, **Sacatepéquez**, **San Marcos**, **Santa Rosa**, **Sololá**, **Totonicapán**. México; Guatemala; Honduras; El Salvador; Nicaragua; Costa Rica; Panamá; Colombia.

❧ *Árboles pequeños, herbáceos o leñosos, perennes, hasta 9 metros de alto, tallos glaucos cuando están frescos, los del año anterior a veces 10 cm de diámetro;* ***hojas*** *50–90 cm de largo, 2-pinnadas o 3-pinnadas, folíolos primarios 9–15, ápice puntiagudo, sésiles o pedunculados, márgenes serrados;* ***flores*** *en cabezuelas, con flores numerosas, suberectas o caídas, por lo general con un tallo largo, flores radiales de color blanco, rosado pálido, o lavanda a púrpura brillantes, 3.5–6 cm de largo, flores del disco 128–172 (en el centro de la cabezuela de flores), amarillas o a veces con puntas rojas, 9–11 mm de largo;* ***fruto*** *un aquenio, 13–17 mm de largo.*

HÁBITAT: Matorrales húmedos, pendientes pronunciadas, setos al lado de carreteras, prados húmedos, campos de maíz, bosques de encino-pino y de coníferas; 1,200–3,800 metros.

USOS: De vez en cuando se planta como ornamental.

NOTAS: El género *Dahlia* tiene 29 especies, las cuales se encuentran en las montañas, desde México hasta Colombia.

DISTRIBUTION: **Alta Verapaz**, **Baja Verapaz**, **Chimaltenango**, **Chiquimula**, **Guatemala**, **Huehuetenango**, **Jalapa**, **Jutiapa**, **Quetzaltenango**, **Quiché**, **Sacatepéquez**, **San Marcos**, **Santa Rosa**, **Sololá**, **Totonicapán**. Mexico; Guatemala; Honduras; El Salvador; Nicaragua; Costa Rica; Panama; Colombia.

❧ *Small trees, herbaceous or woody, perennial, to 9 meters tall, stems glaucous when fresh, those of previous year sometimes 10 cm in diameter;* ***leaves*** *50–90 cm long, 2-pinnate or 3-pinnate, primary leaflets 9–15, apex pointed, sessile or stalked, margins serrate;* ***flower*** *heads numerous, suberect or drooping, usually long-stalked, ray flowers white, pale pink, or lavender to bright purple, 3.5–6 cm long, disc flowers 128–172 (in the center of the flower head), yellow or sometimes tips red, 9–11 mm long;* ***fruit*** *an achene, 13–17 mm long.*

HABITAT: Damp thickets, steep slopes, roadside hedges, wet meadows, cornfields, oak-pine and coniferous forests; 1,200–3,800 meters.

USES: Occasionally planted as an ornamental.

NOTES: The genus *Dahlia* has 29 species, found in mountains from Mexico to Colombia.

Español: **Aliso, Ilamo, Ílamo, Lemop** (Guatemala)
English: Alder

DISTRIBUCIÓN: **Alta Verapaz, Chimaltenango, El Progreso, Guatemala, Huehuetenango, Quetzaltenango, Quiché, Sacatepéquez, San Marcos, Sololá, Totonicapán**. México; Guatemala; El Salvador; Costa Rica; Panamá; Sudamérica.
❧ *Árboles, hasta 30 metros de alto, corteza pálida, delgada, lisa;* ***hojas*** *alternas, con tallos delgados, oblongo-ovadas a ampliamente ovadas, 3–9 cm de ancho, ápice agudo o acuminado, base obtusa o redondeada, doblemente serradas, sin pelos por encima o casi sin pelos (glabras), por abajo en general tienen pelos cortos a lo largo de los nervios, con la edad generalmente sin pelo (glabrescentes), pálidas o con frecuencia de color herrumbre;* ***flores*** *masculinas o femeninas, amentos masculinos 4–10 cm de largo, estróbilos femeninos como conos, sésiles o con un pedúnculo, en su mayoría 2–3 cm de largo;* ***fruto*** *una nuez diminuta.*
HÁBITAT: Frecuente en las montañas, formando rodales densos, extensos, casi puros, o a menudo asociado con encinos o pinos, a veces en bosques de *Juniperus*; 1,350– 3,000 metros.
USOS: Tinte marrón de la corteza; madera poco utilizada, excepto para leña.
NOTAS: Los alisos son abundantes en el occidente, donde forman rodales extensos y a veces puros en las laderas de las montañas del interior de San Marcos. Los árboles están confinados a las montañas más secas, y son unos de los primeros en surgir sobre sitios perturbados (una especie de árbol pionero), donde florecen en enero y febrero. La corteza se vuelve roja cuando se corta y proporciona un tinte marrón.

DISTRIBUTION: **Alta Verapaz, Chimaltenango, El Progreso, Guatemala, Huehuetenango, Quetzaltenango, Quiché, Sacatepéquez, San Marcos, Sololá, Totonicapán**. Mexico; Guatemala; El Salvador; Costa Rica; Panama; South America.
❧ *Trees, to 30 meters tall, bark pale, thin, smooth;* ***leaves*** *alternate, slender-stalked, oblong-ovate to broadly ovate, 3–9 cm wide, apex mostly acute or acuminate, base obtuse or rounded, doubly serrate, hairless above or nearly so (glabrous), beneath usually with short hairs along nerves, in age usually hairless (glabrate), pale or often rust-colored;* ***flowers*** *either male or female, male aments 4–10 cm long, female strobiles cone-like, sessile or with a peduncle, mostly 2–3 cm long;* ***fruit*** *a tiny nut.*
HABITAT: Common in the mountains, forming almost pure, dense, extensive stands, or often associated with oaks or pines, sometimes in *Juniperus* forests; 1,350–3,000 meters.
USES: Brown dye from the bark; wood little used except for firewood.
NOTES: Alders are abundant in the western Guatemala, where they form extensive and sometimes pure stands on inland mountain slopes of San Marcos. The trees are confined to drier mountains and become established early on disturbed sites (a pioneer tree species), where they bloom in January and February. The bark turns red when cut and provides a brown dye.

Español: **Morro**, **Jícaro**, **Simax**
English: Calabash Tree, Gourd Tree
Otro: **Rutc** (Ch'orti')

DISTRIBUCIÓN: **Alta Verapaz**, **Baja Verapaz**, **Chimaltenango**, **Chiquimula**, **El Progreso**, **Guatemala**, **Izabal** (cultivado), **Jalapa**, **Jutiapa**, **Santa Rosa**, **Zacapa**, probablemente se pueda encontrar por todo el país. México; Centroamérica. Introducido en muchas partes del mundo.

❧ *Árboles hasta 12 metros de alto, copa redondeada o extendida, ramas a menudo torcidas, a veces entrecruzadas;* ***hojas*** *alternas o agrupadas, coriáceas, 3-folioladas, en etapas juveniles a veces simples o 2-folioladas, pecíolo anchamente alado y parecido a un folíolo;* ***flores*** *en el tronco principal o en las ramas, 6–7 cm de largo, verdosas y café-púrpuras, a veces con rayas rosa-púrpuras, con un olor a zorrillo;* ***fruto*** *con una cáscara dura, por lo general 7–10 cm de ancho, ovalado o subgloboso, lleno de una pulpa líquida y semillas pequeñas acorazonadas.*

HÁBITAT: Muy frecuente en la zona pacífica; a veces en sitios secos de la zona atlántica, sobre todo en sabanas; en ocasiones a lo largo de playas costeras; 0–920 metros.

USOS: Remedios caseros; los frutos caídos con pulpa dulce son consumidos por el ganado; las semillas se muelen para preparar un refresco; las cáscaras se utilizan como tazas (jícaras) y otros recipientes (guacales); la madera se utiliza para la construcción de carretas y ruedas, y como leña y carbón vegetal.

NOTAS: Este árbol distintivo es frecuente en áreas secas. Una especie similar, *Crescentia cujete*, tiene hojas simples y a menudo frutos mucho más grandes.

DISTRIBUTION: **Alta Verapaz**, **Baja Verapaz**, **Chimaltenango**, **Chiquimula**, **El Progreso**, **Guatemala**, **Izabal** (cultivated), **Jalapa**, **Jutiapa**, **Santa Rosa**, **Zacapa**, probably found throughout the country. Mexico; Central America. Introduced in much of the world.

❧ *Trees, to 12 meters tall, crown rounded or spreading, branches often crooked, sometimes interlaced;* ***leaves*** *alternate or clustered, leathery, 3-foliolate, in juvenile stages sometimes simple or 2-foliolate, petiole broadly winged and resembling a leaflet;* ***flowers*** *on the main trunk or branches, 6–7 cm long, greenish and purple-brown, sometimes with streaks of rose-purple, with a skunk-like smell;* ***fruit*** *with a hard shell, usually 7–10 cm wide, oval or subglobose, filled with a liquid pulp and small heart-shaped seeds.*

HABITAT: Very common in the Pacific zone; sometimes on dry sites in the Atlantic zone, mostly in savannas; occasionally along coastal beaches; 0–920 meters.

USES: Household remedies; fallen fruit with sweet pulp is eaten by livestock; seeds are ground to make a beverage; shells are used as drinking cups (*jícaras*) and other containers (*guacales*); the wood is used in the construction of carts and wheels, and as fuelwood and charcoal.

NOTES: This distinctive tree is common throughout dry areas. A similar species, *Crescentia cujete*, has simple leaves and often much larger fruit.

Español: **Jícaro**
English: Calabash Tree, Wild Calabash (Belize)
Otros: **Hom** (Q'eqchi'), **Nigal** (Pipil de Salamá)

DISTRIBUCIÓN: **Alta Verapaz**, **Baja Verapaz**, **Escuintla**, **Izabal**, **Petén**, **Quiché**, (probablemente sólo en cultivo), **Retalhuleu**, **San Marcos**, **Santa Rosa**, **Suchitepéquez**. México; Guatemala; Belice; El Salvador; Honduras; Nicaragua; Costa Rica; Panamá; Sudamérica; las Antillas. Cultivado en el paleotrópico.

❧ *Árboles pequeños a medianos, hasta 10 metros de alto, con un tronco grueso y copa redondeada;* ***hojas*** *todas simples, 5–15 cm de largo, con un pecíolo corto, alternas o agrupadas en retoños cortos, algo coriáceas;* ***flores*** *surgen directamente de ramas grandes, cáliz 1.5–2.5 cm de largo, profundamente hendido, corola blanca amarillenta o verdosa con venas color morado oscuro, 4.5–7.5 cm de largo;* ***fruto*** *variable en tamaño y forma, más o menos globoso o elipsoide, (8–) 13–20 cm de diámetro, hasta 30 cm de largo, con una cáscara dura, verde y leñosa, lleno de pulpa oscura y numerosas semillas pequeñas.*

HÁBITAT: Sobre todo en cultivos y a veces esparcido; nativo por lo menos en las tierras bajas de la zona atlántica y probablemente en otras partes, con cierta tolerancia a la sal; 0–1,200 metros.

USOS: Por toda Centroamérica el jícaro se utiliza de varias maneras: la madera para yugos de buey, estribos, mangos de herramientas; usos medicinales; las cáscaras del fruto como tazas, tazones y cucharas, y también para fabricar sonajeros musicales o maracas; algunas cáscaras se decoran con colores o diseños grabados; el fruto es consumido por el ganado durante la estación seca.

NOTAS: *Crescentia cujete* probablemente haya sido ampliamente distribuida en América tropical durante la época precolombina, debido a la cáscara útil del fruto. El árbol proporciona un hábitat para las epífitas y a menudo está cubierto de orquídeas, bromelias y otras plantas. Florece y fructifica probablemente todo el año.

DISTRIBUTION: **Alta Verapaz**, **Baja Verapaz**, **Escuintla**, **Izabal**, **Petén**, **Quiché** (probably only in cultivation), **Retalhuleu**, **San Marcos**, **Santa Rosa**, **Suchitepéquez**. Mexico; Guatemala; Belize; El Salvador; Honduras; Nicaragua; Costa Rica; Panama; South America; West Indies. Cultivated in the Paleotropics.

❧ *Small to medium trees, to 10 meters tall, with a thick trunk and rounded crown;* ***leaves*** *all simple, 5–15 cm long, with a short petiole, alternate or clustered on short shoots, somewhat leathery;* ***flowers*** *emerge directly from large branches, calyx 1.5–2.5 cm long, deeply cleft, corolla yellowish white or greenish with dark purple veins, 4.5–7.5 cm long;* ***fruit*** *variable in size and shape, more or less globose or ellipsoid, (8–) 13–20 cm in diameter, to 30 cm long, with a hard, green, woody shell, filled with a dark pulp and many small seeds.*

HABITAT: Mostly in cultivation and sometimes escaped; native at least in the lowlands of the Atlantic zone and probably in other parts, with some salt tolerance; 0–1,200 meters.

USES: Throughout Central America the calabash tree is used in a variety of ways: the wood for ox yokes, stirrups, tool handles; medicinal uses; fruit shells for cups, bowls and spoons, and also made into musical rattles or maracas; some shells are decorated with colors or engravings; fruit is eaten by cattle during the dry season.

NOTES: *Crescentia cujete* was probably widely distributed in tropical America during pre-Columbian times due to its useful shell. The tree provides a habitat for epiphytes, and is often covered with orchids, bromeliads and other plants. Flowering and fruiting all year.

Español: **Jacaranda**, **Gigante**
English: Jacaranda

DISTRIBUCIÓN: Observada en **Alta Verapaz**, **Baja Verapaz**, **El Progreso**, **Escuintla**, **Guatemala**, **Huehuetenango**, **Jalapa**, **Jutiapa**, **Quetzaltenango**, **Retalhuleu**, **Sacatepéquez**, **Sololá**, **Suchitepéquez**, **Totonicapán** y probablemente se plante en otros departamentos. Nativa de Sudamérica, desde Colombia hasta Argentina; ampliamente plantada en terrenos elevados del trópico.
❧ *Árboles caducifolios, hasta 20 metros de alto, corteza pálida;* ***hojas*** *parecidas a las de un helecho, 2-pinnado-compuestas, opuestas, folíolos numerosos, por lo general 6–8 mm de largo;* ***flores*** *azul-púrpuras, 3.5–4.5 cm de largo, en grupos multifloros;* ***fruto*** *una cápsula suborbicular, aplanada, leñosa, alrededor de 6 cm de largo; semillas aplanadas, aladas.*
HÁBITAT: Parques y jardines; 900–1,400 metros.
USOS: Ornamental, apreciado por sus flores de color azul-púrpura brillantes, que en general aparecen cuando el árbol está áfilo.
NOTAS: La temporada de floración por lo general empieza a finales de febrero o a principios de marzo y continúa durante varias semanas. Las vainas duras y aplanadas permanecen en el árbol durante meses. Parece crecer mejor en lugares frescos y de mayor elevación.

DISTRIBUTION: Noted in **Alta Verapaz**, **Baja Verapaz**, **El Progreso**, **Escuintla**, **Guatemala**, **Huehuetenango**, **Jalapa**, **Jutiapa**, **Quetzaltenango**, **Retalhuleu**, **Sacatepéquez**, **Sololá**, **Suchitepéquez**, **Totonicapán** and probably planted in other departments. Native to South America, from Colombia to Argentina; widely planted in upland regions of the tropics.
❧ *Deciduous trees, to 20 meters tall, bark pale;* ***leaves*** *fern-like, 2-pinnate, opposite, leaflets numerous, mostly 6–8 mm long;* ***flowers*** *purple-blue, 3.5–4.5 cm long, in many-flowered groups;* ***fruit*** *a suborbicular capsule, flat, woody, about 6 cm long; seeds flat, winged.*
HABITAT: Parks and gardens; 900–1,400 meters.
USES: Ornamental, appreciated for its brilliant purple-blue flowers, which usually appear when the tree is leafless.
NOTES: The blooming season generally begins in late February or early March and continues for several weeks. The hard flattened pods remain on the tree for months. It seems to grow best at higher, cool locations.

Español: **Radermachera**
English: China Doll, Serpent Tree, Emerald Tree

DISTRIBUCIÓN: Originaria del sur de China, Taiwán, Bután, India (Assam, Darjeeling), norte de Myanmar y Vietnam, en regiones montañosas subtropicales; ampliamente plantada en muchas partes del mundo. **Guatemala**, **Sacatepéquez**, **Sololá** y sin duda se planta en otros departamentos.
❧ *Árboles, hasta unos 10 metros de alto (pueden alcanzar hasta 30 metros), tronco hasta 1 metro de diámetro;* ***hojas*** *grandes, opuestas, 2 (o 3)-pinnado-compuestas, 20–70 cm de largo y 15–25 cm de ancho, divididas en numerosos folíolos pequeños de color verde brillante 4–7 cm de largo, márgenes enteros;* ***flores*** *en una inflorescencia ramificada, terminal, erguida, 25–35 cm de largo, pétalos unidos, corola de color blanco o amarillo pálido, en forma de trompeta, alrededor de 7 cm de largo, lóbulos redondeados, alrededor de 2.5 cm de largo, estambres 4;* ***fruto*** *una cápsula, angular, de unos 85 cm de largo, 1 cm de ancho, coriácea, torcida, ligeramente comprimida; semillas elipsoides, aproximadamente 2 cm de largo, incluida el ala, 5 mm de ancho.*
HÁBITAT: Laderas y bosques; 300–800 metros (donde es nativa).
USOS: Árbol ornamental de jardín, a menudo se planta en macetas.
NOTAS: Se puede encontrar variantes enanas del árbol, a menudo se les denomina *Asian bell tree* (árbol de campana asiático). Florece de mayo a septiembre; fructifica de octubre a diciembre.

DISTRIBUTION: Native to southern China, Taiwan, Bhutan, India (Assam, Darjeeling), northern Myanmar and Vietnam, in subtropical mountain regions; widely planted in many parts of the world. **Guatemala**, **Sacatepéquez**, **Sololá**, and no doubt planted in other departments.
❧ *Trees, to about 10 meters tall (can reach up to 30 meters), trunk to 1 meter in diameter;* ***leaves*** *large, opposite, 2 (or 3)-pinnately compound, 20–70 cm long and 15–25 cm wide, divided into numerous small glossy green leaflets 4–7 cm long, margins entire;* ***flowers*** *in a branched inflorescence, terminal, erect, 25–35 cm long, petals united, corolla white to pale yellow, trumpet-like, about 7 cm long, lobes rounded, about 2.5 cm long, stamens 4;* ***fruit*** *a capsule, angular, about 85 cm long, 1 cm wide, leathery, twisted, slightly compressed; seeds ellipsoid, about 2 cm long including wing, 5 mm wide.*
HABITAT: Slopes and forests; 300–800 meters (where native).
USES: Ornamental garden tree, often planted in pots.
NOTES: Dwarf variations of the tree are found, often referred to as the Asian bell tree. Flowering from May to September; fruiting from October to December.

Español: **Árbol de Fuego, Flor de Fuego**
English: African Tulip Tree, Tulip Tree

DISTRIBUCIÓN: Recolectado en **Guatemala**, **Jutiapa**, **Quetzaltenango**, **Sololá**, y sin duda crece en otras partes. Nativo de África tropical; en la actualidad se puede encontrar en muchas regiones tropicales.

❧ *Árboles, hasta 20 metros de alto, copa densa, redondeada;* ***hojas*** *grandes, pinnado-compuestas, opuestas, folíolos 9–19, 5–15 cm de largo, enteros, con 2–3 glándulas grandes en la base;* ***flores*** *en grupos cortos, densos, con pocas a muchas flores, sépalos unidos, con curvas pronunciadas, 4–5 cm de largo, densamente leonado-tomentosos, pétalos anaranjado-escarlatas, con volantes y ribeteados de amarillo, 10 cm de largo, con una garganta muy ancha;* ***fruto*** *una cápsula aproximadamente 20 cm de largo, erguida, se resquebraja; semillas aladas.*

HÁBITAT: Jardines, a veces se expande.

USOS: Ornamental popular; al parecer algunos remedios caseros.

NOTAS: Florece durante varios meses del año. La madera es blanda, liviana, no muy valorada.

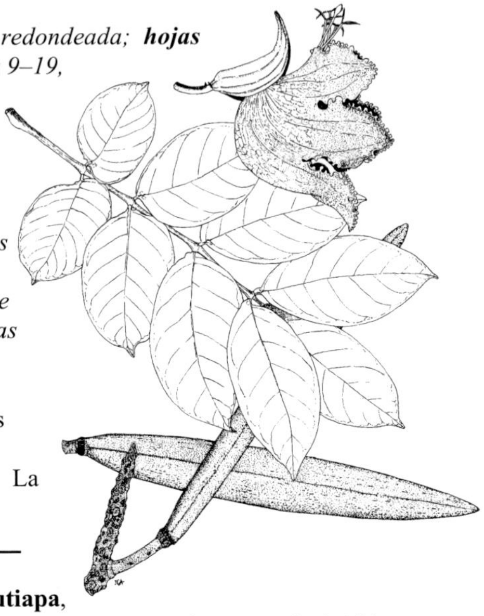

DISTRIBUTION: Collected in **Guatemala**, **Jutiapa**, **Quetzaltenango**, **Sololá**, and undoubtedly growing elsewhere. Native to tropical Africa; now found in many tropical regions.

❧ *Trees, to 20 meters tall, crown dense, rounded;* ***leaves*** *large, pinnately compound, opposite, leaflets 9–19, 5–15 cm long, entire, with 2–3 large glands at the base;* ***flowers*** *in short, dense clusters, with few to many flowers, sepals united, strongly curved, 4–5 cm long, densely tawny-tomentose, petals scarlet-orange, frilly and edged with yellow, 10 cm long, with a very wide throat;* ***fruit*** *a capsule about 20 cm long, erect, splitting; seeds winged.*

HABITAT: Gardens, sometimes escaping.

USES: A popular ornamental; some home remedies reported.

NOTES: Flowering during many months of the year. The wood is soft, lightweight, not highly valued.

Español: **Tabebuia, Matilisguate Amarilla**
English: Yellow Cortez, Tabebuia
Sinónimo: *Handroanthus ochraceus*

DISTRIBUCIÓN: **Guatemala, Huehuetenango, Sacatepéquez, Sololá**. Guatemala; El Salvador; Honduras; Nicaragua; Costa Rica; Panamá; Sudamérica.

❧ *Árboles, hasta 25 metros de alto;* ***hojas*** *opuestas, palmado-compuestas, con 5 folíolos densamente estrellado-pubescentes por debajo;* ***flores*** *de color amarillo profundo, en una inflorescencia estrellada-pubescente, flores en forma de embudo, 4–8 cm de largo, con 5 lóbulos;* ***fruto*** *una cápsula larga, 13–35 cm de largo, con abundantes vellos dorados, lanosos y estrellados; semillas aplanadas, aladas.*

HÁBITAT: Bosques secos; frecuente; 150–800 (–1,500) metros.

USOS: Cuando está en flor, conforma un paisaje muy llamativo; a veces se planta como ornamental.

NOTAS: La madera es pesada, fuerte y duradera. Florece de febrero a abril; fructifica de abril a junio.

DISTRIBUTION: **Guatemala, Huehuetenango, Sacatepéquez, Sololá**. Guatemala; El Salvador; Honduras; Nicaragua; Costa Rica; Panama; South America.

❧ *Trees, to 25 meters tall;* ***leaves*** *opposite, palmately compound, with 5 leaflets, densely stellate-pubescent beneath;* ***flowers*** *a rich yellow, in a stellate-pubescent inflorescence, flowers funnel-shaped, 4–8 cm long, 5-lobed;* ***fruit*** *a long capsule, 13–35 cm long, with abundant golden, wooly and stellate hairs; seeds flat, winged.*

HABITAT: Dry forests; 150–800 (–1,500) meters.

USES: A striking part of the landscape when in flower; sometimes planted as an ornamental.

NOTES: The wood is heavy, hard and durable. Flowering from February to April; fruiting from April to June.

Español: **Matilisguate**, **Macuelizo**, **Macueliz** (Petén), **Matilishuate**, **Fresno** (Huehuetenango)
English: Pink Trumpet Tree, Pink Poui (Costa Rica), May Flower

DISTRIBUCIÓN: **Alta Verapaz**, **Baja Verapaz**, **El Progreso**, **Escuintla**, **Guatemala**, **Huehuetenango**, **Izabal**, **Jutiapa**, **Petén**, **Retalhuleu**, **San Marcos**, **Santa Rosa**, **Sololá**, **Suchitepéquez**. Nativo desde México hasta Sudamérica.
❧ *Árboles grandes, hasta 30 metros de alto, rectos, hasta 1 metro de diámetro, a menudo con contrafuertes;* ***hojas*** *palmado-compuestas, opuestas, folíolos normalmente 5, subcoriáceos, 10–25 cm de largo, densamente glandular-escamosos, axila de los nervios laterales por debajo con glándulas en forma de disco;* ***flores*** *en una inflorescencia grande y abierta, 6–8 cm de largo, por lo general rosadas con gargantas amarillas;* ***fruto*** *una cápsula alrededor de 30 cm de largo, péndula; semillas aplanadas, aladas.*
HÁBITAT: Frecuente en bosques secos y húmedos; 0–1,100 metros.
USOS: La madera es una de las más importantes de Centroamérica, se utiliza para una gran variedad de propósitos; árbol ornamental favorito; medicinales.
NOTAS: Este árbol florece cuando está áfilo, con grandes ramos de flores que varían desde un profundo rosado-púrpura hasta (rara vez) un blanco puro. Es abundante en las llanuras del Pacífico de Centroamérica y muchos son plantados en jardines, calles y parques. La temporada de floración es variable, de enero a mayo; fructifica de marzo a mayo. Es el árbol nacional de El Salvador.

DISTRIBUTION: **Alta Verapaz**, **Baja Verapaz**, **El Progreso**, **Escuintla**, **Guatemala**, **Huehuetenango**, **Izabal**, **Jutiapa**, **Petén**, **Retalhuleu**, **San Marcos**, **Santa Rosa**, **Sololá**, **Suchitepéquez**. Native from Mexico to South America.
❧ *Large trees, to 30 meters tall, straight, to 1 meter in diameter, often buttressed;* ***leaves*** *palmately compound, opposite, leaflets usually 5, sub-leathery, 10–25 cm long, densely glandular-scaly, axil of lateral nerves beneath with plate-shaped glands;* ***flowers*** *in a large and open inflorescence, 6–8 cm long, usually pink with a yellow throat;* ***fruit*** *a capsule about 30 cm long, pendent; seeds flat, winged.*
HABITAT: Common in dry and moist forests; 0–1,100 meters.
USES: The wood is one of the most important of Central America, used for a great variety of purposes; a favorite ornamental tree; medicinals.
NOTES: The tree blossoms when leafless, with large bouquets of flowers varying from a deep rose-purple to (rarely) pure white. It is abundant on the Pacific plains of Central America, and many are planted in gardens, streets and parks. The blooming season is variable, from January to May; fruiting from March to May. It is the national tree of El Salvador.

Español: **Timboco**, **Timboque**, **San Andrés**, **Barreto** (Jutiapa)
English: Yellow Elder, Trumpet Bush
Otro: **Chacté** (Zacapa, también un nombre Q'eqchi')

DISTRIBUCIÓN: **Baja Verapaz**, **Chimaltenango**, **Chiquimula**, **El Progreso**, **Escuintla**, **Guatemala**, **Huehuetenango**, **Jalapa**, **Jutiapa**, **Quetzaltenango**, **Quiché**, **Retalhuleu**, **Sacatepéquez**, **San Marcos**, **Santa Rosa**, **Sololá**, **Suchitepéquez**, **Zacapa**. Desde el sudoeste de los Estados Unidos hasta México; Guatemala; El Salvador; Honduras; Nicaragua; Costa Rica; Panamá; Sudamérica; las Antillas. Cultivado y esparcido en muchas partes del mundo.
❧ *Árboles pequeños, hasta 12 metros de alto;* ***hojas*** *pinnado-compuestas, opuestas, folíolos normalmente 7, 4–10 cm de largo, márgenes serrados;* ***flores*** *a menudo en grupos grandes, corola amarillo brillante, en forma de embudo, con rayas rojas en el tubo floral, 3.5–5 cm de largo;* ***fruto*** *una cápsula lineal, 10–20 cm de largo, verde, después se torna café; semillas pequeñas y aladas.*
HÁBITAT: Bordes de carreteras, matorrales húmedos o secos, bosques abiertos, frecuente en laderas secas, abiertas y rocosas; a menudo se planta; 0–1,300 metros.
USOS: Plantado cerca de casas como ornamental; se utiliza a nivel local como medicinal.
NOTAS: Árbol pequeño muy frecuente en regiones bajas de Centroamérica. Las flores de color amarillo brillante son llamativas, y se pueden apreciar en casi cualquier época del año. Se pueden cultivar nuevas plantas mediante esquejes.

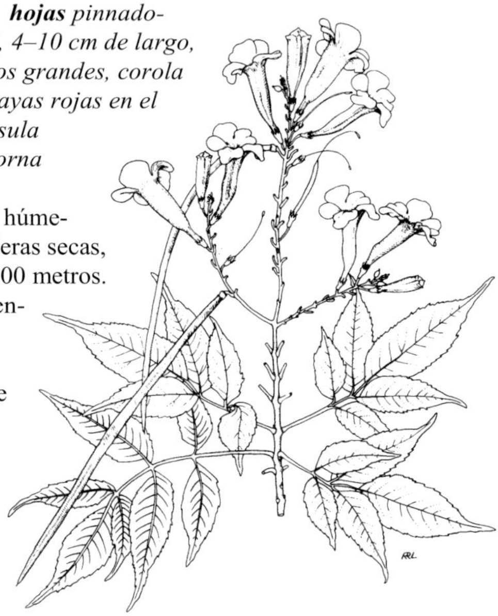

DISTRIBUTION: **Baja Verapaz**, **Chimaltenango**, **Chiquimula**, **El Progreso**, **Escuintla**, **Guatemala**, **Huehuetenango**, **Jalapa**, **Jutiapa**, **Quetzaltenango**, **Quiché**, **Retalhuleu**, **Sacatepéquez**, **San Marcos**, **Santa Rosa**, **Sololá**, **Suchitepéquez**, **Zacapa**. Southwestern United States through Mexico; Guatemala; El Salvador; Honduras; Nicaragua; Costa Rica; Panama; South America; West Indies. Grown and escaped in many parts of the world.
❧ *Small trees, to 12 meters tall;* ***leaves*** *pinnately compound, opposite, leaflets usually 7, 4–10 cm long, margins serrate;* ***flowers*** *often in large clusters, corolla bright yellow, funnel-shaped, with red lines in the flower tube, 3.5–5 cm long;* ***fruit*** *a linear capsule, 10–20 cm long, green, later turning brown; seeds small and winged.*
HABITAT: Roadsides, wet or dry thickets, open forests, frequent on dry, open, rocky hillsides; often planted; 0–1,300 meters.
USES: Planted near houses as an ornamental; used locally as a medicinal.
NOTES: A very common small tree in lower regions of Central America. The bright yellow flowers are showy, and may be found during almost any season of the year. New plants can be grown from cuttings.

Español: **Achiote**, **Achiotillo** (forma con hojas y frutas muy pequeñas), **Chaya**
English: Annatto, Achiote; Atta (Belize)
Otros: **Xayau** (Q'eqchi'), **Oox** (Chuj), **Ox** (Jacaltenango)

DISTRIBUCIÓN: **Alta Verapaz**, **Baja Verapaz**, **Chimaltenango**, **Chiquimula**, **El Progreso**, **Escuintla**, **Izabal** (principalmente en cultivos), **Jutiapa**, **Petén**, **Quetzaltenango**, **Retalhuleu**, **Sacatepéquez**, **Santa Rosa**, **San Marcos**, **Suchitepéquez**, **Zacapa** (se dice que es raro). México; Guatemala; Belice; El Salvador; Honduras; Nicaragua; Panamá; Sudamérica; las Antillas. Se planta en otras partes del mundo.

❧ *Árboles pequeños, copa densa, redondeada, tronco corto;* ***hojas*** *simples, alternas, acorazonadas, en su mayoría 8–20 cm de largo, con 5 nervios;* ***flores*** *en grupos, con pocas a muchas flores, pétalos rosados o blancos, alrededor de 2.5 cm de largo, caen al poco tiempo;* ***fruto*** *una cápsula ovada, por lo general 2.5–4.5 cm de largo, cubierta con espinas flexibles, largas o cortas, a veces lisa y sin vellos, color café rojizo, se resquebraja para revelar una pulpa rojo-anaranjada que cubre numerosas semillas.*

HÁBITAT: Plantado cerca de casas y en fincas; frecuente en matorrales húmedos o secos de tierra baja; se puede encontrar en muchas regiones tropicales, a menudo naturalizado.

USOS: Colorante, tinte; goma; cordaje hecho de la corteza; remedios caseros.

NOTAS: Es un árbol bien conocido y útil en América tropical, ya que proporciona un tinte rojo-anaranjado (achiote) que se extrae de la cubierta pulposa de la semilla cuando está seca. El achiote se vende en todos los mercados, a menudo en paquetes pequeños, y se utiliza en Centroamérica para darle color a la comida, como arroz, tortillas y otros productos. Es un colorante natural frecuente, el cual se puede encontrar en muchos alimentos alrededor del mundo; también se lo utiliza en aceites y barniz, y para teñir tela.

DISTRIBUTION: **Alta Verapaz**, **Baja Verapaz**, **Chimaltenango**, **Chiquimula**, **El Progreso**, **Escuintla**, **Izabal** (mostly in cultivation), **Jutiapa**, **Petén**, **Quetzaltenango**, **Retalhuleu**, **Sacatepéquez**, **Santa Rosa**, **San Marcos**, **Suchitepéquez**, **Zacapa** (said to be rare). Mexico; Guatemala; Belize; El Salvador; Honduras; Nicaragua; Panama; South America; West Indies. Planted elsewhere in the world.

❧ *Small trees, crown dense, rounded, trunk short;* ***leaves*** *simple, alternate, heart-shaped, mostly 8–20 cm long, 5-nerved;* ***flowers*** *in groups, few-flowered to many-flowered, petals pink or white, about 2.5 cm long, soon falling;* ***fruit*** *an ovoid capsule, commonly 2.5–4.5 cm long, covered with long or short flexible spines, sometimes smooth and without bristles, reddish brown, breaking open to reveal a red-orange pulp covering numerous seeds.*

HABITAT: Planted near houses and on farms; common in wet or dry lowland thickets; found in many tropical regions, often naturalized.

USES: Coloring, dye; gum; cordage made from the bark; household remedies.

NOTES: This is a well-known and useful tree in tropical America, providing an orange-red dye (annatto) extracted from the dried pulpy covering of the seeds. Annatto is sold in all markets, often in small packets, and is used in Central America for coloring food, including rice, tortillas and other items. It is a common natural coloring found in many foods worldwide; also used in oils and varnish, and to color fabrics.

Español: **Tecomasúchil**, **Tecomasuche**, **Pumpunjuche**, **Pumpumjuche**, **Tecomajuche**; **Camasuche**, **Pochote** (Petén); **Pomp**, **Pumpo** (Huehuetenango); **Tecomatillo** (Zacapa)
English: Buttercup Tree, Mountain Cotton, Cotton Tree
Otros: **Tsuyuy** (Q'eqchi'), **Cho** (Petén, Maya)

DISTRIBUCIÓN: **Alta Verapaz**, **Baja Verapaz**, **El Progreso**, **Escuintla**, **Huehuetenango**, **Izabal**, **Jutiapa**, **Petén**, **Retalhuleu**, **San Marcos**, **Santa Rosa**, **Suchitepéquez**, **Zacapa**. México hasta el norte de Sudamérica.
❧ *Árboles caducifolios, hasta 15 (–25) metros de alto, con savia anaranjado-amarilla, florecen cuando miden tan solo 2 metros de alto, copa extendida, algo abierta, corteza gris clara, lisa;* ***hojas*** *alternas, por lo general profundamente lobuladas, con 5–7 lóbulos, 10–30 cm de ancho;* ***flores*** *en una inflorescencia con varias flores, flores 8–12 cm de ancho, pétalos amarillos, con muchos estambres;* ***fruto*** *una cápsula, 7–8 cm de largo, con 5 valvas; semillas pequeñas, rodeadas de un algodón blanco.*
HÁBITAT: Frecuente en bosques caducifolios, tierra arbustiva o matorrales; sobre todo en vegetación secundaria o a lo largo de caminos; 0–850 metros.
USOS: Según se informa, los estambres grandes se utilizan en Centroamérica como un sustituto del azafrán; medicinal; la resistente fibra de la corteza se utiliza para cordeles; el árbol a veces se planta como ornamental, con una forma popular de flor doble plantada en jardines antillanos (ver ilustración).
NOTAS: La madera es muy blanda y débil. Las ramas se arraigan con facilidad cuando se les entierra, aunque rara vez se planta en cercos vivos. El árbol es muy atractivo, con flores similares a rosas amarillas grandes. Florece de diciembre a marzo.

DISTRIBUTION: **Alta Verapaz**, **Baja Verapaz**, **El Progreso**, **Escuintla**, **Huehuetenango**, **Izabal**, **Jutiapa**, **Petén**, **Retalhuleu**, **San Marcos**, **Santa Rosa**, **Suchitepéquez**, **Zacapa**. Mexico to northern South America.
❦ *Deciduous trees, to 15 (–25) meters tall, with yellow-orange sap, flowering when only 2 meters tall, crown spreading, somewhat open, bark light gray, smooth;* ***leaves*** *alternate, usually deeply 5–7-lobed, 10–30 cm wide;* ***flowers*** *in a several-flowered inflorescence, flowers 8–12 cm wide, petals yellow, with many stamens;* ***fruit*** *a capsule, 7–8 cm long, 5-valvate; seeds small, surrounded by white cotton.*
HABITAT: Common in deciduous forests, shrublands or thickets; mainly in secondary vegetation or along roadsides; 0–850 meters.
USES: The large stamens are reportedly used in Central America as a substitute for saffron; medicinals; tough bark fiber is used for cordage; the tree is occasionally planted as an ornamental, with a popular double-flowered form planted in West Indian gardens (see illustration).
NOTES: The wood is very soft and weak. The branches root easily when buried in the ground, though it is rarely planted in hedges. The tree is very attractive, with flowers similar to large yellow roses. Flowering from December to March.

Español: **Esquisúchil**, **Esquinsucha**, **Esquinsuchil** (Guatemala); **Oreja de León** (Quetzaltenango)
English: Popcorn Flower

DISTRIBUCIÓN: **Alta Verapaz**, **Chiquimula**, **Escuintla**, **Guatemala**, **Izabal**, **Jutiapa**, **Quetzaltenango**, **Quiché**, **Sacatepéquez**, **Zacapa**. Sur de México; Guatemala; El Salvador; Honduras; Nicaragua; Costa Rica; Cuba.
❧ *Árboles; **hojas** alternas, láminas en general 6–12 cm de largo, 6–8 cm de ancho, márgenes enteros, nervios laterales 7–9 pares; **flores** blancas, en grupos de unos 8 cm de largo y ancho, por lo general con muchas flores, cáliz verde, acampanado, 6–8 mm de largo, puntiagudo en capullo, 5 lóbulos desiguales, 1–2 mm de largo, triangulares, normalmente se abren en 3 segmentos desiguales en fruto, corola blanca, aproximadamente 2 cm de largo, limbo 2–3 cm de ancho, liso en el exterior, pero a veces con mechones de pelos en los lóbulos cerca del ápice, estambres largo-exsertos; **fruto** cuando está seco unos 12 mm de largo, 17 mm de ancho, ovoide, se separa en 4 nuececillas duras.*
HÁBITAT: Bosques húmedos; a menudo se planta para ornamento; nivel del mar hasta 2,100 metros.
USOS: Las flores perfumadas se utilizan para tabaco y bebidas; las flores secas y la corteza se utilizan como un medicamento en México y Guatemala y están bajo investigación como un antidepresivo.
NOTAS: El árbol se conoce a nivel local como árbol del Santo Hermano Pedro. El que está frente a la iglesia El Calvario, en Antigua, Guatemala se plantó hace más de 360 años. Santo Hermano Pedro de San José de Betancur fue jardinero y sacristán en El Calvario, entre 1654 y 1658. El té de las flores secas se considera un tranquilizante y analgésico y se utiliza para controlar la hipertensión arterial y la enfermedad cardíaca. El árbol florece por lo general en mayo y junio.

DISTRIBUTION: **Alta Verapaz**, **Chiquimula**, **Escuintla**, **Guatemala**, **Izabal**, **Jutiapa**, **Quetzaltenango**, **Quiché**, **Sacatepéquez**, **Zacapa**. Southern Mexico; Guatemala; El Salvador; Honduras; Nicaragua; Costa Rica; Cuba.
❧ *Trees; **leaves** alternate, blades mostly 6–12 cm long, 6–8 cm wide, margins entire, lateral nerves 7–9 pairs; **flowers** white, in groups about 8 cm long and as wide, usually many-flowered, calyx green, bell-shaped, 6–8 mm long, pointed in bud, 5 lobes unequal, 1–2 mm long, triangular, usually rupturing into 3 unequal segments in fruit, corolla white, about 2 cm long, 2–3 cm wide, smooth outside, but sometimes with a tuft of hairs within lobes near apex, stamens long-exserted; **fruit** when dry about 12 mm long, 17 mm wide, ovoid, separating into 4 hard nutlets.*
HABITAT: Damp forests; often planted for ornament; sea level to 2,100 meters.
USES: Scented flowers are used in tobacco and drinks; the dried flowers and bark are used as a medicinal in Mexico and Guatemala, and are under investigation as an antidepressant.
NOTES: The tree is known locally as the "Tree of Santo Hermano Pedro." The one in front of El Calvario church in Antigua, Guatemala, was planted over 360 years ago. Santo Hermano Pedro de San José Betancur was the gardener and sexton at El Calvario between 1654 and 1658. Tea from the dried flowers is considered to be a tranquilizer and analgesic, and is used to treat high blood pressure and heart disease. The tree mainly blooms in May and June.

Español: **Upay**, **Supay**; **Tiguilote** (Jutiapa, Santa Rosa, Zacapa); **Upayol** (Chiquimula)
English: White Manjack (Virgin Islands); Dope Cherry, Duppy Cherry (Jamaica); Clammy Cherry (Grenada); Jackwood (Belize)

DISTRIBUCIÓN: **Chiquimula**, **El Progreso**, **Escuintla**, **Guatemala**, **Izabal**, **Jalapa**, **Jutiapa**, **Santa Rosa**, **Zacapa**. México; Guatemala; El Salvador; Honduras; Nicaragua; Costa Rica; Panamá; las Antillas; Colombia; Venezuela.

❧ *Árboles pequeños, hasta 15 metros de alto, tronco usualmente corto, a menudo torcido;* ***hojas*** *simples, alternas, láminas 3–10 cm de largo, por lo general con dientes gruesos, nervios laterales normalmente 3–6 pares;* ***flores*** *muchas, en grupos de hasta 20 cm de ancho, subsésiles, pétalos unidos, con 5 lóbulos, 8–9 mm de largo, en forma de embudo o anchamente acampanados, de color blanco, crema o amarillo;* ***fruto*** *blanco cuando está maduro, 6–10 mm de largo, pulpa mucilaginosa, algo translúcida.*

HÁBITAT: Laderas y colinas secas, arenosas o rocosas; matorrales húmedos o secos o bosques mixtos; llanuras cubiertas de hierba y pastos; nivel del mar hasta 900 metros.

USOS: Se cultiva con frecuencia, debido a sus atractivas flores de color blanco amarillento y su fruto comestible.

NOTAS: Florece y fructifica durante el año.

DISTRIBUTION: Chiquimula, **El Progreso**, **Escuintla**, **Guatemala**, **Izabal**, **Jalapa**, **Jutiapa**, **Santa Rosa**, **Zacapa**. Mexico; Guatemala; El Salvador; Honduras; Nicaragua; Costa Rica; Panama; West Indies; Colombia; Venezuela.

❧ *Small trees, to 15 meters tall, trunk usually short, often crooked;* ***leaves*** *simple, alternate, blades 3–10 cm long, often with coarse teeth, lateral nerves usually 3–6 pairs;* ***flowers*** *many, in clusters to 20 cm wide, subsessile, petals fused, 5-lobed, 8–9 mm long, funnel-shaped or broadly bell-shaped, white, cream or yellow;* ***fruit*** *white when mature, 6–10 mm long, flesh mucilaginous, somewhat translucent.*

HABITAT: Dry, sandy or rocky slopes and hills; damp or dry thickets or mixed forests; grassy plains and pastures; sea level to 900 meters.

USES: Cultivated frequently for its attractive yellowish white flowers and its edible fruit.

NOTES: Flowering and fruiting throughout the year.

Español: **Tabacón**, **Chocón**, **La Aurora** (Guatemala), **Chocónón** (Sacatepéquez)
English: Caracus Wigandia

DISTRIBUCIÓN: **Alta Verapaz**, **Baja Verapaz**, **Chimaltenango**, **Guatemala**, **Huehuetenango**, **Quetzaltenango**, **Sacatepéquez**, **San Marcos**, **Santa Rosa**. México; Guatemala; Honduras; Nicaragua; Costa Rica; Panamá; Ecuador; Perú.

❧ *Arbustos grandes que se convierten en árboles pequeños, hasta 5 metros de alto, a veces glandular-viscosos y a menudo con pelos urticantes;* ***hojas*** *simples, alternas, 8–42 cm de largo, con dientes irregulares, pelos adpresos en la superficie superior y normalmente blanco-tomentosos en la parte de abajo, con pelos por lo menos en la nervadura media y el pecíolo;* ***flores*** *en arreglos terminales densos y escorpioides, cáliz persistente, pétalos 5, de color violeta pálido a púrpura, más pálidos en la garganta, hasta 2 cm de largo;* ***fruto*** *una cápsula, oblongo-cónica, 0.5–1 cm de largo.*

HÁBITAT: Frecuente a lo largo de caminos; en matorrales, prados húmedos o campos arenosos, laderas secas; bosques de encino y encino-pino; en lugares desolados; 70–3,000 metros.

USOS: Medicinal; rara vez se utiliza para flores cortadas.

NOTAS: Una especie variable y de extensión generalizada. Florece y fructifica de octubre a mayo.

DISTRIBUTION: **Alta Verapaz**, **Baja Verapaz**, **Chimaltenango**, **Guatemala**, **Huehuetenango**, **Quetzaltenango**, **Sacatepéquez**, **San Marcos**, **Santa Rosa**. Mexico; Guatemala; Honduras; Nicaragua; Costa Rica; Panama; Ecuador; Peru.

❧ *Large shrubs, becoming small trees, to 5 meters tall, sometimes glandular-viscid and often with stinging hairs;* ***leaves*** *simple, alternate, 8–42 cm long, with irregular teeth, appressed hairs on upper surface and usually white-tomentose underneath, with bristles at least on midvein and petiole;* ***flowers*** *in dense, scorpioid, terminal arrangements, calyx persistent, petals 5, pale violet to purple, lighter in the throat, to 2 cm long;* ***fruit*** *a capsule, oblong-conical, 0.5–1 cm long.*

HABITAT: Frequent along roadsides; in thickets, damp meadows or sandy fields, dry slopes; oak and oak-pine forests; in disturbed areas; 70–3,000 meters.

USES: Medicinal; rarely used as cut flowers.

NOTES: A widespread and variable species. Flowering and fruiting from October to May.

Español: **Jiote**, **Chino**, **Chinacahuite**, **Palo Jiote**, **Solpiem**, **Cajha**; **Xacago-que**, **Palo Chino**, **Chacah**, **Chacá** (Huehuetenango); **Palo Mulato** (Petén); **Indio Desnudo** (costa norte); **Chic-chica**, **Chicah** (Petén)
English: West Indian Birch, Gumbo Limbo, Naked Indian
Otros: **Chacah Colorado** (Petén, Maya); **Cacah** (Q'eqchi')

DISTRIBUCIÓN: **Alta Verapaz**, **Baja Verapaz**, **Chiquimula**, **El Progreso**, **Escuintla**, **Guatemala**, **Huehuetenango**, **Izabal**, **Jalapa**, **Jutiapa**, **Petén**, **Quiché**, **Retalhuleu**, **Sacatepéquez**, **San Marcos**, **Santa Rosa**, **Suchitepéquez**, **Zacapa**. México; Centroamérica; norte de Sudamérica; las Antillas; sur de la Florida.
❧ *Árboles, hasta 25 metros de alto o más (en áreas más húmedas), hasta 1 metro de diámetro, caducifolios, corteza joven verde o café verdoso, corteza vieja desde rojo claro hasta café rojizo oscuro, se desprende en pliegues delgados como hojas de papel, savia resinosa;* ***hojas*** *alternas, pinnado-compuestas, folíolos por lo general 5–7;* ***flores*** *con 3–5 pétalos, verdosos o amarillentos, fragantes;* ***fruto*** *variable en tamaño y forma, 6–10 mm de largo, normalmente matizado de rojo, con 3 valvas.*
HÁBITAT: Frecuente o abundante en muchas regiones de tierras bajas; a menudo en bosques viejos, pero más abundante en bosques secundarios o matorrales bastante secos o húmedos; muy común en cercas; desde el nivel del mar hasta unos 1,800 metros, pero más frecuente hasta 1,000 metros.
USOS: Cercos vivos; los retoños jóvenes son comestibles en Guatemala; incienso de copal; remedios caseros; la resina es un sustituto del pegamento y también se utiliza como conservante para madera; alimento importante para la vida silvestre (tallos nuevos, fruto); la madera bastante blanda se utiliza para la construcción ligera.
NOTAS: Florece de marzo a agosto; fructifica durante todo el año. Las hojas machacadas tienen un perfume aromático. El incienso y la mirra se extraen de miembros de esta familia, ambos nativos de África y de la península arábiga.

DISTRIBUTION: Alta Verapaz, **Baja Verapaz**, **Chiquimula**, **El Progreso**, **Escuintla**, **Guatemala**, **Huehuetenango**, **Izabal**, **Jalapa**, **Jutiapa**, **Petén**, **Quiché**, **Retalhuleu**, **Sacatepéquez**, **San Marcos**, **Santa Rosa**, **Suchitepéquez**, **Zacapa**. Mexico; Central America; northern South America; West Indies; southern Florida.
❧ *Trees, to 25 meters tall or more (in wetter areas), to 1 meter in diameter, deciduous, young bark green or greenish brown, old bark light red to dark reddish brown, peeling off in thin paper-like sheets, resinous sap;* ***leaves*** *alternate, pinnately compound, leaflets usually 5–7;* ***flowers*** *with 3–5 petals, greenish or yellowish, fragrant;* ***fruit*** *variable in size and shape, 6–10 mm long, usually tinged with red, 3-valvate.*
HABITAT: Common or abundant in many lowland regions; often in mature forests, but more plentiful in fairly dry or moist secondary forests or thickets; very common in fencerows; from sea level to about 1,800 meters, but most frequent at 1,000 meters or less.
USES: Living fenceposts; young shoots are eaten in Guatemala; copal incense; household remedies; resin a substitute for glue, and also used as a wood preservative; important wildlife food (new stems, fruit); the fairly soft wood is used for light construction.
NOTES: Flowering from March to August; fruiting throughout the year. Crushed leaves have an aromatic scent. Frankincense and myrrh are extracted from members of this family, both native to Africa and the Arabian Peninsula.

Español: **Tuna, Tunal, Tuno, Tuno de Castilla**
English: Prickly Pear, Cochineal Nopal Cactus
Otro: **Chuh** (Poqomchi')
Sinonimo: *Nopalea cochenillifera*

DISTRIBUCIÓN: **Alta Verapaz, Baja Verapaz, Chimaltenango, Guatemala, Huehuetenango, Izabal, Jutiapa, Quetzaltenango, Retalhuleu, Sacatepéquez, Suchitepéquez, Zacapa**, probablemente se pueda encontrar en todos los departamentos. México; Guatemala. Por lo general se planta como ornamental en muchas partes de América tropical.
❧ *Cactos, hasta 4 metros de alto, tronco a veces 20 cm de diámetro, pencas (ramas aplanadas) a veces 50 cm de largo, de color verde o primeramente verde claro, sin espinas o a veces con espinas muy pequeñas que se convierten en pencas viejas, parches de gloquidios (espinas diminutas) numerosos;* ***hojas*** *muy pequeñas, alesnadas, tempranamente deciduas;* ***flores*** *surgen de la parte superior de las pencas, por lo general numerosas, aproximadamente 5 cm de largo, sépalos anchamente ovados, de color rojo brillante, agudos, pétalos similares a los sépalos pero más largos, erguidos, estambres rosados, muy exsertos;* ***fruto*** *rojo, alrededor de 5 cm de largo;* ***semillas*** *5 mm de largo, duras.*
HÁBITAT: Cultivado, con frecuencia esparciéndose y naturalizado; resistente a la sequía; 0–400 metros o más.
USOS: Huésped de la cochinilla, un insecto que se utiliza para producir un tinte rojo; setos vivos; ornamental; las pencas carnosas y los frutos jóvenes son comestibles, forraje para ganado; el fruto sirve de alimento para la vida silvestre.
NOTAS: Florece y fructifica de diciembre a marzo. Se desconoce el área de distribución nativa, aunque probablemente se originó en el sur de México o norte de Centroamérica. Hoy en día se cultiva mucho como ornamental y planta comestible en regiones cálidas del mundo.

DISTRIBUTION: **Alta Verapaz, Baja Verapaz, Chimaltenango, Guatemala, Huehuetenango, Izabal, Jutiapa, Quetzaltenango, Retalhuleu, Sacatepéquez, Suchitepéquez, Zacapa**, probably found in all departments. Mexico; Guatemala. Commonly planted for ornament in many parts of tropical America.
❧ *Cacti, to 4 meters tall, trunk sometimes 20 cm in diameter, pads sometimes 50 cm long, green or at first bright green, spines none or sometimes very small, developing on old pads, patches of glochids (tiny spines) numerous;* ***leaves*** *very small, awl-shaped, early deciduous;* ***flowers*** *arising at top of pads, usually numerous, about 5 cm long, sepals broadly ovate, bright red, acute, petals similar to sepals but longer, erect, stamens pink, much exserted;* ***fruit*** *red, about 5 cm long;* ***seeds*** *5 mm long, hard.*
HABITAT: Cultivated, frequently escaping and naturalized; drought resistant; 0–400 meters or more.
USES: Host to the cochineal insect, which is used to produce a red dye; living hedges; ornamental; fleshy pads and young fruit edible, livestock fodder; fruit is food for wildlife.
NOTES: Flowering and fruiting from December to March. The native distribution is not known, although it probably originated in southern Mexico or northern Central America. Today it is widely cultivated as an ornamental and edible plant in warm regions of the world.

Español: **Manzanote, Matial**
English: none found

DISTRIBUCIÓN: **Baja Verapaz**, **El Progreso**, **Guatemala**, **Jalapa**, **Jutiapa**, **Zacapa**, probablemente en todos los departamentos de El Oriente. México; Guatemala; El Salvador; Honduras; Nicaragua; Costa Rica.
❧ *Cactos, hasta 10 metros de alto, tronco bajo y grueso, a menudo 40 cm o más de diámetro, muy espinoso, copa más o menos redondeada y ancha, a menudo muy densa, ramas más jóvenes de color café rojizo, espinas en las axilas foliares por lo general solitarias, delgadas, 1–4 cm de largo, rara vez hasta 16 cm de largo;* ***hojas*** *gruesas y carnosas, oblongas a orbiculares, 1–8 cm de largo;* ***flores*** *solitarias cerca de los extremos de las ramas, con tallos cortos, flores 4–5 cm de ancho, de color rojo-anaranjado, estambres numerosos;* ***fruto*** *globoso, 3–5 cm de diámetro, glabro, amarillo brillante cuando maduro, cubierto con escamas parecidas a hojas; semillas 3–4 mm de largo, negras, brillantes.*
HÁBITAT: Abundante en el valle de Motagua inferior, en llanuras y laderas rocosas y secas, también en El Oriente; 200–900 metros.
USOS: Los árboles son considerados inservibles por algunas personas, excepto como planta de setos (en El Salvador).
NOTAS: Este es un árbol abundante alrededor de Zacapa, asociado con leguminosas espinosas y otros arbustos y árboles. Los manzanotes están cubiertos de frutos amarillos a finales de abril, cuando los árboles están casi sin hojas. Los troncos gruesos están densamente cubiertos con espinas gruesas largas; los gloquidios diminutos causan picazón intensa e irritación de la piel. Los árboles son llamativos y considerados algo ornamentales cuando están cubiertos de abundantes flores anaranjadas o rojo-anaranjadas (alrededor de octubre).

DISTRIBUTION: **Baja Verapaz**, **El Progreso**, **Guatemala**, **Jalapa**, **Jutiapa**, **Zacapa**, probably in all the departments of El Oriente. Mexico; Guatemala; El Salvador; Honduras; Nicaragua; Costa Rica.
❧ *Cacti, to 10 meters tall, trunk low and thick, often 40 cm or more in diameter, very spiny, crown more or less rounded and spreading, often very dense, younger branches reddish brown, spines in leaf axils usually solitary, slender, 1–4 cm long, rarely to 16 cm long;* ***leaves*** *thick and fleshy, oblong to orbicular, 1–8 cm long;* ***flowers*** *solitary near branch ends, with short stalks, flowers 4–5 cm wide, orange-red, stamens numerous;* ***fruit*** *globose, 3–5 cm in diameter, glabrous, bright yellow when ripe, covered with leaf-like scales; seeds 3–4 mm long, black, lustrous.*
HABITAT: Abundant in the lower Motagua Valley, on dry, rocky plains and hillsides, also in El Oriente; 200–900 meters.
USES: The trees are considered useless by some, except as hedge plants (in El Salvador).
NOTES: This is an abundant tree around Zacapa, associated with spiny legumes and other shrubs and trees. The *manzanote* trees are covered with yellow fruit late in April, when nearly leafless. The thick trunks are densely covered with long, stout spines; the minute glochids cause intense itching and irritation of the skin. The trees are conspicuous and considered somewhat ornamental when covered with abundant orange or orange-red flowers (about October).

CALOPHYLLACEAE **Mammea americana**

Español: **Mamey**
English: Mammee Apple, Mamey
Otro: **Muc** (K'iche')

DISTRIBUCIÓN: **Escuintla**, **Petén**, se puede encontrar por todo el país. Nativo de América tropical, posiblemente de las Antillas. México; Guatemala; El Salvador; Honduras; Nicaragua; Panamá; Sudamérica.

❧ *Árboles, hasta 20 metros de alto, copa densa, con escaso látex amarillo;* ***hojas*** *simples, opuestas, coriáceas, color verde oscuro, 8–15 cm de largo o más, nervios laterales muy numerosos, paralelos, hojas densamente pelúcido-punteadas;* ***flores*** *de color blanco cremoso, solitarias o agrupadas, fragantes, capullos globosos, pétalos 4–6, 1.5–2.5 cm de largo;* ***fruto*** *subgloboso, 10–15 cm de largo, café rojizo, áspero, por dentro bastante firme y jugoso, amarillo o amarillo rojizo, dulce; semillas grandes, color café, 4 o menos.*

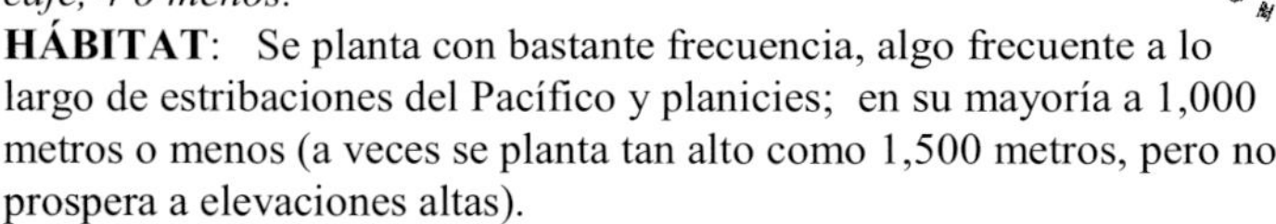

HÁBITAT: Se planta con bastante frecuencia, algo frecuente a lo largo de estribaciones del Pacífico y planicies; en su mayoría a 1,000 metros o menos (a veces se planta tan alto como 1,500 metros, pero no prospera a elevaciones altas).

USOS: El fruto dulce es comestible, a veces se utiliza en bebidas; el látex se utiliza externamente como insecticida; madera para construcción, leña, postes y diversos usos, pero los árboles a menudo son protegidos por sus frutos.

NOTAS: Al parecer, las semillas son tóxicas para los peces y algunos insectos. Florece de abril a septiembre; fructifica de julio a febrero.

DISTRIBUTION: **Escuintla**, **Petén**, found throughout the country. Native to tropical America, possibly from the West Indies. Mexico; Guatemala; El Salvador; Honduras; Nicaragua; Panama; South America.

❧ *Trees, to 15 meters tall, crown dense, with scarce yellow latex;* ***leaves*** *simple, opposite, leathery, dark green, 8–15 cm long or longer, lateral nerves very numerous, parallel, leaves densely pellucid-dotted;* ***flowers*** *creamy white, solitary or clustered, fragrant, buds globose, petals 4–6, 1.5–2.5 cm long;* ***fruit*** *subglobose, 10–15 cm long, reddish brown, rough, flesh fairly firm and juicy, yellow or reddish yellow, sweet; seeds large, brown, 4 or fewer.*

HABITAT: Planted fairly frequently, somewhat common along Pacific foothills and plains; chiefly at 1,000 meters or less (sometimes planted as high as 1,500 meters, but not thriving at high elevations).

USES: Edible fruit is sweet, sometimes used in beverages; latex is used externally as an insecticide; wood for timber, fuel, fence posts and miscellaneous purposes, but the trees are often protected for their fruit.

NOTES: The seeds are reportedly toxic to fish and some insects. Flowering from April to September; fruiting from July to February.

Español: **Capulín**
English: White Capulín, Wild Bay Cedar and Bastard Bay Cedar (Belize), Florida Trema (USA)
Otro: **Kib** (Q'eqchi')

DISTRIBUCIÓN: **Alta Verapaz**, **Baja Verapaz**, **Chimaltenango**, **Chiquimula**, **El Progreso**, **Escuintla**, **Guatemala**, **Petén**, **Quetzaltenango**, **Quiché**, **Sacatepéquez**, **Santa Rosa**, **Sololá**, **Suchitepéquez**, **Zacapa**, probablemente en todos o en la mayoría de los demás departamentos, excepto Totonicapán. México; Guatemala; Belice; El Salvador; Honduras; Nicaragua; Costa Rica; Panamá; a través de gran parte de Sudamérica, excepto tierras altas; las Antillas; la Florida.
❧ *Árboles, hasta 15 metros de alto o más, con corteza delgada, café, superficialmente fisurada;* ***hojas*** *de tallo corto, en su mayoría 6–15 cm de largo, ápice agudo o acuminado, base redondeada a subcordiforme, hojas finamente serradas, muy ásperas al tacto, por lo general densamente pilosas por debajo, con pelos cortos y extendidos, o pubescencia a veces escasa;* ***flores*** *muy pequeñas, verdes o amarillentas, en grupos pequeños, densos o flojos, un poco más largos que los pecíolos de las hojas;* ***fruto*** *rojo brillante o rojo anaranjado cuando maduro, unos 2 mm de largo.*
HÁBITAT: Principalmente en matorrales secos, a lo largo de corrientes de agua, o con frecuencia en llanuras; asciende desde el nivel del mar hasta unos 2,000 metros.
USOS: Una fibra dura y fuerte se genera de la corteza, utilizada como cordaje en Guatemala y en Centroamérica; el fruto es un alimento importante para las aves silvestres.
NOTAS: A lo largo de la costa norte, el árbol en ocasiones se encuentra en los pantanos de *Manicaria*. Es un árbol muy frecuente en el hemisferio occidental.

DISTRIBUTION: **Alta Verapaz**, **Baja Verapaz**, **Chimaltenango**, **Chiquimula**, **El Progreso**, **Escuintla**, **Guatemala**, **Petén**, **Quetzaltenango**, **Quiché**, **Sacatepéquez**, **Santa Rosa**, **Sololá**, **Suchitepéquez**, **Zacapa**, probably in all or most other departments, except Totonicapán. Mexico; Guatemala; Belize; El Salvador; Honduras; Nicaragua; Costa Rica; Panama; through most of South America, except highlands; West Indies; Florida.
❧ *Trees, to 15 meters tall or more, bark thin, brown, shallowly fissured;* ***leaves*** *short-stalked, mostly 6–15 cm long, apex acute or acuminate, base rounded to subcordate, leaves finely serrate, very rough to the touch, beneath usually densely pilose with short spreading hairs, or pubescence sometimes sparse;* ***flowers*** *very small, green or yellowish, in small, dense or lax groups, little exceeding leaf petioles;* ***fruit*** *bright red or orange-red when ripe, about 2 mm long.*
HABITAT: Chiefly in dry thickets, along streams, or often on plains; ascending from sea level to about 2,000 meters.
USES: A strong tough fiber is made from the bark, used as cordage in Guatemala and throughout Central America; the fruit is an important food for wild birds.
NOTES: Along the north coast the tree is sometimes found in *Manicaria* swamps. This is a very common tree in the western hemisphere.

Español: **Papayo** (planta), **Papaya** (fruto)
English: Papaya, Pawpaw, Melon Tree

DISTRIBUCIÓN: **Chiquimula**, **Huehuetenango**, **Petén**, sin duda se puede encontrar en todas las zonas cálidas del país. Nativo de América tropical, aunque se desconoce su lugar de origen; hoy en día se cultiva en todas las zonas tropicales.
❧ *Árboles, con un tronco grueso, columnar, no ramificado, con cicatrices foliares visibles, en su mayoría 3–6 metros de alto;* ***hojas*** *agrupadas en la cima, por lo general 30–60 cm de ancho, normalmente palmadas y 7-lobuladas, los lóbulos otra vez lobulados;* ***flores*** *color blanco cremoso o amarillento, masculinas o femeninas, flores masculinas en grupos colgantes 10–30 cm de largo, flores femeninas cerca del tallo;* ***fruto*** *agrupado debajo de las hojas, variable en forma y tamaño, con jugo lechoso, pulpa amarilla o anaranjada, con muchas semillas negras, fruto de plantas silvestres pequeño, el de plantas cultivadas a menudo muy grande y oblongo.*
HÁBITAT: Abundante; en bosques u orillas de bosques, claros, sitios cerca del mar, jardines y plantaciones; 0–1,400 metros.
USOS: El fruto es una comida tropical importante, se puede encontrar en jardines y a la venta en mercados, lo consume la vida silvestre; medicinal; la savia lechosa contiene una sustancia llamada papaína, que se utiliza ampliamente como ablandador de carne.
NOTAS: El sabor de la papaya varía: algunos frutos mejorados son dulces con buen sabor, mientras que la mayoría de los de plantas voluntarias tienen un sabor bastante insípido. El árbol puede crecer desde la semilla hasta la producción de fruta en poco más de un año. Florece y fructifica todo el año.

DISTRIBUTION: **Chiquimula**, **Huehuetenango**, **Petén**, undoubtedly found in all warm parts of the country. Native to tropical America, though its original home is unknown; now grown in all tropical areas.
❧ *Trees, with a thick, columnar, unbranched trunk, bearing conspicuous leaf scars, commonly 3–6 meters tall;* ***leaves*** *clustered at the top, mostly 30–60 cm wide, usually palmately 7-lobed, the lobes again lobed;* ***flowers*** *creamy or yellowish white, male or female, male flowers in hanging groups 10–30 cm long, female flowers close to the stem;* ***fruit*** *clustered below the leaves, variable in shape and size, with a milky juice, flesh yellow or orange, with many black seeds, fruit of wild plants small, that of cultivated plants often very large and oblong.*
HABITAT: Abundant; in forests or forest edges, clearings, sites close to the sea, gardens and plantations; 0–1,400 meters.
USES: The fruit is an important tropical food, found in gardens and for sale in markets, eaten by wildlife; medicinals; the milky sap contains a substance called papain, which is widely used as a meat tenderizer.
NOTES: The flavor of papaya varies: some improved fruit are sweet with appealing flavor, while most from volunteer plants are fairly insipid. The tree can grow from seed to fruit production in just over a year. Flowering and fruiting all year.

Español: **Casuarina de Río**
English: Cunningham Casuarina, River-oak Casuarina, River-oak, Beefwood, Australian-pine

DISTRIBUCIÓN: Originaria de Australia; ampliamente plantada en todo el mundo.
❧ *Árboles perennifolios medianos o grandes, hasta 24 metros de alto, parecidos a un pino, con un tronco recto hasta 70 cm de diámetro, se agranda en la base con el tiempo, la copa es delgada, irregular, con ramitas caídas, corteza parda, se vuelve rugosa, gruesa y profundamente surcada, ramitas color gris-verde, caídas, la mayoría 8–18 cm de largo, delgadas, menos de 1 mm de diámetro, 6–8 líneas finas que terminan en cada nudo en una hoja escamosa;* ***hojas*** *reducidas a pequeñas escamas, como dientes, menos de 0.5 mm de largo, 6–8 en un verticilo en cada nudo;* ***flores*** *poco llamativas, de color café claro, los árboles tienen flores masculinas o femeninas, en plantas separadas (dioicos), flores masculinas diminutas, en espigas en los extremos de las ramitas, 6–20 mm de largo, grupos de flores femeninas en cabezas de más de 6 mm de diámetro;* ***fruto*** *pequeño, numeroso en bolas como conos, marrónes, duras y verrugosas, aproximadamente 10–12 mm de diámetro; semillas 5 mm de largo, color café claro.*
HÁBITAT: Plantada. En su área nativa, crece a lo largo de ríos y requiere 500–5,000 mm de lluvia al año; tolera las heladas; desde el nivel del mar hasta más de 1,000 metros.
USOS: Cortavientos; ornamento; sombra; setos; control de erosión; leña; adecuado para muebles y acabados.
NOTAS: El género *Casuarina* tiene aproximadamente 65 especies y, debido a su apariencia, se suele confundir con las gimnospermas y con frecuencia se les denomina “pinos.”

DISTRIBUTION: Native to Australia; widely planted around the globe.
❧ *Medium or large evergreen trees, to 24 meters tall, pine-like in appearance, with a straight trunk to 70 cm in diameter, enlarged at base over time, crown thin, irregular, with drooping twigs, bark gray-brown, becoming rough, thick and deeply furrowed, twigs gray-green, drooping, mostly 8–18 cm long, thin, less than 1 mm in diameter, 6–8 fine lines ending at each joint in a scale leaf;* ***leaves*** *reduced to small scales, like teeth, less than 0.5 mm long, 6–8 in a whorl at each node;* ***flowers*** *inconspicuous, light brown, trees with male or female flowers on separate plants (dioecious), male flowers tiny, in spikes at the ends of twigs, 6–20 mm long, female flower clusters in heads more than 6 mm wide;* ***fruit*** *small, numerous in brown, hard, warty, cone-like balls about 10–12 mm wide; seeds 5 mm long, light brown.*
HABITAT: Planted. In its native area, the tree grows along rivers and needs 500–5,000 mm rainfall per year; tolerates frost; from sea level to over 1,000 meters.
USES: Windbreaks; ornament; shade; hedges; erosion control; fuelwood; suitable for furniture and finish work.
NOTES: The genus *Casuarina* has approximately 65 species and, due to their appearance, they are confused with gymnosperms and frequently called “pines.”

Español: **Pino de Australia**; **Pinabete** (Jutiapa)
English: Horsetail Casuarina, Australian-pine, Beefwood, Whistling-pine, Beach She-oak

DISTRIBUCIÓN: Nativo de Asia y Australia tropical; ampliamente plantado en Guatemala. ❧ *Árboles grandes, parecidos a un pino, hasta 20 metros de alto o más, tronco hasta 1 metro de diámetro, ramitas aciculares, surcadas, color verde pálido, delgadas, péndulas, generalmente 23–38 cm de largo, 1 mm de diámetro;* ***hojas*** *escamosas, en verticilos de 6–8, 0.5–0.8 mm de largo o a veces más;* ***flores*** *masculinas o femeninas, espigas masculinas 1–4 cm de largo;* ***fruto*** *se desarrolla en las cabezuelas femeninas, parecido al cono de un pino, espinoso, aproximadamente 13–20 mm de ancho.*

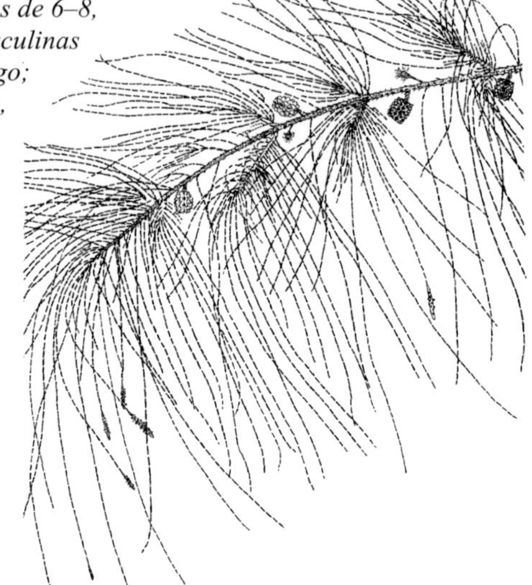

HÁBITAT: En cultivos, por lo general se planta a elevaciones bajas, en especial al lado del mar; común; nivel del mar hasta 450 metros.
USOS: Ornamental; reforestación; plantado en playas; cortavientos; estabilización de suelos (las raíces fijan el nitrógeno); madera; la corteza es rica en taninos y produce tintes rojizos y negro-azulados en regiones donde el árbol crece de manera natural.
NOTAS: Árbol de crecimiento rápido, tolerante a una gran variedad de condiciones, incluidas playas y áreas estériles. Aunque el árbol a veces es denominado "pino", no es un verdadero pino (del género *Pinus*). La *Casuarina cunninghamiana* tiene conos que miden 10–12 mm de ancho; mientras que la *Casuarina equisetifolia* tiene conos que miden 13–20 mm de ancho. Florece y fructifica todo el año.

DISTRIBUTION: Native to tropical Asia and Australia; widely planted in Guatemala. ❧ *Large pine-like trees, to 20 meters tall or more, trunk to 1 meter in diameter, twigs needle-like, grooved, pale green, slender, drooping, mostly 23–38 cm long, 1 mm in diameter;* ***leaves*** *scale-like, in whorls of 6–8, 0.5–0.8 mm long or sometimes longer;* ***flowers*** *male or female, male spikes 1–4 cm long;* ***fruit*** *developing from the female heads, cone-like, prickly, about 13–20 mm wide.*
HABITAT: In cultivation, generally planted at low elevations, especially seaside; common; sea level to 450 meters.
USES: Ornamental; reforestation; seaside plantings; windbreaks; soil stabilization (roots are nitrogen-fixing); wood; the bark is rich in tannins and produces reddish and blue-black dyes in regions where the tree grows naturally.
NOTES: A fast-growing tree, tolerant to a wide variety of conditions, including beaches and infertile areas. Although the tree is sometimes called "pine," it is not a true pine (in the genus *Pinus*). *Casuarina cunninghamiana* has cones that are 10–12 mm wide, while *Casuarina equisetifolia* has cones that are 13–20 mm. Flowering and fruiting all year.

Español: **Icaco**
English: Cocoplum, Pigeon-plum

DISTRIBUCIÓN: **Izabal, San Marcos** y probablemente en todos los departamentos de la costa pacífica. México; Guatemala; Belice; El Salvador; Honduras; Nicaragua; Costa Rica; Panamá; norte de Sudamérica; las Antillas; la Florida; África.
❧ *Árboles pequeños o arbustos, hasta 5 metros de alto en cultivos, a menudo se extiende;* ***hojas*** *alternas, simples, coriáceas, en su mayoría 3–8 cm de largo, ápice redondeado y muescado, verde oscuro, brillantes por arriba, opacas por abajo;* ***flores*** *en grupos con muchas o pocas flores, más cortas que las hojas, pétalos blancos;* ***fruto*** *blanco a rosado o morado oscuro, 2–4 cm de largo; con 1 semilla.*
HÁBITAT: Frecuente en áreas costeras, matorrales en playas y sabanas, márgenes de lagos, bosques de galería bajos; se planta en jardines, con frecuencia en el interior del país en fincas o setos vivos; 0–70 metros.
USOS: El icaco se cultiva debido a su fruto comestible, también como ornamental; las hojas producen un tinte negro; las semillas, ricas en aceite, se queman para proporcionar luz en el Caribe; té medicinal.
NOTAS: Las plantas a menudo forman gran parte de matorrales playeros en las costas de Centroamérica. Florece y fructifica todo el año.

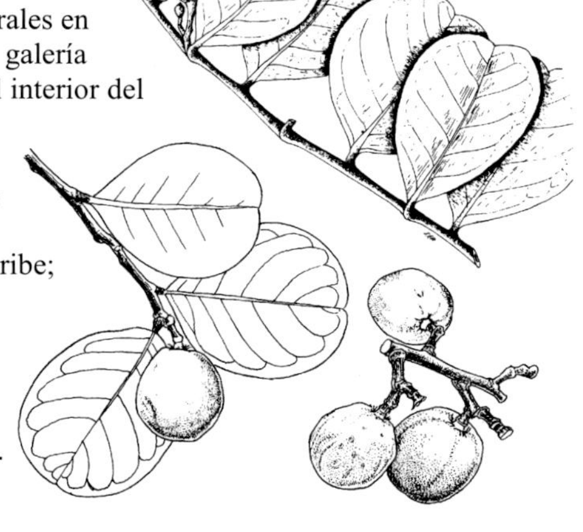

DISTRIBUTION: **Izabal, San Marcos** and probably in all Pacific coast departments. Mexico; Guatemala; Belize; El Salvador; Honduras; Nicaragua; Costa Rica; Panama; northern South America; West Indies; Africa.
❧ *Small trees or shrubs, to 5 meters tall in cultivation, often sprawling;* ***leaves*** *alternate, simple, leathery, mostly 3–8 cm long, apex rounded and notched, dark green, lustrous above, dull beneath;* ***flowers*** *in clusters with many or few flowers, shorter than the leaves, petals white;* ***fruit*** *white to pink or dark purple, 2–4 cm long; with 1 seed.*
HABITAT: Common in coastal areas, thickets on beaches and savannas, lake margins, low gallery forests; planted in gardens, often inland on properties or as hedges; 0–70 meters.
USES: Cocoplum is cultivated for its edible fruit, also as an ornamental; the leaves produce a black dye; the seeds, rich in oil, are burned for light in the Caribbean; medicinal tea.
NOTES: The plants often form a large part of beach thickets on Central American shores. Flowering and fruiting all year.

Español: **Ceritos, Flor de Cera**
English: Brazilian Clusia, Porcelain Flower

DISTRIBUCIÓN: Originario de las regiones tropicales de Sudamérica (Colombia, Bolivia); en ocasiones se planta como ornamental en Guatemala. **Guatemala**, **Sacatepéquez**, **Sololá**.
❧ *Árboles pequeños o arbustos grandes, con látex blanco, a menudo una epífita en la naturaleza, hasta 3 metros de alto o más, de hoja perenne, copa redondeada, a veces produce raíces aéreas gruesas en la base del tallo;* ***hojas*** *largo-ovadas, cerosas, coriáceas, 10–15 cm de largo;* ***flores*** *cerosas, de color blanco con rosado y la garganta de color rosado oscuro;* ***fruto*** *una cápsula carnosa, oblonga, elíptico-ovada, algo 6-angulada; semillas numerosas.*
HÁBITAT: Una planta de maceta preciosa, a veces se cultiva como un ejemplar en jardines pequeños. Prefiere sombra parcial o sombra completa.
USOS: Ornamental.
NOTAS: Florece desde finales de invierno y durante la primavera y el verano. Las flores atraen mariposas y colibríes. De crecimiento lento y bastante tolerante al frío.

DISTRIBUTION: Native to tropical regions of South America (Colombia, Bolivia); occasionally planted as an ornamental in Guatemala. **Guatemala**, **Sacatepéquez**, **Sololá**.
❧ *Small trees or large shrubs, with white latex, often an epiphyte in the wild, to 3 meters tall or more, evergreen, crown rounded, sometimes producing thick air roots at the stem base;* ***leaves*** *long ovate, waxy, leathery, 10–15 cm long;* ***flowers*** *waxy, white with pink and a dark pink throat;* ***fruit*** *a fleshy capsule, oblong, elliptic-ovate, somewhat 6-angled; seeds numerous.*
HABITAT: A lovely container plant, sometimes grown as a specimen in a small garden. Prefers some shade or full shade.
USES: Ornamental.
NOTES: Blooms from late winter through spring and summer. The flowers attract butterflies and hummingbirds. Slow growing and fairly cold tolerant.

Español: **Mangle Blanco**
English: Buttonwood, Button Mangrove

DISTRIBUCIÓN: **Escuintla**, **Izabal**, **Retalhuleu**, **San Marcos**, sin duda en todos los departamentos costeros. México hasta Sudamérica; las Antillas; sur de la Florida; África Occidental.

❧ *Árboles, hasta 10 (–20) metros de alto, pero a veces arbustos extendidos, corteza color café oscuro, fisurada en crestas irregulares y escamas delgadas;* ***hojas*** *simples, alternas, 2–10 cm de largo, pecíolo con 2 glándulas en la cara superior, en la base de la lámina;* ***flores*** *verdosas, en cabezuelas hasta 1 cm de ancho;* ***fruto*** *parecido a un piñón, verde tornándose café.*

HÁBITAT: Se puede encontrar en ambas costas, abundante en manglares y zonas arenosas cerca del mar; 0–30 metros.

USOS: La madera dura y densa se utiliza a nivel local como leña y carbón, a veces para la construcción marítima; la corteza se utiliza para curtir cuero; remedios caseros.

NOTAS: Este árbol se encuentra en manglares a lo largo de América tropical. Florece y fructifica gran parte del año.

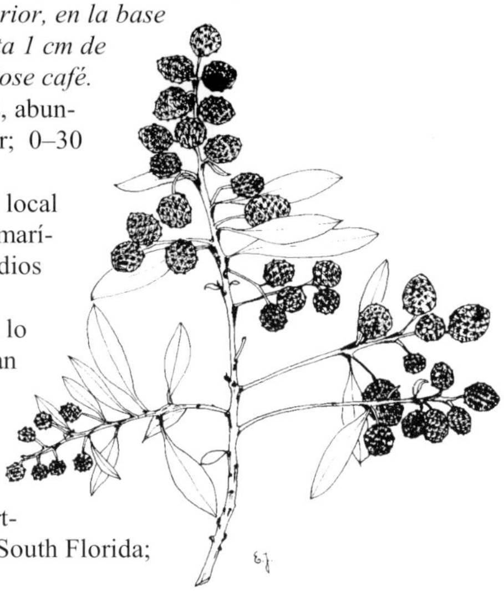

DISTRIBUTION: **Escuintla**, **Izabal**, **Retalhuleu**, **San Marcos**, doubtless in all coastal departments. Mexico to South America; West Indies; South Florida; West Africa.

❧ *Trees, to 10 (–20) meters tall, but sometimes spreading shrubs, bark dark brown, fissured into irregular ridges and thin scales;* ***leaves*** *simple, alternate, 2–10 cm long, petiole with 2 glands on upper surface at blade base;* ***flowers*** *greenish, in heads up to 1 cm wide;* ***fruit*** *cone-like, green turning brown.*

HABITAT: Found on both coasts, abundant in mangrove swamps and sandy areas close to the sea; 0–30 meters.

USES: The dense, hard wood is used locally for fuel and charcoal, sometimes for maritime construction; the bark is used for tanning leather; home remedies.

NOTES: This tree is found in mangrove swamps throughout tropical America. Flowering and fruiting most of the year.

Español: **Mangle Colorado, Mangle Chaparro, Mangle Blanco**
English: White Mangrove

DISTRIBUCIÓN: **Escuintla, Izabal, Retalhuleu, San Marcos**, sin duda en todos los departamentos costeros. Desde el sur de México hasta Sudamérica; las Antillas; sur de la Florida; África Occidental.

❧ *Árboles, hasta aproximadamente 10 metros de alto, con raíces tablares y a menudo con neumatóforos, corteza fina, café rojiza, fisurada;* ***hojas*** *simples, opuestas, la mayoría de 3–7 cm de largo, algo tuberculadas y ásperas por debajo cuando están secas, lámina con 2 glándulas en la base;* ***flores*** *en espigas, en su mayoría flojas e interrumpidas, curvadas, flores blanquecinas;* ***fruto*** *una nuez seca, ligeramente aplanada, alrededor de 1.5 cm de largo, con 10 costillas, coronada por partes viejas de la flor.*

HÁBITAT: Con frecuencia se puede encontrar en manglares a lo largo de las costas del Pacífico y Atlántico; 0–10 metros.

USOS: La madera al parecer se utiliza poco, excepto como leña; la corteza contiene alrededor de 14 por ciento de tanino y se utiliza para curtir cuero.

NOTAS: La madera se describe como dura, pesada, fuerte, densa, café amarillenta. Florece y fructifica durante gran parte del año.

DISTRIBUTION: **Escuintla, Izabal, Retalhuleu, San Marcos**, doubtless in all coastal departments. Southern Mexico to South America; West Indies; southern Florida; West Africa.

❧ *Trees, to about 10 meters tall, with plank roots and often with pneumatophores, bark thin, reddish brown, fissured;* ***leaves*** *simple, opposite, mostly 3–7 cm long, somewhat tuberculate and roughened beneath when dry, blade with 2 glands at base;* ***flowers*** *in spikes, mostly lax and interrupted, curved, flowers whitish;* ***fruit*** *a dry nut, slightly flattened, about 1.5 cm long, 10-ribbed, crowned by old flower parts.*

HABITAT: Frequently found in mangrove swamps along the Pacific and Atlantic coasts; 0–10 meters.

USES: The wood is reportedly little used, except for fuel; the bark contains about 14 percent tannin and is used for tanning leather.

NOTES: The wood is described as hard, heavy, strong, dense, yellowish brown. Flowering and fruiting during most of the year.

Español: **Almendro**
English: Almond, Indian Almond, Sea Almond

DISTRIBUCIÓN: **Escuintla**, **Izabal**, **Petén**, **Retalhuleu**, **San Marcos**, **Santa Rosa**, **Suchitepéquez**, **Zacapa**, probablemente se pueda encontrar en todos los departamentos de elevación baja. Nativo de Asia tropical; se planta a nivel mundial en playas tropicales.

❧ *Árboles, hasta 15 metros de alto o más, tronco hasta 1 metro de diámetro, ramas principales visiblemente verticiladas y se extienden;* ***hojas*** *agrupadas en los extremos de las ramas, simples, 10–30 cm de largo;* ***flores*** *en espigas 5–15 cm de largo, flores femeninas en la parte inferior de la espiga, de color blanco verdoso;* ***fruto*** *una drupa leñosa, aplanada, 4–7 cm de largo, verde cambiando a amarillo rojizo.*

HÁBITAT: Ampliamente cultivado y frecuentemente naturalizado; en casi todo el país, pero sobre todo en las costas; cerca del nivel del mar, en ocasiones visto por encima de los 300 metros.

USOS: El árbol se planta mucho en parques, especialmente en las playas, ya que tolera los suelos salinos, el rocío del mar y vientos fuertes. La corteza y el fruto son ricos en tanino y producen un tinte negro, utilizado para teñir tejidos en El Salvador y la India. En Asia, se alimenta a los gusanos de seda con las hojas. Las semillas, ricas en aceite, son comestibles y tienen un sabor a almendra ligeramente amargo. Madera; leña; medicinal.

NOTAS: La madera es dura, de grano fino, color café rojizo. Las hojas jóvenes y aquellas a punto de caer son a menudo de color rojo vivo o amarillo. Florece y fructifica durante todo el año.

DISTRIBUTION: **Escuintla**, **Izabal**, **Petén**, **Retalhuleu**, **San Marcos**, **Santa Rosa**, **Suchitepéquez**, **Zacapa**, probably found in all low-elevation departments. Native to tropical Asia; planted on tropical beaches worldwide.

❧ *Trees, to 15 meters tall or more, trunk to 1 meter in diameter, main branches conspicuously whorled and spreading;* ***leaves*** *clustered at ends of branches, simple, 10–30 cm long;* ***flowers*** *in spikes 5–15 cm long, female flowers on lower part of spike, greenish white;* ***fruit*** *a woody drupe, flattened, 4–7 cm long, green changing to reddish yellow.*

HABITAT: Widely cultivated and frequently naturalized; in almost all of the country, but especially on the coasts; near sea level, occasionally seen above 300 meters.

USES: The tree is much planted in parks, especially on beaches, because it tolerates saline soils, ocean spray and high winds. The bark and fruit are rich in tannin and provide a black dye, used to dye textiles in El Salvador and India. In Asia, silkworms are fed the leaves. The oil-rich seeds are edible, with a slightly bitter almond flavor. Lumber; firewood; medicinals.

NOTES: The wood is hard, close-grained, reddish brown. Young leaves and those about to fall are often vivid red or yellow. Flowering and fruiting throughout the year.

Español: **Cedro Japonés**
English: Japanese Cedar

DISTRIBUCIÓN: **Guatemala, Sololá**. Nativo de China y Japón; en ocasiones se planta para ornamento y reforestación.
❧ *Árboles, a veces hasta 50 metros de alto, tronco muy grueso, corteza rallada, rojiza;* ***hojas*** *lineales y alesnadas, rígidas, 6–8 mm de largo, comprimidas en los laterales, quilladas por arriba y por abajo, de color verde brillante;* ***conos*** *masculinos o femeninos, estróbilos masculinos (estaminados) unos 6 mm de largo, conos femeninos globosos, 1.5–2.5 cm de ancho; semillas 5–6 mm de largo, de color café oscuro.*
HÁBITAT: En cultivos.
USOS: La madera se utiliza para la construcción, cajas y otros artículos; la madera vieja enterrada en el suelo se vuelve color verde oscuro y es muy apreciada en Japón; las hojas son una fuente de incienso.
NOTAS: El árbol es poco frecuente en Guatemala, pero parece prosperar en las regiones montañosas tropicales, sobre todo donde abunda la humedad. La madera se describe como de grano fino, liviana, de color café rojizo.

DISTRIBUTION: **Guatemala, Sololá**. Native of China and Japan; occasionally planted for ornament and reforestation.
❧ *Trees, sometimes to 50 meters tall, trunk very thick, bark shredded, reddish;* ***leaves*** *linear and awl-shaped, rigid, 6–8 mm long, laterally compressed, keeled above and beneath, bright green;* ***cones*** *male or female, male (staminate) strobiles about 6 mm long, female cones globose, 1.5–2.5 cm wide; seeds 5–6 mm long, dark brown.*
HABITAT: In cultivation.
USES: Wood used in construction, boxes and other items; old wood buried in the soil becomes dark green and is much esteemed in Japan; the leaves are a source of incense.
NOTES: The tree is not very common in Guatemala, but it seems to thrive in tropical mountain regions, especially where there is abundant moisture. The wood is described as fine-grained, lightweight, reddish brown.

Español: **Pinabete, Cunninghamia**
English: Cunninghamia, China-fir

DISTRIBUCIÓN: **Guatemala, Sololá**. Nativo de China, Vietnam y Laos; en ocasiones se planta en Guatemala.

❧ *Árboles, hasta 25 metros de alto, con una copa cónica color verde oscuro, corteza pardusca, fisurada en sentido longitudinal, se separa en placas irregulares y expone una corteza interior rojiza;* ***hojas*** *agrupadas, rígidas, lineal-lanceoladas, con espinas en las puntas, en su mayoría 3–6 cm de largo, se extiende en 2 filas, brillantes por arriba, con 2 bandas longitudinales blancas en la parte de abajo;* ***conos*** *masculinos o femeninos, conos de polen (masculinos) en grupos terminales, angostamente oblongo-cónicos, conos de semillas (femeninos), 1–4 juntos, verdes, después cambian a café rojizo y alrededor de 2–4.5 cm de largo, brácteas puntiagudas en el ápice; 3 semillas por escama, de color café oscuro.*

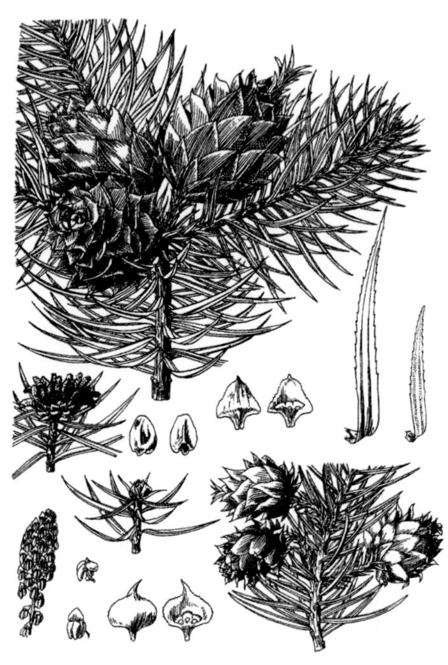

HÁBITAT: Donde es nativo, el árbol se encuentra en regiones montañosas subtropicales; se planta en jardines y a veces en plantaciones.

USOS: Se planta para ornamento y sombra; se cultiva para madera en China, donde se utiliza en la construcción de viviendas, para muebles, pisos, paneles, empaques y ataúdes; también se menciona como útil en la construcción de puentes, barcos y como fibra de madera.

NOTAS: La madera se describe como de color amarillo pálido a blanco, blanda pero resistente, fácil de trabajar, resistente a insectos y termitas. Un árbol de crecimiento rápido, que se puede propagar mediante semillas, esquejes o retoños.

DISTRIBUTION: **Guatemala, Sololá**. Native of China, Vietnam and Laos; occasionally planted in Guatemala.

❧ *Trees, to 25 meters tall, with a conical, dark green crown, bark brownish, longitudinally fissured, separating in irregular plates and exposing reddish inner bark;* ***leaves*** *crowded, stiff, linear-lanceolate, spine-tipped, mostly 3–6 cm long, spreading in 2 ranks, lustrous above, with 2 white longitudinal bands beneath;* ***cones*** *male or female, pollen cones (male) in terminal groups, narrowly oblong-conical, seed cones (female) terminal, 1–4 together, green, later turning reddish brown and about 2–4.5 cm long, bracts pointed at apex; seeds 3 per scale, dark brown.*

HABITAT: Where native, the tree is found in subtropical mountainous regions; planted in gardens and sometimes in plantations.

USES: Planted for ornament and shade; grown for timber in China, where it is used in house-building, for furniture, floors, panels, packaging and coffins; it is also considered useful in constructing bridges, ships and for wood fiber.

NOTES: The wood is described as pale yellow to white, soft but durable, easily worked, resistant to insects and termites. A fast-growing tree, which can be propagated by seeds, cuttings or suckers.

Español: **Ciprés Común**
English: Mexican Cypress
Otros: **Quisís** (Quiché); **Tsicap** (Jacaltenango); **Tzis** (Huehuetenango); **Chinchac**; **Paxaque**; **Ksis** (Volcán de Santa María, Quetzaltenango)

DISTRIBUCIÓN: Visto en cultivos o naturalizado en todos los departamentos. Los siguientes departamentos son aquellos en donde se cree que el árbol es autóctono: **Chimaltenango**, **El Progreso** (Sierra de las Minas), **Jalapa** (región de La Soledad), **Quiché**, **Quetzaltenango**, **San Marcos**, **Totonicapán**. Centro y sur de México; Guatemala; El Salvador; Honduras. Se planta a nivel mundial en el trópico y subtrópico, sobre todo en regiones montañosas.
❧ *Árboles grandes y resinosos, hasta 30 metros de alto o más, con copa cónica, corteza rallada y a menudo separándose en largas tiras delgadas, de color café rojizo, ramas que se extienden, con puntas hacia arriba y ramitas que cuelgan;* ***hojas*** *escamosas, aplanadas hasta la ramita, 1–2 mm de largo, con un hueco glandular;* ***conos*** *globosos, de color verde cambiando a café o café grisáceo, 12–15 mm de ancho, escamas 6–8, con una punta alargada usualmente curvada.*
HÁBITAT: Nativo; probablemente a unos 2,200–3,300 metros, pero ampliamente cultivado y naturalizado, a veces aparece nativo a elevaciones mucho más bajas.
USOS: Ornamental, topiaria; setos, cortavientos; árboles de Navidad; madera para construcción; madera para fabricar guitarras y mandolinas.
NOTAS: La *Flora de Guatemala* (1958) presenta dos variaciones locales de la especie: ciprés llorón, plantado como ornamental, sobre todo alrededor de Antigua; y ciprés romano, con una forma columnar larga y angosta, que se encuentra particularmente en el Occidente y en la ciudad de Quetzaltenango, y de manera silvestre en el volcán Santa María.

DISTRIBUTION: Seen in cultivation or naturalized in all departments. The following departments are those where the tree is thought to be native: **Chimaltenango**, **El Progreso** (Sierra de las Minas), **Jalapa** (region of La Soledad), **Quiché**, **Quetzaltenango**, **San Marcos**, **Totonicapán**. Central and southern Mexico; Guatemala; El Salvador; Honduras. Planted worldwide in the tropics and subtropics, especially in mountainous regions.
❧ *Large resinous trees, to 30 meters tall or more, with a conical crown, bark shredded and often separating in long narrow strips, reddish brown, branches spreading, with upturned tips and pendulous branchlets;* ***leaves*** *scale-like, flattened to the twig, 1–2 mm long, with a glandular pit;* ***cones*** *globose, green changing to brown or grayish brown, 12–15 mm wide, scales 6–8, terminating in an elongated and usually curved point.*
HABITAT: Native; probably at about 2,200–3,300 meters, but widely planted and naturalized, and sometimes appearing native at much lower elevations.
USES: Ornamental, topiary; hedges, windbreaks; Christmas trees; lumber for construction; wood used to make guitars and mandolins.
NOTES: The *Flora of Guatemala* (1958) notes two local variations of the species: *ciprés llorón* or weeping cypress, planted as an ornamental especially around Antigua; and *ciprés romano* with a long narrow columnar form, found particularly in the Occidente and in the city of Quetzaltenango, and wild on the Santa Maria Volcano.

Español: **Ciprés, Ciprés Romano**
English: Chinese Arborvitae, Oriental Thuja
Sinónimo: *Thuja orientalis*

DISTRIBUCIÓN: Nativo de Asia oriental; se planta para ornamento en Guatemala y en muchas partes del mundo.
❧ *Árboles pequeños y simétricos, hasta 15–20 metros de alto, tronco 0.5 metros de diámetro, corteza color café rojizo, ramas delgadas, ascendentes o péndulas, muy aplanadas en un plano vertical;* ***hojas*** *2–4 mm de largo, las de las ramitas principales son pequeñas, y se extienden, las de las ramitas laterales están estrechamente oprimidas, con una glándula angosta y lineal-elíptica en el centro;* ***conos*** *globoso-ovoides, 1.2–2.5 cm de largo, algo carnosos y verde-azulados antes de madurar, escamas por lo general 6–12, gruesas, dispuestas en pares opuestos, las más grandes con una punta como de cuerno.*
HÁBITAT: En cultivos.
USOS: Ornamental; cortavientos.
NOTAS: El árbol se parece al *Cupressus*, pero se distingue por sus ramitas aplanadas. Hace un buen seto o pantalla, ya que tiene follaje denso que se extiende cerca del suelo. En China, algunos ejemplares plantados alrededor de los templos budistas al parecer tienen más de 1,000 años de antigüedad.

DISTRIBUTION: Native to eastern Asia; planted for ornament in Guatemala and much of the world.
❧ *Small symmetrical trees, to 15–20 meters tall, trunk 0.5 meters in diameter, bark reddish brown, branches slender, ascending or pendent, very flattened in a vertical plane;* ***leaves*** *2–4 mm long, those of main twigs small, spreading, those of lateral branchlets closely appressed, with a narrow linear-elliptic gland in the center;* ***cones*** *globose-ovoid, 1.2–2.5 cm long, somewhat fleshy and bluish green before maturity, scales usually 6–12, thick, arranged in opposite pairs, the largest with a horn-like point.*
HABITAT: In cultivation.
USES: Ornamental; windbreaks.
NOTES: The tree resembles *Cupressus*, but is distinguished by its flattened branchlets. It makes a good hedge or screen, since it has dense foliage extending close to the ground. In China some individuals planted around Buddhist temples are reported to be over 1,000 years old.

Español: **Ciprés Sabino**, **Sabino**; **Camphoreta** (Suchitepéquez, donde es cultivado)
English: Montezuma Cypress
Otra: **Ahuehuetl**

DISTRIBUCIÓN: Nativo en **Huehuetenango**, y se planta en muchos departamentos. Ampliamente distribuido en México.
❧ *Árboles grandes, hasta 30 metros de alto, tronco recto, ensanchado cerca de la base, corteza color rojo pardusco o a menudo muy pálida;* ***hojas*** *caducas (por lo general caen del árbol adjunto a la ramita), lineales, 6–12 mm de largo, delgadas y suaves;* ***conos femeninos*** *subglobosos, 1.5–2.5 cm de diámetro, de color marrón.*
HÁBITAT: A lo largo de las orillas de arroyos, a menudo crecen en aguas corrientes poco profundas; 800–2,000 metros.
USOS: Aunque la madera se utiliza en México, en Guatemala se considera demasiado rara para ser de importancia económica; a menudo se planta como árbol de calle en la Ciudad de Guatemala; las resinas tienen usos medicinales reportados.
NOTAS: Es un árbol frecuente en algunas partes de México, donde hay algunos ejemplares históricos gigantes; el más famoso se encuentra en Santa Maria del Tule, Oaxaca, con medidas de más de 35 metros de alto y 11 metros de diametro en el tronco. La madera se describe como de color café claro, oscuro o amarillento, y recibe un buen pulimento; es blanda y bastante débil, pero resistente a la descomposición y al ataque de insectos. El árbol es muy llamativo a principios del año, cuando las hojas se vuelven amarillas y rojas antes de caer.

DISTRIBUTION: Native in **Huehuetenango**, and planted in many departments. Widely distributed in Mexico.
❧ *Large trees, to 30 meters tall, trunk straight, enlarged near base, bark brownish red or often very pale;* ***leaves*** *deciduous (often falling off the tree attached to the twig), linear, 6–12 mm long, thin and soft;* ***female cones*** *subglobose, 1.5–2.5 cm in diameter, brown.*
HABITAT: Along borders of streams, often growing in shallow running water; 800–2,000 meters.
USES: Although the wood is used in Mexico, in Guatemala it is considered too rare to be of economic importance; often planted as a street tree in Guatemala City; the resins have reported medicinal uses.
NOTES: This is a common tree in parts of Mexico, where there are some gigantic historic individuals; the most famous is at Santa María del Tule, Oaxaca, which measured over 35 meters tall and 11 meters in trunk diameter. The wood is described as light or dark brown or yellowish, and accepts a good polish; it is soft and fairly weak, but resistant to decay and insect attack. The tree is very conspicuous early in the year when the leaves turn yellow and red before falling.

Español: **Chipe**; **Palma de Montaña** (Quetzaltenango)
English: Tree Fern

DISTRIBUCIÓN: **Alta Verapaz**, **Baja Verapaz**, **Huehuetenango**, **Izabal**, **Petén**, **Quetzaltenango**, **San Marcos**, **Suchitepéquez**. México; Guatemala; Belice; Honduras; Nicaragua; Costa Rica; Panamá; Colombia; Ecuador.
❧ *Helechos arborescentes, hasta 6 (–15) metros de alto, tallos 1.5–2 metros de alto, con espinas oscuras y cubiertos de escamas color café;* ***hojas*** *láminas 2-pinnadas, rara vez 3-pinnadas, 1–2 metros de largo y aproximadamente 1.5 metros de ancho, segmentos penúltimos 4–10 cm de largo, 1.2–3 cm de ancho, profundamente dentados, ápices acuminados; se reproducen por* ***esporas*** *diminutas liberadas de pequeños esporangios parecidos a botones y dispuestos en el lado inferior de las hojas, cada uno cubierto por un indusio por lo general glabro.*
HÁBITAT: Bosques nubosos, selvas tropicales y bosques húmedos, en laderas y barrancos; 200–2,800 metros.
USOS: Ornamental; en algunos países, los tallos fibrosos y oscuros se cosechan para utilizar como macetas para orquídeas y otras plantas.
NOTAS: Los helechos arborescentes son un elemento espectacular y elegante de la vegetación del bosque tropical. La extensa cosecha de estos helechos en algunas regiones ha puesto en peligro su distribución y supervivencia local.

DISTRIBUTION: **Alta Verapaz**, **Baja Verapaz**, **Huehuetenango**, **Izabal**, **Petén**, **Quetzaltenango**, **San Marcos**, **Suchitepéquez**. Mexico; Guatemala; Belize; Honduras; Nicaragua; Costa Rica; Panama; Colombia; Ecuador.
❧ *Tree ferns, to 6 (–15) meters tall, stems 1.5–2 meters tall, with dark spines and covered with brown scales;* ***leaf*** *blades 2-pinnate, rarely 3-pinnate, 1–2 meters long and about 1.5 meters wide, next-to-last segments 4–10 cm long, 1.2–3 cm wide, deeply toothed, apices acuminate; reproducing by tiny* ***spores*** *released from small, button-like sporangia arranged on the underside of the leaf, each one surrounded by a generally glabrous indusium.*
HABITAT: Cloud forests, rain forests and moist forests, on slopes and in ravines; 200–2,800 meters.
USES: Ornamental; in some countries the dark fibrous stems are harvested for use as pots for orchids and other plants.
NOTES: Tree ferns are a dramatic and elegant element of tropical forest vegetation. Widespread harvesting of tree ferns in some regions has endangered their distribution and local survival.

Español: **Cica, Palmera de Iglesia, Sagú**
English: Sago-palm, Cycad

DISTRIBUCIÓN: Cultivada desde la costa pacífica hasta las tierras altas centrales, también alrededor de Cobán. Nativa de Japón; ampliamente plantada alrededor del mundo.
❧ *Planta similar a una palmera, crece hasta 6 metros de alto, tronco adulto alrededor de 20 cm de ancho, con cicatrices foliares rómbico-cuadrangulares;* ***hojas*** *a menudo numerosas, nacen en la parte superior del tronco, pinnado-compuestas, coriáceas, 0.5–2 metros de largo, persistentes, rabo de la hoja espinoso, folíolos más o menos 125 pares, agrupados, los más grandes 9–18 cm de largo; plantas masculinas o femeninas:* ***conos masculinos*** *alargados, hasta 40 cm de largo;* ***conos femeninos*** *achaparrados, con brácteas color amarillo dorado y semillas grandes individuales; semillas 1.5–3.5 cm de largo, de color amarillo-anaranjado o amarillo, densamente tomentosas.*
HÁBITAT: Parques y jardines; hasta 1,500 metros o más.
USOS: Ornamental. El interior del tronco y otras partes son una fuente de fécula, comestible si se prepara de manera adecuada; sin embargo, su consumo ha sido vinculado con el cáncer y problemas hepáticos.
NOTAS: La cica es una planta primitiva, que se remonta a la época de los dinosaurios (hace 250 millones de años). No es una palmera verdadera, sino una planta gimnosperma. Todas las partes son tóxicas.

DISTRIBUTION: Cultivated from the Pacific coast up to the central highlands, also around Cobán. Native to Japan; widely planted around the world.
❧ *A palm-like plant, growing to 6 meters tall, adult trunk about 20 cm wide, with rhombic-quadrangular leaf scars;* ***leaves*** *often numerous, borne at the top of the trunk, pinnately compound, leathery, 0.5–2 meters long, persistent, leaf stalk spiny, leaflets about 125 pairs, crowded, largest ones 9–18 cm long; plants either male or female:* ***male cones*** *elongate, to 40 cm long;* ***female cones*** *squat, with golden yellow bracts and single large seeds; seeds 1.5–3.5 cm long, yellow-orange or yellow, densely tomentose.*
HABITAT: Parks and gardens; up to 1,500 meters or higher.
USES: Ornamental. The core of the trunk and other parts are a source of starch, edible if prepared properly; however, its consumption has been linked with cancer and liver problems.
NOTES: Cycads are primitive plants, dating back to the dinosaur age (250 million years ago). They are not true palms, but gymnosperms. All parts are toxic.

Español: **Chaya, Chayo, Copapayo, Chichicaste**
English: Spinach Tree

DISTRIBUCIÓN: **Alta Verapaz**, **Chiquimula**, **Escuintla**, **Jutiapa**, **Petén**, **Quetzaltenango**, **Retalhuleu**, **Santa Rosa**, **Suchitepéquez**, y sin duda se puede encontrar en muchos otros departamentos que no se mencionan aquí. Nativa del sur de México; cultivada desde el sur de los Estados Unidos a lo largo de Centroamérica.
❧ *Árboles pequeños o arbustos, hasta 8 metros de alto, con látex blanco, tronco grueso, pálido, con pelos urticantes esparcidos, o por lo general ausentes en árboles cultivados;* ***hojas*** *variables en forma, en su mayoría 10–20 cm de largo, ligeramente o profundamente 3–7-lobuladas, bastante gruesas y carnosas cuando están frescas;* ***flores*** *blancas, las masculinas tienen 10 estambres, las femeninas tienen sépalos, 6–9 mm de largo;* ***fruto*** *una cápsula con pocos o numerosos pelos.*
HÁBITAT: Matorrales húmedos o secos, o en bosques abiertos, a menudo en lugares rocosos abiertos, más a menudo visto en setos, donde se planta; 1,300 metros o menos.
USOS: En Centroamérica la mayoría de estas plantas se ven cultivadas en patios o en setos alrededor de viviendas; las hojas se comen como una verdura cocida.
NOTAS: El árbol puede tener pelos irritantes (las plantas cultivadas por lo general no tienen pelos), y la savia blanca puede causar molestias. Todas las partes de la planta son venenosas, si no se cocinan bien. Las hojas, cuando están jóvenes y tiernas, se cocinan y se comen como espinaca; una fuente importante de vitamina C, calcio y proteína.

DISTRIBUTION: **Alta Verapaz**, **Chiquimula**, **Escuintla**, **Jutiapa**, **Petén**, **Quetzaltenango**, **Retalhuleu**, **Santa Rosa**, **Suchitepéquez**, and doubtless to be found in many other departments not listed here. Native to southern Mexico; cultivated from the southern United States through Central America.
❧ *Small trees or shrubs, to 8 meters tall, with white latex, trunk thick, pale, with scattered stinging trichomes, or usually lacking in cultivated individuals;* ***leaves*** *variable in form, mostly 10–20 cm long, shallowly or deeply 3–7-lobed, fairly thick and fleshy when fresh;* ***flowers*** *white, male flowers with 10 stamens, female flowers with sepals, 6–9 mm long;* ***fruit*** *a capsule with few or numerous bristles.*
HABITAT: Moist or dry thickets or open forests, often in open rocky places, most often seen in hedges, where planted; 1,300 meters or less.
USES: In Central America most plants are seen in cultivation in dooryards or in hedges around dwellings; leaves eaten as a cooked green.
NOTES: The tree can have irritating hairs (cultivated plants are often almost free of them), and the white sap can cause discomfort. All parts of the plant are poisonous if not cooked well. The leaves, when young and tender, are cooked and eaten like spinach; an important source of vitamin C, calcium and protein.

Español: **Crotón**, **Crotos**, **Pon** (Cobán)
English: Croton

DISTRIBUCIÓN: Sin duda se planta en todos los departamentos. Nativo de Asia tropical e islas del Pacífico; cultivado como ornamental en la mayor parte de las regiones tropicales.
❧ *Árboles pequeños o arbustos, hasta 5 metros de alto (a menudo se podan a menor altura), sin látex;* ***hojas*** *alternas, simples, brillantes, enteras o con lóbulos, sumamente variables en forma y color: ovadas, obovoides, elípticas, espatuladas o lineales, a menudo ligeramente lobuladas o con bordes con volantes, verdes o diversamente moteadas o rayadas de blanco, amarillo, rosado, rojo, anaranjado o morado;* ***flores*** *en espigas de flores masculinas o femeninas, 20–30 cm de largo;* ***fruto*** *una cápsula partida en 3, alrededor de 1 cm de ancho.*
HÁBITAT: Se planta de manera abundante en las tierras bajas, y con menor frecuencia a elevaciones medias o altas.
USOS: Ornamental; setos vivos.
NOTAS: Esta planta de jardín, tan conocida en los trópicos, se encuentra en todas partes en las tierras bajas de Guatemala y es muy cultivada en setos o como arbusto ornamental o árbol pequeño. Florece de manera ocasional, durante todo el año. La planta crece con facilidad y prospera sin necesidad de mucha atención. La variedad en la forma de la hoja y decoración ¡es asombrosa!

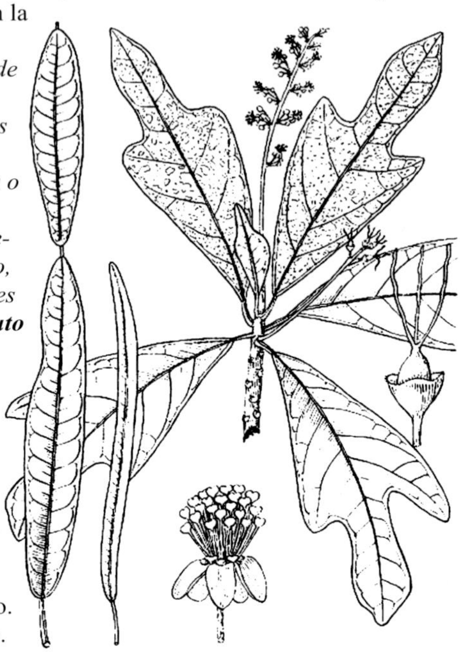

DISTRIBUTION: Undoubtedly planted in all departments. Native to tropical Asia and Pacific islands; grown for ornament in most tropical regions.
❧ *Small trees or shrubs, to 5 meters tall (often pruned lower), without latex;* ***leaves*** *alternate, simple, lustrous, entire or with lobes, exceedingly variable in shape and color: ovate, obovate, elliptic, spatulate or linear, often shallowly lobed or with ruffled edges, green or variously spotted or striped with white, yellow, pink, red, orange or purple;* ***flowers*** *in spikes of either male or female flowers, 20–30 cm long;* ***fruit*** *a 3-parted capsule, about 1 cm wide.*
HABITAT: Planted abundantly in the lowlands, and less frequently at middle or higher elevations.
USES: Ornamental; hedges.
NOTES: This well-known garden plant of the tropics is found everywhere in Guatemalan lowlands, and is much grown in hedges or as an ornamental shrub or small tree. Occasionally flowering, throughout the year. The plant grows easily and thrives with little or no attention. The range in leaf shape and decoration is astounding!

Español: **Hierba Mala, Mala Mujer**
English: Red Spurge, Mexican Shrubby Spurge, Caribbean Copper Plant

DISTRIBUCIÓN: **Alta Verapaz, Chimaltenango, Guatemala, Jalapa, Quetzaltenango, Quiché, Sacatepéquez, San Marcos, Santa Rosa, Sololá.** Sur de México; Guatemala; Honduras; Nicaragua; Costa Rica; Panamá; norte de Sudamérica. Plantada en África.

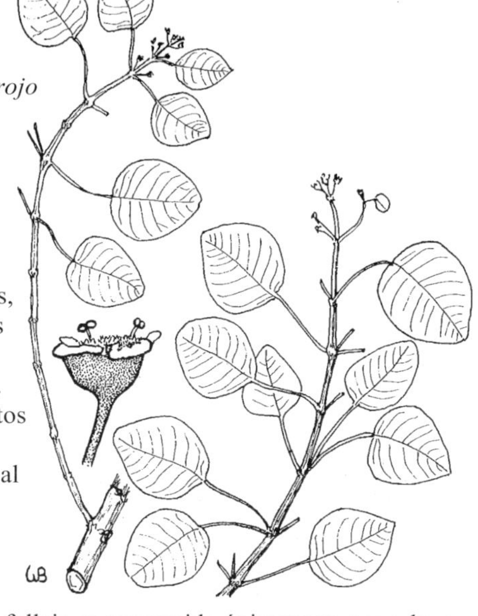

❧ *Árboles pequeños de crecimiento rápido, hasta 6 metros de alto, caducifolios, copa redondeada, tronco a menudo grueso, ramas con nudos engrosados, con abundante savia blanca venenosa; **hojas** deciduas, opuestas, de color verde claro o rojo purpurino, láminas de las hojas redondeadas, enteras, 5–14 cm de largo, pálidas por debajo; **flores** en grupos terminales densos, blancas y bastante llamativas, anchamente acampanadas, los apéndices son unas glándulas blancas o cremas; **fruto** una cápsula pequeña, 3-lobulada.*
HÁBITAT: Laderas arbustivas, húmedas o secas, común o abundante en setos al borde de carreteras de muchas regiones; 1,200–2,400 metros.
USOS: Postes vivos para cercas; fuente de miel. La savia lechosa se ha utilizado en envenenamientos criminales en Centroamérica, y en Sudamérica se utiliza como un veneno para peces. Las semillas, al parecer, tienen propiedades purgantes drásticas.
NOTAS: Cuando se corta, la planta produce abundante savia blanca y venenosa. El árbol pierde sus hojas durante la estación seca y permanece áfilo durante un largo tiempo. Al parecer, el follaje es consumido únicamente por cabras, ya que la savia provoca severas ampollas en la boca de otros animales. Florece y fructifica todo el año.

DISTRIBUTION: **Alta Verapaz, Chimaltenango, Guatemala, Jalapa, Quetzaltenango, Quiché, Sacatepéquez, San Marcos, Santa Rosa, Sololá.** Southern Mexico; Guatemala; Honduras; Nicaragua; Costa Rica; Panama; northern South America. Planted in Africa.
❧ *Fast-growing small trees, to 6 meters tall, deciduous, crown rounded, trunk often thick, branches with thickened nodes, with copious poisonous white sap; **leaves** deciduous, opposite, light green or purplish red, leaf blades rounded, entire, 5–14 cm long, pale beneath; **flowers** in dense terminal clusters, white and fairly showy, broadly bell-shaped, appendages white or cream-colored glands; **fruit** a small capsule, 3-lobed.*
HABITAT: Moist or dry brushy hillsides, common or abundant in roadside hedges in many regions; 1,200–2,400 meters.
USES: Living fence posts; a source of honey. The milky sap has been used in criminal poisonings in Central America, and in South America it is used as a fish poison. The seeds reportedly have drastic purgative properties.
NOTES: When cut, the plant produces abundant white poisonous sap. The tree sheds its leaves during the dry season and is bare for a long time. It is said that the foliage is eaten only by goats, the sap causing severe blisters in the mouths of other animals. Flowering and fruiting all year.

Español: **Pascuas, Pascua Blanca, Flor de Pascua, Flor de Leche**
English: White Lace Euphorbia, Snowball Tree

DISTRIBUCIÓN: **Baja Verapaz, Chimaltenango, Chiquimula, El Progreso, Guatemala, Huehuetenango, Jalapa, Jutiapa, Petén, Quiché, Sacatepéquez, Santa Rosa, Zacapa**. Sur de México; Guatemala; El Salvador; Honduras; Nicaragua; Panamá; Colombia; las Antillas.

❧ *Árboles pequeños o arbustos, erguidos, hasta 4 metros de alto, multitallos, tallos verdes, delgados, angulosos;* ***hojas*** *principalmente en verticilos, 8 cm de largo, hasta 3.5 cm de ancho, a menudo matizadas de rojo;* ***flores*** *muy pequeñas, en grupos bastante densos en los terminales de las ramas, con 5 glándulas transverso-oblongas, rodeadas por brácteas blancas espatuladas parecidas a pétalos, 1–1.5 cm de largo;* ***fruto*** *una cápsula 3-lobulada, 5 mm de largo.*

HÁBITAT: Llanuras o laderas, húmedas o secas, abiertas o con arbustos, a menudo rocosas o en acantilados, con frecuencia en bosques de pino-encino; 600–2,400 metros.

USOS: Ornamental; manojos de olorosas ramas florecientes se utilizan a menudo para decorar casas e iglesias en época navideña.

NOTAS: La inflorescencia es grande y vistosa, debido a sus abundantes brácteas blancas, que a menudo son matizadas de rosado y permanecen en las ramas durante un largo tiempo. Las plantas en flor son blancas y visibles desde una larga distancia. Florece y fructifica de octubre a febrero.

DISTRIBUTION: **Baja Verapaz, Chimaltenango, Chiquimula, El Progreso, Guatemala, Huehuetenango, Jalapa, Jutiapa, Petén, Quiché, Sacatepéquez, Santa Rosa, Zacapa**. Southern Mexico; Guatemala; El Salvador; Honduras; Nicaragua; Panama; Colombia; West Indies.

❧ *Small erect trees or shrubs, to 4 meters tall, multi-stemmed, stems green, slender, angulate;* ***leaves*** *mostly in whorls, 8 cm long, up to 3.5 cm wide, often tinged with red;* ***flowers*** *tiny, in fairly dense clusters at branch ends, with 5 transverse-oblong glands, surrounded by white petal-like spatulate bracts, 1–1.5 cm long;* ***fruit*** *a 3-lobed capsule, 5 mm long.*

HABITAT: Moist or dry, open or brushy, often rocky plains or hillsides, often on cliffs, frequently in pine-oak forests; 600–2,400 meters.

USES: Ornamental; bunches of sweet-smelling flowering branches are often used for decoration in houses and churches at Christmastime.

NOTES: The inflorescence is large and showy because of its abundant white bracts, which often are tinged with pink and remain on the branches for a long time. The plants in flower are white and visible from a great distance. Flowering and fruiting from October to February.

Español: **Flor de Pascua**, **Pascua**, **Guacamayo** (Santa Rosa)
English: Poinsettia

DISTRIBUCIÓN: Nativa probablemente del sur de México y quizás también de Guatemala. Cultivada de manera abundante en **Guatemala**, **Huehuetenango**, **Jalapa** y **Santa Rosa**. Se cultiva para ornamento en la mayoría de las regiones subtropicales y tropicales del mundo.
❧ *Árboles pequeños o arbustos, hasta 4 metros de alto, con pocas ramas robustas y copioso látex blanco tóxico;* ***hojas*** *alternas, las superiores opuestas o verticiladas, enteras, a veces dentadas, por lo general 12–20 cm de largo, más pálidas por abajo, hojas de la inflorescencia grandes, de color rojo brillante;* ***flores*** *pequeñas, terminales, verdes y amarillas, campanuladas, peludas por dentro, con una glándula anaranjada-amarilla;* ***fruto*** *una cápsula, 3-lobulada, 10–15 mm de largo.*
HÁBITAT: Jardines. Tal vez se puede ver como silvestre en barrancos boscosos húmedos o mojados en Jalapa; se encuentra en todas partes, desde elevaciones medias o bastante altas, hasta la costa.
USOS: Ornamental, como planta individual o en setos; durante la temporada navideña, estas plantas en macetas son populares en muchos países. Se dice que las brácteas escarlatas producen un tinte rojo. En Guatemala, la leche a veces se utiliza como un emético, también como remedio para el dolor de muela, o como depilatorio. Los emplastos de las hojas se aplican para aliviar dolores corporales.
NOTAS: Las hojas florales por lo general son de color rojo brillante, pero algunos cultivares son de color rosado pálido, blanco o amarillo pálido. Crece con facilidad a partir de esquejes, y en los trópicos prospera sin necesidad de recibir mucha atención. Florece en noviembre y diciembre.

DISTRIBUTION: Probably native to southern Mexico and perhaps also Guatemala. Abundantly cultivated in **Guatemala**, **Huehuetenango**, **Jalapa** and **Santa Rosa**. Grown for ornament in most subtropical and tropical regions of the world.
❧ *Small trees or shrubs, to 4 meters tall with few stout branches and copious toxic white latex;* ***leaves*** *alternate, upper ones opposite or verticillate, entire, sometimes toothed, mostly 12–20 cm long, paler beneath, leaves of inflorescence large, brilliant red;* ***flowers*** *small, terminal, green and yellow, bell-shaped, hairy within, with one yellow-orange gland;* ***fruit*** *a capsule, 3-lobed, 10–15 mm long.*
HABITAT: Gardens. Observed as perhaps wild in moist or wet wooded ravines in Jalapa; found everywhere, from mid or fairly high elevations down to the coast.
USES: Ornamental, as a single plant or in hedges; during the Christmas season potted blooms are popular in many countries. The scarlet bracts are said to supply a red dye. In Guatemala, the milk sometimes is used as an emetic, also as a remedy for toothaches, or as a depilatory. Poultices of the leaves are applied to relieve body aches.
NOTES: The floral leaves are usually a brilliant red, but some cultivars are pale pink, white or pale yellow. Grows readily from cuttings, and in the tropics thrives with little or no care. Flowering in November and December.

Español: **Esqueleto, Esqueletos**
English: Pencil Tree, African Milk Bush

DISTRIBUCIÓN: **El Progreso, Guatemala, Sacatepéquez, Sololá** y sin duda en otros departamentos. Nativo de los trópicos del sur de África; ampliamente cultivado.
❧ *Árboles pequeños o arbustos, hasta 10 metros de alto, ramas suculentas, verdes, con savia blanca cuando se corta, por lo general 6–12 mm de ancho;* ***hojas*** *diminutas, hasta 1.5 cm de largo, tempranamente deciduas;* ***flores*** *cremas o verde-amarillas, en grupos terminales cortos, con 5 glándulas;* ***fruto*** *una cápsula, 3-lobulada, aproximadamente 8 mm de largo.*
HÁBITAT: Cultivado; tolera la sequía.
USOS: Esta planta verde oscura se utiliza como ornamental y como seto vivo.
NOTAS: La savia lechosa es tóxica y no se recomienda como medicinal, aunque se utiliza como tal en su África natal.

DISTRIBUTION: **El Progreso, Guatemala, Sacatepéquez, Sololá** and certainly in other departments. Native to the tropics in southern Africa; widely cultivated.
❧ *Small trees or shrubs, to 10 meters tall, branches succulent, green, with white sap when cut, generally 6–12 mm wide;* ***leaves*** *tiny, alternate, to 1.5 cm long, early deciduous;* ***flowers*** *cream or yellow-green, in short terminal clusters, with 5 glands;* ***fruit*** *a capsule, 3-lobed, about 8 mm long.*
HABITAT: Cultivated; drought tolerant.
USES: This dark green plant is used as an ornamental and as a living hedge.
NOTES: The milky sap is toxic and not recommended as a medicinal, although it is used as such in its native Africa.

Español: **Caucho, Hule**
English: Para Rubber, Rubber Tree

DISTRIBUCIÓN: Originario de la región amazónica de Brasil. **Alta Verapaz, Izabal, Suchitepéquez**; algunos árboles pueden ser encontrados en otros sitios, cultivados más o menos como curiosidades. Se planta de manera extensa en los trópicos húmedos, en plantaciones de caucho, especialmente en el sudeste de Asia.
❧ *Árboles, hasta 20 metros de alto o más, los tallos con látex, los árboles con flores, ya sean masculinas o femeninas (en el mismo árbol);* ***hojas*** *alternas, palmado-compuestas, folíolos 3, 5–60 cm de largo, márgenes enteros, tallos tan largos como los folíolos, con glándulas en el ápice;* ***flores*** *sin pétalos, en un grupo terminal o axilar, flores masculinas (estaminíferas) de unos 5 mm de largo, de color amarillo cremoso, lóbulos de los sépalos 5, estambres 10, conectados juntos en una columna, flores femeninas (pistiladas) unos 7 mm de largo, ovario 3-partido;* ***fruto*** *una cápsula; semillas elipsoides, 2–3.5 cm de largo.*
HÁBITAT: En bosques amazónicos de tierra firme (150–250 metros), en áreas con precipitación superior a 1,700 mm.
USOS: Caucho comercial (hasta la fecha, ningún sintético ha podido igualarlo para neumáticos de vehículos).
NOTAS: El caucho se obtiene haciendo cortes progresivos en forma de v; el látex entonces fluye hacia la parte inferior de los cortes y allí se recolecta en tazas. El líquido extraído tiene aspecto de leche espesa y viscosa, la cual se coagula para formar bolas (bolachas) que se ahuman sobre el fuego. Gran parte del caucho *Hevea* comercial se obtiene de vastas plantaciones en el Lejano Oriente, pero Guatemala es uno de los principales productores y exportadores de caucho natural en las Américas. La expansión de las plantaciones de caucho arriesgan la eliminación y la destrucción de la cubierta forestal nativa, de importancia ecológica (lo cual es cierto de todas las plantaciones exóticas).

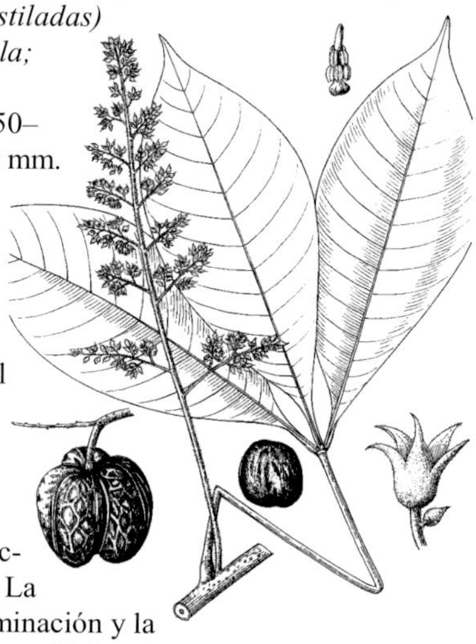

DISTRIBUTION: Originating from the Amazon region of Brazil. **Alta Verapaz, Izabal, Suchitepéquez**; occasional trees may be found elsewhere, grown more or less as curiosities. Planted widely in the humid tropics in rubber plantations, especially in southeast Asia.
❧ *Trees to 20 meters tall or more, stems with latex, trees with male or female flowers (on the same tree);* ***leaves*** *alternate, palmately compound, leaflets 3, 5–60 cm long, margins entire, stalks as long as the leaflets, with glands at the apex;* ***flowers*** *without petals, in a terminal or axillary group, male (staminate) flowers about 5 mm long, creamy yellow, sepal lobes 5, stamens 10, connected together into a column, female flowers (pistillate) about 7 mm long, ovary 3-parted;* ***fruit*** *a capsule, seeds ellipsoid, 2–3.5 cm long.*
HABITAT: In Amazon woodlands on *tierra firme* (150–250 meters), in areas with precipitation above 1,700 mm.
USES: Commercial rubber (to date no synthetic has been able to match it for vehicle tires).
NOTES: Rubber is obtained by progressively making v-shaped incisions in the bark; the latex then flows to the bottom of the cuts, where it is collected in cups. The extracted liquid has the appearance of thick and viscous milk, which is coagulated to form balls (*bolachas*) that are smoked over a fire. Much of the *Hevea* rubber of commerce is obtained from vast plantations in the Far East, but Guatemala is one of the main producers and exporters of natural rubber in the Americas. Expansion of rubber plantations risks removing and destroying ecologically important native forest cover (true of all exotic plantations).

Español: **Manzanillo, Manzana de Playa**
English: Manchineel

DISTRIBUCIÓN: **Retalhuleu**, sin duda en todos los departamentos costeros. México meridional y occidental; Guatemala; Belice; El Salvador; Honduras; Nicaragua; Costa Rica; Panamá; norte de Sudamérica (Colombia, Venezuela); las Antillas; sur de la Florida.
❧ *Árboles, en algunas regiones hasta 15 metros de alto, tronco hasta 90 cm de diámetro, con látex lechoso cáustico, ramas extendidas que forman una copa redondeada;* ***hojas*** *alternas, simples, lustrosas, en pecíolos con 1 glándula rojiza en el ápice, láminas 5–10 cm de largo, márgenes con pequeños dientes y glándulas en las puntas;* ***flores*** *en espigas 5–13 cm de largo, robustas, con flores muy pequeñas, en su mayoría masculinas, y por lo general 1–2 flores femeninas en la base;* ***fruto*** *verde, carnoso, redondo, 2.5–3.5 cm de ancho, liso.*
HÁBITAT: Frecuente en playas arenosas de ambas costas, crece solo en el borde interior de las playas y no se le encuentra en ninguna otra parte; cerca del nivel del mar.
USOS: La madera se ha utilizado durante un largo tiempo en algunas partes de América tropical (sobre todo en las Antillas) para la elaboración de muebles finos. Antiguamente los caribes utilizaban el látex para envenenar sus flechas.
NOTAS: La savia lechosa es venenosa, si se ingiere, y en contacto con la piel puede causar inflamación severa. El humo de la madera quemada es peligroso para los ojos. La madera, al ser tóxica, debe manipularse con mucho cuidado, incluso cuando está seca. Florece de marzo a agosto; fructifica de mayo a octubre.

DISTRIBUTION: **Retalhuleu**, doubtless in all coastal departments. Southern and western Mexico; Guatemala; Belize; El Salvador; Honduras; Nicaragua; Costa Rica; Panama; northern South America (Colombia, Venezuela); West Indies; southern Florida.
❧ *Trees, in some regions to 15 meters tall, trunk to 90 cm in diameter, with caustic milky latex, branches spreading, forming a rounded crown;* ***leaves*** *alternate, simple, lustrous, on petioles with 1 reddish gland at the apex, leaf blades 5–10 cm long, margins with small gland-tipped teeth;* ***flower*** *spikes 5–13 cm long, stout, with tiny mostly male flowers, and usually 1–2 female flowers at the base;* ***fruit*** *green, fleshy, round, 2.5–3.5 cm wide, smooth.*
HABITAT: Frequent on sandy beaches of both coasts, growing only at inner edge of beaches and found nowhere else; near sea level.
USES: The wood has long been used in some parts of tropical America (mostly in the West Indies) for making good furniture. Historically the latex was used by native Caribs to poison their arrows.
NOTES: The milky sap is poisonous if ingested, and on contact with the skin can cause severe inflammation. Smoke from burning wood is dangerous to the eyes. The wood, being toxic, must be handled with great care, even when dry. Flowering from March to August; fruiting from May to October.

Español: **Piñón**
English: Physic Nut, Purging Nut
Otros: **Tempate**, **Yupur**, **Tempacte**, **Sakilté** (Q'eqchi')

DISTRIBUCIÓN: **Alta Verapaz**, **El Progreso**, **Escuintla**, **Guatemala**, **Huehuetenango**, **Izabal**, **Jalapa**, **Jutiapa**, **Petén**, **Retalhuleu**, **Sacatepéquez**, **San Marcos**, **Santa Rosa**, **Suchitepéquez**, **Zacapa**, probablemente en todos o la mayoría de los demás departamentos. México; Belice; El Salvador; Honduras; Nicaragua; Costa Rica; Panamá; Sudamerica; las Antillas; cultivado y a veces naturalizado en el paleotrópico.

❧ *Árboles pequeños, hasta 8 metros de alto, corteza pálida y casi lisa;* ***hojas*** *en tallos largos y delgados, lámina foliar ovado-redondeada, en su mayoría 7–16 cm de largo y de aproximadamente el mismo ancho, superficialmente 3–5- lóbuladas o anguladas, con 5–7 nervios palmados desde la base;* ***flores*** *en pequeños racimos densos, sobre un tallo largo, con muchas flores, pétalos blanquecinos, flores masculinas o femeninas, flores masculinas con 8 estambres;* ***fruto*** *una cápsula, 2.5–4 cm de largo, con 2–3 células; semillas aproximadamente 2 cm de largo, pálidas, con líneas negras conspicuas.*

HÁBITAT: Matorrales húmedos o secos en llanos y laderas, muy abundante en setos y a menudo se planta para postes de cercas vivas; hasta 1,500 metros (más común a elevaciones bajas).

USOS: Setos, cercas vivas, huésped para insectos que producen laca; la savia se utiliza para fijar tintes en tela; medicinal; semillas como alimento después de asar (peligroso); aceite para iluminación y jabón; pruebas de combustible de alto octanaje en Sri Lanka, y se planta en muchos países como una fuente de biocombustible.

NOTAS: Es una de las plantas más conocidas y frecuentes de las tierras bajas de Centroamérica, donde se planta para setos y cercas vivas, sobre todo porque no es consumida por ganado de ningún tipo.

DISTRIBUTION: **Alta Verapaz**, **El Progreso**, **Escuintla**, **Guatemala**, **Huehuetenango**, **Izabal**, **Jalapa**, **Jutiapa**, **Petén**, **Retalhuleu**, **Sacatepéquez**, **San Marcos**, **Santa Rosa**, **Suchitepéquez**, **Zacapa**, probably in all or most other departments. Mexico; Guatemala; Belize; El Salvador; Honduras; Nicaragua; Costa Rica; Panama; South America; West Indies; cultivated and sometimes naturalized in the Paleotropics.

❧ *Small trees, to 8 meters tall, bark pale and almost smooth;* ***leaves*** *on long slender stalks, leaf blades rounded-ovate, mostly 7–16 cm long and of about equal width, shallowly 3–5-lobed or angulate, palmately 5–7-nerved from base;* ***flowers*** *in small, dense clusters, on a long stalk, many-flowered, petals whitish, flowers male or female, male flowers with 8 stamens;* ***fruit*** *a capsule, 2.5–4 cm long, 2–3-celled; seeds about 2 cm long, pale, with conspicuous black lines.*

HABITAT: Moist or dry thickets on plains and hillsides, most plentiful in hedges and often planted for living fence posts; to 1,500 meters (most common at low elevations).

USES: Hedges, living fence posts, host for lac-producing insects; sap used to set dyes in cloth; medicinal; seeds as food after roasting (dangerous); oil for illumination and soap; high octane fuel trials in Sri Lanka, and planted in many countries as a source of biofuel.

NOTES: This is one of the best-known and most common plants of the Central American lowlands, where it is planted for hedges and living fence posts, principally because it is not eaten by livestock of any kind.

Español: **Jatropha Roja**
English: Peregrina, Spicy Jatropha, Rose Flowered Jatropha

DISTRIBUCIÓN: **Petén**, y probablemente se pueda encontrar en la mayoría de los departamentos. Se planta en Centroamérica; ampliamente cultivada en los trópicos; nativa de Cuba. ❧ *Árboles pequeños o arbustos delgados, hasta 4 metros de alto, con savia lechosa irritante;* ***hojas*** *simples, alternas, variables en forma, por lo común aovadas y a veces lobuladas, en su mayoría 8–14 cm de largo, algo más pálidas en la parte de abajo;* ***flores*** *agrupadas, brácteas lineal-lanceoladas, pétalos 10–12 mm de largo, de color rosado brillante, rojo o anaranjado;* ***fruto*** *1.2–1.3 cm de diámetro; semillas 9.5–10 mm de largo.*
HÁBITAT: Cultivada en jardines; tolera la sequía.
USOS: Ornamental, también se planta en macetas.
NOTAS: Florece y fructifica todo el año.

DISTRIBUTION: **Petén**, and probably found in most departments. Planted in Central America; widely cultivated in the tropics; native to Cuba. ❧ *Small trees or slender shrubs, to 4 meters tall, with irritating milky sap;* ***leaves*** *simple, alternate, variable in shape, mostly ovate and sometimes lobed, generally 8–14 cm long, somewhat paler beneath;* ***flowers*** *clustered in groups, bracts linear-lanceolate, petals 10–12 mm long, bright pink, red or orange;* ***fruit*** *1.2–1.3 cm wide; seeds 9.5–10 mm long.*
HABITAT: Cultivated in gardens; drought tolerant.
USES: Ornamental, also planted in flower pots.
NOTES: Flowering and fruiting all year.

Español: **Yuca, Cassava**
English: Cassava, Yuca, Manioc, Tapioca
Otro: **Tzin** (Q'eqchi')

DISTRIBUCIÓN: La yuca se cultiva extensamente en todas las partes más calurosas de Guatemala. Se piensa que es nativa del Brasil tropical y regiones circundantes, pero en la actualidad se cultiva ampliamente en otras partes de América tropical y del paleotrópico.
❧ *Árboles pequeños o arbustos, hasta 4 metros de alto, surge de grandes raíces gruesas, tallos erguidos, ramificados, con nudos engrosados;* ***hojas*** *simples, alternas, verdes por arriba, blanquecinas por abajo, 3–9-lobuladas, lóbulos 8–15 cm de largo;* ***flores*** *masculinas o femeninas, en grupos terminales, sin pétalos, aproximadamente 1 cm de largo, las femeninas verde rojizas, las masculinas amarillentas, con 10 estambres;* ***fruto*** *una cápsula, con 6 alas angostas, 1.5 cm de largo, subglobosa.*
HÁBITAT: Se planta con frecuencia en Guatemala; tierras bajas y en ocasiones a elevaciones medias.
USOS: Las raíces proporcionan comida, fécula, pegamento, azúcar y una bebida alcohólica; las hojas se cocinan y se comen; forraje; medicinal.
NOTAS: La yuca es una de las plantas comestibles más importantes, ya que proporciona una fécula básica en Brasil y otras regiones tropicales (la tercera más consumida en el mundo), así como otros productos útiles, que incluye la tapioca. Existen hasta 200 variedades de *Manihot esculenta*; algunas tienen raíces venenosas intensamente amargas cuando crudas, mientras que otras son dulces e inofensivas. Florece y fructifica todo el año.

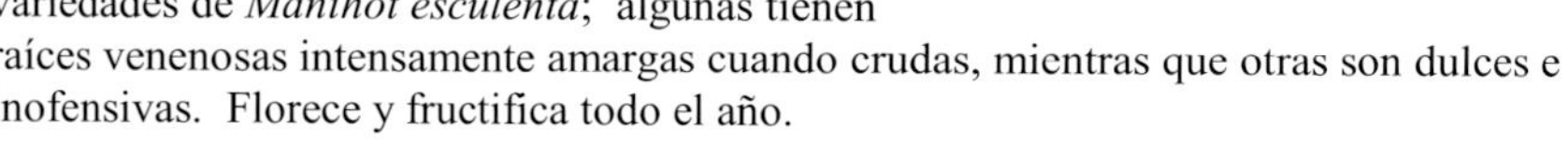

DISTRIBUTION: Yuca is cultivated extensively in all the warmer parts of Guatemala. Thought to be a native of tropical Brazil and neighboring regions, but now widely grown in other parts of tropical America and the Paleotropics.
❧ *Small trees or shrubs, to 4 meters tall, arising from large, thick roots, stems erect, branched, with thickened nodes;* ***leaves*** *simple, alternate, green above, whitish beneath, 3–9-lobed, lobes 8–15 cm long;* ***flowers*** *male or female, in terminal groups, without petals, about 1 cm long, female reddish green, male yellowish, stamens 10;* ***fruit*** *a capsule, narrowly 6-winged, 1.5 cm long, subglobose.*
HABITAT: Commonly planted in Guatemala; lowlands and occasionally at middle elevations.
USES: The roots provide food, starch, glue, sugar and an alcoholic drink; leaves are cooked and eaten; fodder; medicinals.
NOTES: Cassava is one of the most important of all food plants, because it supplies a basic starch to Brazil and other tropical regions (the third most consumed in the world), as well as other useful products, including tapioca. There are up to 200 varieties of *Manihot esculenta*; some have intensely bitter poisonous roots when raw, while others are sweet and harmless. Flowering and fruiting all year.

Español: **Higuerillo**, **Higuerillo Blanco**, **Higuerillo Rojo**, **Aceite** (Cobán)
English: Castor Bean, Castor Oil Plant
Otros: **Ixcoch** (Petén, Maya), **Raxten** (Quiché)

DISTRIBUCIÓN: **Alta Verapaz**, **Chiquimula**, **El Progreso**, **Escuintla**, **Guatemala**, **Huehuetenango**, **Izabal**, **Jutiapa**, **Petén**, **Quetzaltenango**, **Retalhuleu**, **San Marcos**, **Santa Rosa**, **Suchitepéquez**, **Zacapa**, probablemente en todos los departamentos. Nativo del paleotrópico, quizás de África, pero en la actualidad se puede encontrar en todas las regiones tropicales.
❧ *Árboles pequeños, hasta 5 metros de alto, ásperos, robustos, erguidos, tronco grueso, plantas pálidas y glaucas o a menudo matizadas de rojo o morado;* ***hojas*** *grandes, orbiculares en contorno, 10–60 cm de ancho, profundamente palmado-lobuladas, irregularmente glandular-dentadas;* ***flores*** *masculinas o femeninas, en un grupo terminal, las masculinas amarillentas, con estambres de color amarillo cremoso, las femeninas más llamativas, con estigmas rojizos;* ***fruto*** *una cápsula, 1.5–2.5 cm de largo, densamente espinosa, explosivamente dehiscente; semillas 10–17 mm de largo, lisas, moteadas y muy variables en color o completamente negras.*
HÁBITAT: Cultivado y como maleza, muy frecuente en todo el país; se puede encontrar desde las costas hasta los limites de la cultivación, pero más abundante a elevaciones bajas.
USOS: Las semillas se utilizan para aceite (incluido uno para el cabello), medicinales, lubricantes, iluminación, jabón, tinta para tela; las hojas se utilizan para alimentar a los gusanos de seda y en la fabricación de papel; las semillas molidas se utilizan como abono, veneno (la potente y citotóxica ricina).
NOTAS: La planta es importante a nivel económico, como fuente de aceite de ricino, el cual es un purgante. La mortífera ricina se neutraliza con calor.

DISTRIBUTION: **Alta Verapaz**, **Chiquimula**, **El Progreso**, **Escuintla**, **Guatemala**, **Huehuetenango**, **Izabal**, **Jutiapa**, **Petén**, **Quetzaltenango**, **Retalhuleu**, **San Marcos**, **Santa Rosa**, **Suchitepéquez**, **Zacapa**, likely in all departments. Native of the Paleotropics, perhaps of Africa, but now found in all tropical regions.
❧ *Small trees, to 5 meters tall, coarse, stout, erect, trunk thick, plants pale and glaucous or frequently tinged with red or purple;* ***leaves*** *large, orbicular in outline, 10–60 cm wide, deeply palmately lobed, irregularly glandular-dentate;* ***flowers*** *either male or female, in a terminal cluster: male yellowish, with creamy yellow stamens, female showier, with reddish stigmas;* ***fruit*** *a capsule, 1.5–2.5 cm long, densely spiny, explosively dehiscent; seeds 10–17 mm long, smooth, mottled and highly variable in color or entirely black.*
HABITAT: Cultivated and weedy, very common throughout the country; found from coasts to the limits of cultivation, but most plentiful at low elevations.
USES: Seeds used for oil (including hair oil), medicinals, lubrication, illumination, soap, dying cloth; leaves are fed to silkworms and used in paper making; ground seeds are used for fertilizer, poison (the potent cytotoxin ricin).
NOTES: The plant is important economically as the source of castor oil, best known as a purgative. The deadly poison ricin is neutralized with heat.

Español: **Bauhinia, Pata de Venado, Pata de Vaca**
English: Mountain Ebony, Poor Man's Orchid, Butterfly Bauhinia, Butterfly Flower, Pink Orchid Tree

DISTRIBUCIÓN: Ampliamente cultivada en jardines en Guatemala, aunque rara vez se recolecta. Birmania; China; Indias Orientales. Nativa de Asia; ampliamente cultivada en los trópicos y subtrópicos.

❧ *Árboles pequeños, hasta 10 metros de alto, caducifolios en la estación seca;* ***hojas*** *anchamente ovadas a suborbiculares, 7–12 cm de largo y ancho, 2-lobuladas alrededor de 1/4 de su longitud, cartáceas, 11–13-nervadas, por abajo en general son estrigosas o pubescentes;* ***flores*** *en grupos cortos, pétalos 4–6 cm de largo, blancos, lilas, rosados o cremas, estambres 5, un poco más cortos que los pétalos, obviamente arqueados, separados hasta casi la base;* ***fruto*** *lineal, 18–22 cm de largo y 2–2.5 cm de ancho, aplanado, café claro, leñoso, dehiscente, torcido una vez que se abre.*

HÁBITAT: Jardines, árboles de calle.

USOS: Ornamental; en la India las hojas se utilizan para enrollar cigarrillos; los capullos de las flores se cocinan como verdura; la corteza es medicinal, también se utiliza para curtir cuero, teñir y producir una goma; la madera se utiliza para herramientas agrícolas.

NOTAS: Una variedad (var. *candida*) tiene flores blancas. Florece y fructifica de noviembre a enero.

DISTRIBUTION: Widely planted in gardens in Guatemala, though rarely collected. Burma; China; East Indies. Native to Asia; widely cultivated in the tropics and subtropics.

❧ *Small trees, to 10 meters tall, deciduous in the dry season;* ***leaves*** *widely ovate to suborbicular, 7–12 cm long and wide, 2-lobed about 1/4 of its length, chartaceous, 11–13-nerved, beneath usually strigose or pubescent;* ***flowers*** *in short groups, petals 4–6 cm long, white, lilac, pink or cream-colored, stamens 5, slightly shorter than the petals, obviously arched, separate almost to the base;* ***fruit*** *linear, 18–22 cm long and 2–2.5 cm wide, flat, light brown, woody, dehiscent, twisted after opening.*

HABITAT: Gardens, street trees.

USES: Ornamental; in India the leaves are used to wrap cigarettes; flower buds are cooked in a vegetable dish; bark medicinal, also used for tanning, dyeing and producing a gum; wood used for agricultural tools.

NOTES: A variety (var. *candida*) has white flowers. Flowering and fruiting from November to January.

Español: **Gallito**, **Hojasén**, **Vainillo**, **Barbona**, **Flor Barbona**, **Guacamaya**, **Hierba del Espanto**, **Espanta-lobos**; **Flor de Santa Lucía** (Zacapa); **Cabello de Ángel** (Petén); **Santa Rosa** (Zacapa); **Flor de Chapa**, **Barba del Sol** (Retalhuleu)

English: Flambeau Flower (Belize); Bird of Paradise, Barbados Pride, Flower Fence, Dwarf Poinciana

Otros: **Utsuh** (Q'eqchi'), **Zinkin** (Petén, Maya)

DISTRIBUCIÓN: **Alta Verapaz** (cultivado), **Baja Verapaz**, **Chiquimula**, **El Progreso**, **Escuintla**, **Guatemala**, **Izabal**, **Jutiapa**, **Petén**, **Retalhuleu**, **Santa Rosa**, **Suchitepéquez**, **Zacapa**. México; Guatemala; Belice; El Salvador; Honduras; Nicaragua; Costa Rica; Panamá; Sudamérica; las Antillas. Naturalizado en el paleotrópico.

❧ *Árboles pequeños o arbustos, hasta 6 metros de alto, inermes o con espinas pequeñas;* ***hojas*** *grandes, alternas, 2-pinnado compuestas, pinnas 3–9 pares, folíolos 6–12 pares, 1–2 cm de largo;* ***flores*** *en racimos alargados, pétalos color rojo vivo, amarillo vivo o anaranjado, borde con volantes, aproximadamente 3 cm de ancho, estambres 5–6 cm de largo;* ***fruto*** *una legumbre elásticamente dehiscente, aplanada, hasta 12 cm de largo.*

HÁBITAT: Frecuente en muchas regiones con matorrales y setos, donde fue naturalizado a partir del cultivo; por lo general se cultiva para ornamento; aparentemente nativo en las llanuras secas y laderas bajas del valle de Motagua; se encuentra principalmente a 900 metros o menos.

USOS: Ornamental; producción de miel; taninos y tinte de los frutos y raíces; las hojas machacadas aturden a los peces; medicinal; atractivo para mariposas y colibríes.

NOTAS: Un árbol ornamental pequeño, frecuente en las tierras bajas de Centroamérica, a veces visto a elevaciones medias. Florece y fructifica todo el año.

DISTRIBUTION: **Alta Verapaz** (cultivated), **Baja Verapaz**, **Chiquimula**, **El Progreso**, **Escuintla**, **Guatemala**, **Izabal**, **Jutiapa**, **Petén**, **Retalhuleu**, **Santa Rosa**, **Suchitepéquez**, **Zacapa**. Mexico; Guatemala; Belize; El Salvador; Honduras; Nicaragua; Costa Rica; Panama; South America; West Indies. Naturalized in the Paleotropics.

❧ *Small trees or shrubs, to 6 meters tall, unarmed or with small spines;* ***leaves*** *large, alternate, 2-pinnately compound, pinnae 3–9 pairs, leaflets 6–12 pairs, 1–2 cm long;* ***flowers*** *in elongate racemes, petals fire red, bright yellow or orange, with a frilled border, about 3 cm wide, stamens 5–6 cm long;* ***fruit*** *an elastically dehiscent legume, flat, to 12 cm long.*

HABITAT: Common in many regions in thickets and hedges where naturalized from cultivation; generally cultivated for ornament; apparently native on dry plains and hillsides of lower Motagua Valley; found mostly at 900 meters or less.

USES: Ornamental; honey production; tannins and dye from fruit and roots; crushed leaves will stupefy fish; medicinal; attractive to butterflies and hummingbirds.

NOTES: A common, small, ornamental tree of Central American lowlands, sometimes seen at middle elevations. Flowering and fruiting all year.

Español: **Carao**, **Caragua**, **Cañafístula** (Petén)
English: Stinking Toe, Beef Feed (Belize), Coral Shower Tree, Pink Shower
Otros: **Mucut** (Petén, Maya); **Bucut**, **Bocot** (Petén, Maya)

DISTRIBUCIÓN: **Baja Verapaz**, **Escuintla**, **Jutiapa**, **Petén**, **Retalhuleu**, **Santa Rosa**, **Suchitepéquez**, probablemente en todos los departamentos de la costa del Pacífico, así como en el Oriente y en otros lugares. Sur de México; Guatemala; Belice; El Salvador; Honduras; Nicaragua; Costa Rica; Panamá; norte de Sudamérica; las Antillas.
❧ *Árboles grandes, hasta 30 metros de alto, semicaducifolios, copa redondeada o extendida, tronco hasta 1 metro de ancho;* ***hojas*** *alternas, pinnadas, folíolos 8–20 pares, 3–6 cm de largo, lustrosos por arriba, más pálidos por abajo;* ***flores*** *rosadas que se tornan rosado-anaranjadas, a menudo aparecen antes que las hojas, en grupos 10–20 cm de largo, pétalos más de 1 cm de largo, estambres 10;* ***fruto*** *una vaina leñosa, cilíndrica, negruzca, indehiscente, 30–80 cm de largo, hasta 4 cm de ancho; semillas comprimidas, rodeadas por la pulpa.*
HÁBITAT: Laderas abiertas, arbustivas o boscosas, o en llanuras de bosques escasos, a menudo alrededor de viviendas o a lo largo de carreteras, en pastizales; 900 metros o menos.
USOS: La madera se utiliza para leña y construcción; las cenizas se utilizan para fabricar jabón; la pulpa de las vainas es comestible, tiene propiedades purgativas; un ungüento de las hojas machacadas se utiliza para tratar enfermedades de la piel.
NOTAS: Cuando florece es uno de los árboles más atractivos de Centroamérica. Florece de febrero a abril; fructifica de junio a marzo, las vainas permanecen en el árbol durante un largo tiempo.

DISTRIBUTION: **Baja Verapaz**, **Escuintla**, **Jutiapa**, **Petén**, **Retalhuleu**, **Santa Rosa**, **Suchitepéquez**, probably in all Pacific coast departments, as well as elsewhere in the Oriente. Southern Mexico; Guatemala; Belize; El Salvador; Honduras; Nicaragua; Costa Rica; Panama; northern South America; West Indies.
❧ *Large trees, to 30 meters tall, semideciduous, crown rounded or spreading, trunk to 1 meter wide;* ***leaves*** *alternate, pinnate, leaflets 8–20 pairs, 3–6 cm long, lustrous above, paler beneath;* ***flowers*** *pink turning orange-pink, usually appearing before the leaves, in clusters 10–20 cm long, petals over 1 cm long, stamens 10;* ***fruit*** *a woody legume, cylindrical, blackish, indehiscent, 30–80 cm long, to 4 cm wide; seeds compressed, embedded in pulp.*
HABITAT: Open, brushy or forested hillsides, or on thinly forested plains, often around dwellings or along roadsides, in pastures; 900 meters or less.
USES: Wood used for fuel and construction; ashes for soap-making; pulp of pods edible, with purgative properties; ointment from crushed leaves used to treat skin diseases.
NOTES: When in flower this is one of the most attractive trees of Central America. Flowering from February to April; fruiting from June to March, with the pods long persistent on the tree.

MEDICINA
BOTANICA

Español: **Flamboyán, Árbol de Fuego, Flor de Fuego, Acacia, Framboyán, Guacamayo, Árbol del Matrimonio**
English: Royal Poinciana, Flamboyant Tree, Flame Tree

DISTRIBUCIÓN: Se encuentra ampliamente distribuido en Guatemala, y probablemente en todos los departamentos a elevaciones bajas. Nativo de Madagascar, pero en la actualidad se planta como ornamental en la mayoría de las regiones tropicales.
❧ *Árboles, hasta aproximadamente 12 metros de alto, copa ancha, baja y extendida, tronco hasta 1 metro de diámetro, ligeramente reforzado en la base;* ***hojas*** *alternas, 2-pinnado compuestas, grandes y parecidas a las de un helecho, 30–50 cm de largo, pinnas 10–25 pares, folíolos 20–40 pares, oblongos, 4–10 mm de largo;* ***flores*** *grandes, pétalos extendidos y a menudo reflejos, 5–7 cm de largo, de color rojo vivo, a menudo moteados de anaranjado y blanco, bordes con volantes;* ***fruto*** *una vaina, 40–60 cm de largo, 5–7 cm de ancho, muy dura y leñosa, aplanada, café oscura o negruzca.*
HÁBITAT: Cultivado, pero también naturalizado; en Guatemala a menudo se siembra para sombra y como ornamental en zonas de tierras bajas; en las llanuras y colinas del Pacífico, a menudo crece a lo largo de carreteras y es naturalizado con frecuencia en matorrales y otros lugares alejados de las viviendas; 15–250 metros o más.
USOS: Ampliamente plantado como ornamental.
NOTAS: A menudo florece antes de que aparezcan las hojas, y las grandes vainas colgantes permanecen en el árbol. Florece de febrero a julio; fructifica de julio a octubre.

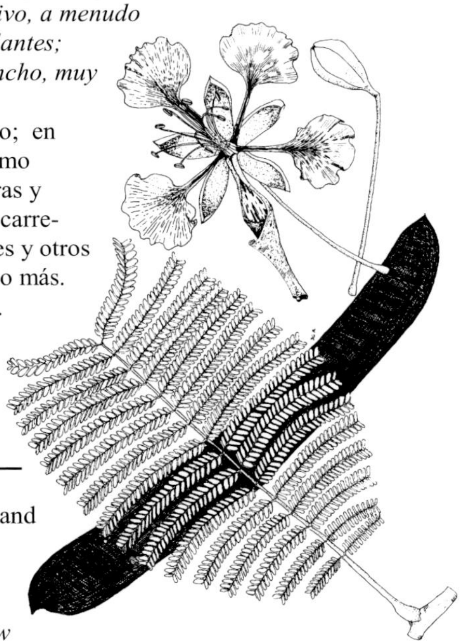

DISTRIBUTION: Found widely in Guatemala, and likely in all low-elevation departments. Native to Madagascar, but now planted in most tropical regions.
❧ *Trees, to about 12 meters tall, crown broad, low and spreading, trunk to 1 meter in diameter, slightly buttressed at the base;* ***leaves*** *alternate, 2-pinnately compound, large and fern-like, 30–50 cm long, pinnae 10–25 pairs, leaflets 20–40 pairs, oblong, 4–10 mm long;* ***flowers*** *large, petals spreading and often reflexed, 5–7 cm long, fiery red, often mottled with orange and white, with ruffled edges;* ***fruit*** *a legume, 40–60 cm long, 5–7 cm broad, very hard and woody, flattened, dark brown or blackish.*
HABITAT: Cultivated, but also naturalized; in Guatemala it is often planted for shade and ornament in most lowland areas; on Pacific plains and foothills it is often growing along roadsides and frequently naturalized in thickets and other places remote from dwellings; 15–250 meters or more.
USES: Widely planted as an ornamental.
NOTES: Often flowering before the leaves appear, and the huge pendent pods are persistent on the tree. Flowering from February to July; fruiting from July to October.

Español: **Campeche, Brasil, Palo de Brasil, Espinita**
English: Nicaragua Wood, Mexican Logwood, Brazilwood

DISTRIBUCIÓN: **Baja Verapaz, Chimaltenango, Chiquimula, El Progreso, Guatemala** (El Fiscal), **Huehuetenango** (región de Santa Ana Huista), **Jutiapa, Zacapa**. México; Guatemala; Belice; El Salvador; Honduras; Nicaragua; Costa Rica; Colombia; Venezuela.
❧ *Árboles pequeños, hasta 10 metros de alto, ramas robustas, a menudo torcidas y armadas con espinas largas y duras hasta 2 cm de largo, tronco torcido, profundamente acanalado, se ramifica desde cerca de la base;* ***hojas*** *alternas, pinnado-compuestas, folíolos por lo general 6, en su mayoría 1–2.5 cm de largo, a menudo profundamente muescados en el ápice;* ***flores*** *en grupos paucifloros, pétalos amarillos, 7–8 mm de largo, estambres casi del mismo largo;* ***fruto*** *una vaina, 2–6 cm de largo, 8–10 mm de ancho, delgada, con nervadura reticular delicada.*
HÁBITAT: Laderas secas, rocosas, y con arbustos; 200–1,200 metros.
USOS: Medicinal; la madera proporciona el pigmento rojo conocido como brazilina.
NOTAS: El duramen es de color anaranjado profundo cuando se corta por primera vez, y se torna rojo oscuro con la exposición. La madera produce un tinte rojo y el extracto del aserrín es un bactericida. Este árbol se encuentra a lo largo del valle de Motagua inferior, en colinas y llanuras secas, sobre todo entre El Rancho y Salamá, donde su tronco profundamente acanalado y sus abundantes vainas persistentes (a diferencia de las de cualquier otro miembro de Fabaceae) son característicos. Florece de diciembre a febrero; fructifica de febrero a marzo.

DISTRIBUTION: **Baja Verapaz, Chimaltenango, Chiquimula, El Progreso, Guatemala** (El Fiscal), **Huehuetenango** (region of Santa Ana Huista), **Jutiapa, Zacapa**. Mexico; Guatemala; Belize; El Salvador; Honduras; Nicaragua; Costa Rica; Colombia; Venezuela.
❧ *Small trees, to 10 meters tall, branches stout, often twisted and armed with long hard spines to 2 cm long, trunk crooked, deeply fluted, branching from near the base;* ***leaves*** *alternate, pinnately compound, leaflets usually 6, mostly 1–2.5 cm long, often deeply notched at the apex;* ***flowers*** *in few-flowered groups, petals yellow, 7–8 mm long, stamens almost as long;* ***fruit*** *a legume, 2–6 cm long, 8–10 mm wide, thin, delicately reticulate-veined.*
HABITAT: Dry, rocky, brushy hillsides; 200–1,200 meters.
USES: Medicinals; wood provides the red pigment brazilin.
NOTES: The heartwood is rich orange when first cut, turning dark red upon exposure. The wood produces a red dye, and an extract of the sawdust is a bactericide. This tree is found through the lower Motagua Valley on dry hills and plains, especially between El Rancho and Salamá, where its deeply fluted trunk and abundance of persistent pods (unlike those of any other member of Fabaceae), are characteristic. Flowering from December to February; fruiting from February to March.

Español: **Guapinol**, **Cuapinol**, **Hoja de Cuchillo** (Jutiapa), **Copinol**, **Palo Colorado**, **Pacay** (Petén), **Pacoj** (Baja Verapaz)
English: Locust (Belize), Copal
Otro: **Pac** (Q'eqchi')

DISTRIBUCIÓN: **Alta Verapaz**, **Baja Verapaz**, **El Progreso**, **Escuintla**, **Guatemala**, **Huehuetenango**, **Izabal**, **Jutiapa**, **Petén**, **Quetzaltenango**, **Retalhuleu**, sin duda en **San Marcos**, **Santa Rosa**, **Suchitepéquez**. México; Guatemala; Belice; El Salvador; Honduras; Nicaragua; Costa Rica; Panamá; Sudamérica; las Antillas.
❧ *Árboles pequeños a grandes, hasta 20 (–30) metros de alto, resinosos, tronco hasta más de 1 metro de diámetro, copa redondeada o extendida, corteza lisa, exuda una goma anaranjada pálida;* ***hojas*** *alternas, con sólo 2 folíolos sésiles asimétricos, 4–9 cm de largo, coriáceos, lustrosos;* ***flores*** *en grupos densos, fragantes, pétalos blanquecinos o morados, estambres 10, 3 cm de largo;* ***fruto*** *una legumbre, anchamente oblonga, muy dura y leñosa, de color café rojizo oscuro, comprimida, por lo general algo áspera, aproximadamente 11 cm de largo.*
HÁBITAT: Sobre todo en bosques bastante secos, en laderas o llanuras; 1,300 metros o menos (en su mayoría a 900 metros o menos).
USOS: La goma resinosa se utiliza para producir barniz, en la medicina popular, y se quema como incienso; la pulpa de la fruta es comestible, se utiliza para darle sabor a bebidas y se fermenta para cerveza; la corteza se utiliza en canoas y como sustituto de la quinina; artículos de madera; árbol de sombra.
NOTAS: Parte del ámbar que se puede encontrar en el neotrópico es la resina de este árbol hecha fósil. Florece de abril a junio; fructifica de julio a noviembre.

DISTRIBUTION: **Alta Verapaz**, **Baja Verapaz**, **El Progreso**, **Escuintla**, **Guatemala**, **Huehuetenango**, **Izabal**, **Jutiapa**, **Petén**, **Quetzaltenango**, **Retalhuleu**, doubtless in **San Marcos**, **Santa Rosa**, **Suchitepéquez**. Mexico; Guatemala; Belize; El Salvador; Honduras; Nicaragua; Costa Rica; Panama; South America; West Indies.
❧ *Small to large trees, to 20 (–30) meters tall, resinous, trunk to over 1 meter in diameter, crown rounded or spreading, bark smooth, exuding a pale orange gum;* ***leaves*** *alternate, with only 2 sessile asymmetrical leaflets, 4–9 cm long, leathery, lustrous;* ***flowers*** *in dense clusters, fragrant, petals whitish or purple, stamens 10, 3 cm long;* ***fruit*** *a legume, broadly oblong, very hard and woody, dark reddish brown, compressed, usually fairly rough, about 11 cm long.*
HABITAT: Chiefly in fairly dry forests, on hillsides or plains; 1,300 meters or less (mostly at 900 meters or lower).
USES: The resinous gum is used to make varnish, in popular medicine and burned as incense; the pulp is edible, used to flavor drinks and fermented as beer; bark used in canoes, and as a substitute for quinine; wooden articles; shade tree.
NOTES: Some of the amber found in the Neotropics is the fossilized resin of this tree. Flowering from April to June; fruiting from July to November.

Español: **Sulfato, Sulfatillo, Palo de Rayo**
English: Palo Verde, Jerusalem Thorn

DISTRIBUCIÓN: **Baja Verapaz, Chiquimula, El Progreso, Guatemala, Jutiapa, Quiché,** y se planta en algunos otros departamentos. Nativo de América tropical, pero su área de distribución original es incierta; posiblemente nativo de México o Guatemala. Se planta a nivel mundial en áreas tropicales y subtropicales.
❧ *Árboles espinosos pequeños, hasta 6 (–10) metros de alto, copa abierta, tronco a menudo torcido, corteza café, lisa, ramas más jóvenes verde claras, espinas robustas, hasta 3 cm de largo;* ***hojas*** *alternas, 2-pinnado-compuestas, pinnas 1–2 pares, 20–40 cm de largo, folíolos muy pequeños, hasta 50 pares, a menudo tempranamente deciduos;* ***flores*** *en grupos flojos, pétalos color amarillo brillante, estambres anaranjados, perfumados;* ***fruto*** *una vaina péndula, 5–15 cm de largo, muy reducida entre las semillas; semillas alrededor de 1 cm de largo.*
HÁBITAT: Cultivado y naturalizado, tolera los suelos pobres y la sequía; 30–500 metros.
USOS: Ornamental; forraje; leña; pasta para hacer papel.
NOTAS: El árbol es distintivo por su apariencia, debido a sus flores de color amarillo brillante, ramas verdes y follaje escaso, pálido, normalmente caído. En algunas regiones la madera se utiliza como leña y ha sido utilizada para fabricar papel. El follaje, las ramas jóvenes y las vainas sirven de alimento para el ganado. En algunas partes del mundo se considera una mala hierba. Florece todo el año y fructifica de febrero a junio.

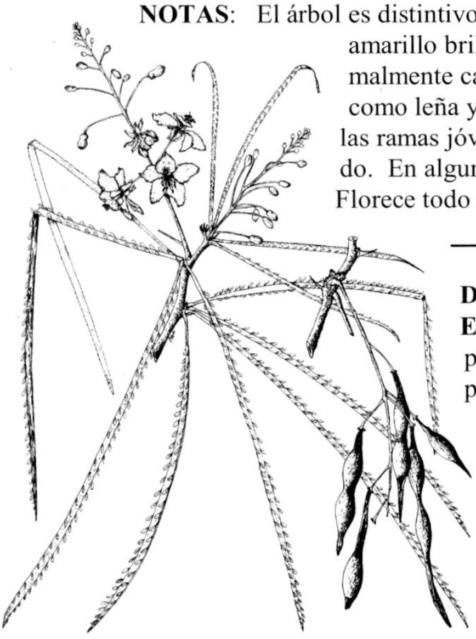

DISTRIBUTION: **Baja Verapaz, Chiquimula, El Progreso, Guatemala, Jutiapa, Quiché,** and planted in some other departments. A native of tropical America, but the original range is uncertain; possibly native to Mexico or Guatemala. Planted in tropical and subtropical areas worldwide.
❧ *Small spiny trees, to 6 (–10) meters tall, crown open, trunk often crooked, bark brown, smooth, younger branches bright green, spines stout, to 3 cm long;* ***leaves*** *alternate, 2-pinnately compound, pinnae 1–2 pairs, 20–40 cm long, tiny leaflets up to 50 pairs, often early deciduous;* ***flowers*** *in lax groups, petals bright yellow, stamens orange, scented;* ***fruit*** *a pendent legume, 5–15 cm long, much constricted between the seeds; seeds about 1 cm long.*
HABITAT: Cultivated and naturalized, tolerates poor soils and drought; 30–500 meters.
USES: Ornamental; fodder; fuel; paper pulp.
NOTES: The tree is distinctive in appearance due to its bright yellow flowers, green branches and sparse, pale, usually drooping foliage. In some regions the wood is used as fuel and has been utilized for making paper. The foliage, young branches and pods are eaten by livestock. In some parts of the world, it is considered a serious weed. The trees flower all year, and fruit from February to June.

Español: **Casia Amarilla, Acacia Amarilla**
English: Siamese Senna, Thai Cassia, Thailand Shower
Sinónimo: *Cassia siamea*

DISTRIBUCIÓN: **Guatemala, Izabal, Zacapa** y otros. Nativa de las Indias Orientales (la región indomalaya); a veces se cultiva como planta ornamental y agroforestal en Centroamérica y en los trópicos en general.

❧ *Árboles, hasta 15 metros de alto, copa densa y bastante ancha; **hojas** alternas, pinnadas, folíolos 6–14 pares, oblongos, 3–7 cm de largo, 1–2 cm de ancho; **flores** color amarillo brillante, en grupos con pocas o muchas flores, pétalos 12–16 mm de largo; **fruto** una vaina lineal, ligeramente curvada, coriácea, comprimida, 20–25 cm de largo, 1–1.5 cm de ancho.*

HÁBITAT: Cultivada y naturalizada; 30–500 metros.

USOS: Ornamental; sombra; usos agroforestales, lo que incluye cercas vivas, corta vientos, producción de miel, madera.

NOTAS: Florece de mayo a febrero; fructifica en marzo, julio y octubre.

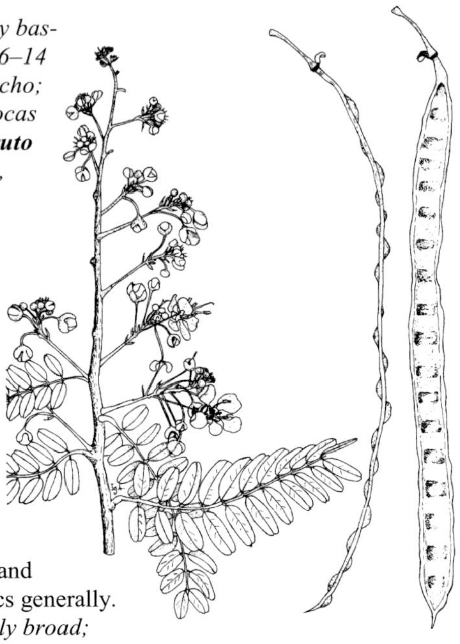

DISTRIBUTION: **Guatemala, Izabal, Zacapa** and others. Native of the East Indies (Indo-Malaysia); sometimes planted for ornament and agroforestry in Central America and in the tropics generally.

❧ *Trees, to 15 meters tall, crown dense and fairly broad; **leaves** alternate, pinnate, leaflets 6–14 pairs, oblong, 3–7 cm long, 1–2 cm wide; **flowers** bright yellow, in few- to many-flowered clusters, petals 12–16 mm long; **fruit** a linear, slightly curved legume, leathery, compressed, 20–25 cm long, 1–1.5 cm wide.*

HABITAT: Cultivated and naturalized; 30–500 meters.

USES: Ornamental; shade; agroforestry uses include live fencing, windbreaks, honey production, wood.

NOTES: Flowering from May to February; fruiting in March, July, October.

Español: **Tamarindo**
English: Tamarind

DISTRIBUCIÓN: **Baja Verapaz**, **Chiquimula**, **El Progreso**, **Escuintla**, **Jutiapa**, **Petén**, **Retalhuleu**, **San Marcos**, **Santa Rosa**, **Suchitepéquez**, **Zacapa**, sin duda también en otros departamentos. Probablemente nativo de África Oriental, pero en la actualidad se cultiva y está naturalizado en muchas regiones tropicales.
❧ *Árboles, hasta aproximadamente 15 metros de alto, inermes, copa ampliamente extendida o redondeada, densa, tronco grueso, a menudo torcido, a veces 1 metro o más de diámetro;* ***hojas*** *alternas, pinnado-compuestas, folíolos 10–18 pares, oblongos, 12–25 mm de largo;* ***flores*** *en grupos, por lo general más cortas que las hojas, flores pequeñas, alrededor de 2.5 cm de ancho, pétalos amarillos con nervadura roja;* ***fruto*** *una vaina, 5–15 cm de largo, 2 cm de ancho, color café y se raja con facilidad; semillas 1 cm de ancho, color café, lustrosas, rodeadas por una pulpa pegajosa marrón.*
HÁBITAT: Por lo general se planta en las tierras bajas de Guatemala y está naturalizado en muchas localidades; principalmente a 1,200 metros o menos.
USOS: Las vainas pegajosas, agridulces y comestibles se utilizan en refrescos, dulces y sorbetes; sombra; en la India las hojas y semillas se utilizan para un tinte amarillo; las hojas jóvenes y las flores sirven de alimento; la madera es dura, se utiliza como leña y maderos; medicinal.
NOTAS: En los mercados se puede ver una gran cantidad de vainas maduras. Florece de mayo a septiembre; fructifica de junio a diciembre.

DISTRIBUTION: **Baja Verapaz**, **Chiquimula**, **El Progreso**, **Escuintla**, **Jutiapa**, **Petén**, **Retalhuleu**, **San Marcos**, **Santa Rosa**, **Suchitepéquez**, **Zacapa**, doubtless also in other departments. Probably native to East Africa, but now cultivated and naturalized in many tropical regions.
❧ *Trees, to about 15 meters tall, unarmed, crown wide spreading or rounded, dense, trunk thick, often twisted, sometimes 1 meter or more in diameter;* ***leaves*** *alternate, pinnately compound, leaflets 10–18 pairs, oblong, 12–25 mm long;* ***flowers*** *in groups mostly shorter than the leaves, flowers small, about 2.5 cm wide, petals yellow with red veins;* ***fruit*** *a legume, 5–15 cm long, 2 cm wide, brown and easily cracked; seeds 1 cm wide, brown, lustrous, surrounded by a sticky brown pulp.*
HABITAT: Planted generally in Guatemalan lowlands and naturalized in many localities; chiefly at 1,200 meters or less.
USES: Edible, sweet-and-sour sticky pods used in beverages, candies and sherbets; shade; in India the leaves and seeds are used for a yellow dye; the young leaves and flowers are used for food; the wood is hard, used as fuel and lumber; medicinals.
NOTES: Large quantities of ripe legumes are seen in markets. Flowering from May to September; fruiting from June to December.

Español: **Cornezuelo**
English: Ant Acacia, Bullhorn Acacia, Cockspur (Belize)
Otros: **Subín** (Petén, Maya), **Subín Colorado** (Petén)
Sinónimo: *Vachellia collinsii*

DISTRIBUCIÓN: **Chiquimula**, **Guatemala**, **Huehuetenango**, **Petén**, **San Marcos**, **Zacapa**. Sur de México; Guatemala; Belice; Honduras; Nicaragua; Costa Rica; Panamá; Colombia.
❧ *Arboles pequeños o arbustos decumbentes, hasta 3 metros de alto, troncos y ramas con numerosas lenticelas blanquecinas o anaranjadas, espinas en pares, infladas, huecas, 3–5 cm de largo, por lo general en forma de 'V', brevemente unidas en la base, café oscuras a grisáceas;* ***hojas*** *alternas, 2-pinnado-compuestas, pinnas varias o numerosos pares, folíolos 14–20 pares, 6–10 mm de largo, 2 glándulas o más en la base del pecíolo;* ***flores*** *en espigas oblongas, amarillas, 2–4 cm de largo, muy densas, flores numerosas y agrupadas;* ***fruto*** *una legumbre, ligeramente comprimida, 3–6 cm de largo, 1 cm de ancho, curvada, dehiscente, de color café rojizo oscuro cuando madura.*
HÁBITAT: Llanuras con arbustos, laderas, bosques abiertos, matorrales húmedos o mojados, o en matorrales de tierras bajas; 300 metros o menos.
NOTAS: Este árbol, y la colonia de hormigas con la que se asocia, es un ejemplo del mutualismo: el árbol adquiere hormigas picadoras que lo defienden de animales exploradores y eliminan la vegetación competidora, mientras que las hormigas obtienen refugio, néctar y comida. Florece de enero a septiembre; fructifica de noviembre a junio.

DISTRIBUTION: **Chiquimula**, **Guatemala**, **Huehuetenango**, **Petén**, **San Marcos**, **Zacapa**. Southern Mexico; Guatemala; Belize; Honduras; Nicaragua; Costa Rica; Panama; Colombia.
❧ *Small trees or decumbent shrubs, to 3 meters tall, stems and branches with numerous whitish or orange lenticels, spines in pairs, inflated, hollow, 3–5 cm long, usually widely V-shaped, at base shortly united, dark brown to grayish;* ***leaves*** *alternate, 2-pinnately compound, pinnae several or numerous pairs, leaflets 14–20 pairs, 6–10 mm long, 2 or more glands at the petiole base;* ***flowers*** *in oblong spikes, yellow, 2–4 cm long, very dense, flowers numerous and crowded;* ***fruit*** *a legume, slightly compressed, 3–6 cm long, 1 cm wide, curved, dehiscent, dark reddish brown when mature.*
HABITAT: Brushy plains, hillsides, open forests, moist or wet thickets, or in lowland thickets; 300 meters or less.
NOTES: This tree and its associated ant colony is an example of mutualism: the tree gains stinging ants that defend it from browsing animals and remove competing vegetation, while the ants are provided shelter, nectar and food. Flowering from January to September; fruiting from November to June.

Español: **Caliandra Roja**
English: Red Powder Puff

DISTRIBUCIÓN: Originaria de Bolivia; cultivada en muchas partes del mundo como ornamental, sobre todo en América tropical. **Guatemala**, **Sacatepéquez**, **Sololá**, posiblemente en cada parque central del país.

❧ *Árboles pequeños y arbustos, hasta 5 metros de alto, perennifolios, con poca ramificación, extensión amplia y muchos troncos;* ***hojas*** *alternas, hasta 14 cm de largo, 2-pinnado-compuestas, con solo 2 pinnas, 5–8 pares de folíolos por pinna, cada folíolo 1.5–3 (–8) cm de largo;* ***flores*** *en cabezuelas esféricas, cerca de 7.5 cm de ancho, con estambres largos, normalmente rojas o color rosado oscuro;* ***fruto*** *una vaina coriácea plana, al secarse se pone dura y de color café, rajándose cuando madura.*

HÁBITAT: Jardines y parques.

USOS: Ornamental muy popular.

NOTAS: Las hojas se pliegan y se cierran por la noche. Las flores de caliandra roja son atractivas para mariposas y colibríes, y tienden a florecer durante todo el año.

DISTRIBUTION: Native to Bolivia; cultivated in many parts of the world as an ornamental, especially in tropical America. **Guatemala**, **Sacatepéquez**, **Sololá**, possibly in every central park in the country.

❧ *Small trees and shrubs, to 5 meters tall, evergreen, low branching, wide spreading and with many trunks;* ***leaves*** *alternate, up to 14 cm long, 2-pinnately compound, with just 2 pinnae, 5–8 pairs of leaflets per pinna, each leaflet 1.5–3 (–8) cm long;* ***flowers*** *in spherical heads, about 7.5 cm wide, with long stamens, normally red or dark pink;* ***fruit*** *a flat leathery pod, drying hard and brown, splitting open when mature.*

HABITAT: Gardens and parks.

USES: A very popular ornamental.

NOTES: The leaves fold up and close at night. The red powder puff flowers are attractive to butterflies and hummingbirds, and tend to bloom throughout the year.

Español: **Cabello de Ángel, Canilla, Vainillo, Barba Sol**
English: Angel's Hair, Red Calliandra
Sinonimo: *Calliandra calothyrsus*

DISTRIBUCIÓN: **Alta Verapaz, Baja Verapaz, El Progreso, Escuintla, Guatemala, Huehuetenango, Izabal, Petén, Quetzaltenango, Retalhuleu, Sacatepéquez, Santa Rosa, Sololá, Suchitepéquez**. México; Guatemala; Belice; El Salvador; Honduras; Nicaragua; Costa Rica; Panamá.

❧ *Árboles pequeños, hasta 6 metros de alto, escasamente ramificados, ramas jóvenes y hojas con pelos rojizos, sin pelos con la edad;* ***hojas*** *2-pinnadas, pinnas unos 15 pares, folíolos por lo general 25–30 pares, lineales;* ***flores*** *en una inflorescencia terminal consiste de un grupo corto o alargado con pocas o numerosas cabezuelas florales, cáliz 1.5–2 mm de largo, corola 5–6 mm de largo, verde, lobulada, estambres color rojo-púrpura, 4 cm de largo, numerosos;* ***fruto*** *una legumbre, por lo general 8–11 cm de largo, 12 mm de ancho, base largo-atenuada, parduzca, con márgenes engrosados.*

HÁBITAT: Matorrales secos a húmedos, a menudo en pendientes abiertas y empinadas; 300–1,800 metros.

USOS: Se planta como un árbol multiuso en otras partes del mundo (especialmente en Indonesia), para leña, forraje, estabilización de suelos, mejoramiento de suelo, miel y goma laca.

NOTAS: Este pequeño árbol es llamativo cuando está en flor, con cabezuelas florales grandes y numerosos estambres largos color rojo-púrpura.

DISTRIBUTION: **Alta Verapaz, Baja Verapaz, El Progreso, Escuintla, Guatemala, Izabal, Quetzaltenango, Retalhuleu, Sacatepéquez, Santa Rosa, Sololá, Suchitepéquez**. Mexico; Guatemala; Belize; El Salvador; Honduras; Nicaragua; Costa Rica; Panama.

❧ *Small trees, to 6 meters tall, sparsely branched, young branches and leaves with rusty hairs, hairless with age;* ***leaves*** *2-pinnate, pinnae about 15 pairs, leaflets commonly 25–30 pairs, linear;* ***flowers*** *in a terminal inflorescence, consisting of a short or elongate group of few or numerous flowerheads, calyx 1.5–2 mm long, corolla 5–6 mm long, green, lobed, stamens purple-red, 4 cm long, numerous;* ***fruit*** *a legume, commonly 8–11 cm long, 12 mm wide, base long-attenuate, brownish, with thickened margins.*

HABITAT: Dry to wet thickets, often on steep open slopes; 300–1,800 meters.

USES: Planted as a multipurpose tree in other parts of the world (especially in Indonesia), for fuelwood, fodder, soil stabilization, soil improvement, honey and shellac.

NOTES: This small tree is showy when in flower, with large flowerheads and numerous long purple-red stamens.

Español: **Caliandra Rosado Pálido**
English: Pink Powder Puff, Surinam Powder Puff

DISTRIBUCIÓN: **Guatemala**, **Sacatepéquez**, sin duda se planta en otras partes también. Nativa de Sudamérica; ampliamente cultivada en las regiones tropicales de América Central y del Sur.

❧ *Árboles pequeños o arbustos, hasta 3 metros de alto, normalmente con troncos múltiples, ramificación baja;* ***hojas*** *alternas, 2-pinnado-compuestas, pinnas 1 par, folíolos 8–12 pares por pinna, 11–16 (–25) mm de largo;* ***flores*** *en cabezuelas, fragantes, pétalos unidos en un tubo 6–7 mm de largo, filamentos largos, exsertos, blancos en la base y rojos o rosados en las puntas;* ***fruto*** *una legumbre, coriácea, con los márgenes ligeramente abultados.*

HÁBITAT: Cultivada; parques, jardines y calles.
USOS: Ornamental; setos vivos; bonsái.
NOTAS: Este pequeño árbol es común en parques en todo Centroamérica. A veces se planta en macetas y como bonsái.

DISTRIBUTION: **Guatemala**, **Sacatepéquez**, undoubtedly planted elsewhere too. Native to South America; widely cultivated in the tropical regions of Central and South America.

❧ *Small trees or shrubs, to 3 meters tall, usually with multiple stems, low branching;* ***leaves*** *alternate, 2-pinnately compound, pinnae 1 pair, leaflets 8–12 pairs per pinna, 11–16 (–25) mm long;* ***flowers*** *in heads, fragrant, petals united in a tube 6–7 mm long, filaments long exserted, white at the base and red or pink at the ends;* ***fruit*** *a legume, leathery, with the margins slightly swollen.*

HABITAT: Cultivated; parks, gardens and streets.
USES: Ornamental; hedges; bonsai.
NOTES: This is a common small tree in parks throughout Central America. It is sometimes planted in containers and as a bonsai tree.

Español: **Conacaste**, **Guanacaste** (a veces escrito *Huanacaste*), **Pit** (Petén, Huehuetenango)
English: Elephant's Ear Tree, Ear Pod Tree

DISTRIBUCIÓN: **Alta Verapaz**, **Baja Verapaz**, **Chiquimula**, **El Progreso**, **Escuintla**, **Guatemala**, **Huehuetenango**, **Izabal**, **Jutiapa**, **Petén**, **Retalhuleu**, **San Marcos**, **Santa Rosa**, **Suchitepéquez**, **Zacapa**. México occidental y meridional; Guatemala; Belice; El Salvador; Honduras; Nicaragua; Costa Rica; Panamá; norte de Sudamérica. Se planta en otras partes, lo que incluye Jamaica y Cuba. 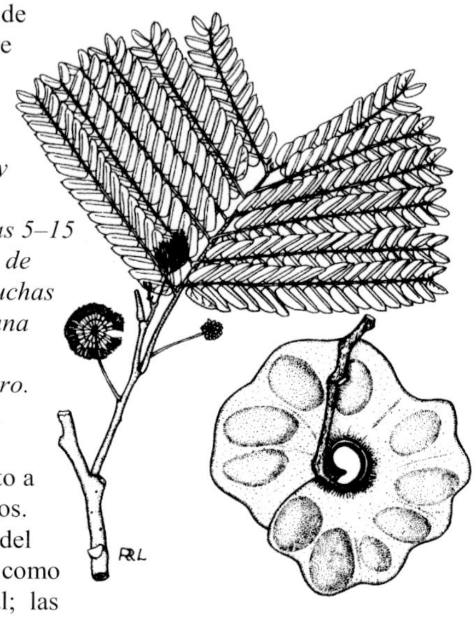
❧ *Árboles muy grandes, caducifolios, hasta 30 metros de alto, tronco grueso, hasta 3 metros de diámetro, a menudo con contrafuertes, copa ancha y extendida;* ***hojas*** *alternas, 2-pinnado-compuestas, pecíolo por lo general con una glándula sésil, pinnas 5–15 pares, folíolos 20–30 pares, generalmente 8–15 mm de largo;* ***flores*** *en densas cabezuelas globosas con muchas flores, 1–1.5 cm de diámetro, blanquecinas;* ***fruto*** *una legumbre, 3–4 cm de ancho, café oscura, lustrosa, curvada hasta formar un círculo 8–10 cm de diámetro.*
HÁBITAT: Común en las llanuras del Pacífico, en bosques o pastizales, también abundante en la parte inferior del valle de Motagua, en laderas secas o junto a los arroyos; principalmente hasta 300 metros o menos.
USOS: Sombra; forraje (hojas y vainas); la pulpa del fruto se utiliza como un sustituto del jabón, también como alimento en caso de hambruna; la goma es medicinal; las semillas se utilizan en alhajas; la madera se utiliza para construcción y trabajos de acabado, leña, artículos de madera, canoas.
NOTAS: Es uno de los árboles más grandes de Centroamérica y uno de los más conocidos. A menudo se encuentra en pastizales, donde el ganado se beneficia de la sombra y se alimenta de las hojas y legumbres. Florece y fructifica de enero a julio.

DISTRIBUTION: **Alta Verapaz**, **Baja Verapaz**, **Chiquimula**, **El Progreso**, **Escuintla**, **Guatemala**, **Huehuetenango**, **Izabal**, **Jutiapa**, **Petén**, **Retalhuleu**, **San Marcos**, **Santa Rosa**, **Suchitepéquez**, **Zacapa**. Western and southern Mexico; Guatemala; Belize; El Salvador; Honduras; Nicaragua; Costa Rica; Panama; northern South America. Planted elsewhere, including Jamaica and Cuba.
❧ *Very large trees, deciduous, to 30 meters tall, trunk thick, to 3 meters in diameter, often with buttresses, crown wide, spreading;* ***leaves*** *alternate, 2-pinnately compound, petiole usually with a sessile gland, pinnae 5–15 pairs, leaflets 20–30 pairs, mostly 8–15 mm long;* ***flowers*** *in dense globose heads, many-flowered, 1–1.5 cm in diameter, whitish;* ***fruit*** *a legume, 3–4 cm wide, dark brown, very lustrous, curved to form a circle 8–10 cm in diameter.*
HABITAT: Common on the Pacific plains, in forests or pastures, also plentiful in the lower Motagua Valley, on dry hillsides or along streams; mainly to 300 meters or less.
USES: Shade; fodder (leaves and pods); fruit pulp used as a soap substitute, also as famine food; gum a medicinal; seeds in jewelry; wood in construction and finishing work, fuel, wooden articles, dugout canoes.
NOTES: This is one of the largest trees in Central America and one of the best known. It often is found in cattle pastures, where livestock benefit from the shade and consume the leaves and legumes. Flowering and fruiting from January to July.

Español: **Guamo** (Izabal)
English: River Koko
Otros: **Cuje** (Zacapa), **Cuajinicuil**, **Cujinicuil**, **Cojinicuil**, **Shalúm**, **Chalúm**, **Abitz** (Petén, Maya), **Cushe**
Sinónimo: *Inga edulis*

DISTRIBUCIÓN: **Alta Verapaz**, **Chiquimula**, **Escuintla**, **Guatemala**, **Huehuetenango**, **Izabal**, **Jalapa**, **Jutiapa**, **Petén**, **Quetzaltenango**, **Retalhuleu**, **Santa Rosa**, **Suchitepéquez**, **Zacapa**. México; Guatemala; Belice; El Salvador; Honduras; Nicaragua; Costa Rica; Panamá; norte de Sudamérica.

❧ *Árboles, hasta 15 metros de alto, ramitas con pelos grises o leonados; **hojas** pinnadas, tallo muy corto o casi nulo, raquis de la hoja alado, con glándulas orbiculares, sésiles, grandes, llamativas, folíolos 5–7 pares, casi sésiles, 5–15 cm de largo, 1–8 cm de ancho, algo brillantes por encima, densas y suavemente pubescentes por debajo, o rara vez glabrescentes; **flores** en una espiga axilar, 2–4 cm de largo, densa y con pocas o muchas flores, estambres blancos, largos y filiformes, marchitan con rapidez; **fruto** una legumbre, algo cuadrada, aterciopelada de color café, 5–30 cm de largo, 1–1.5 cm de ancho, márgenes muy engrosados, acanalados; pocas semillas, rodeadas de una pulpa comestible blanca y dulce.*

HÁBITAT: Bosques húmedos a mojados o secos, a veces en pantanos arbolados o en campos abiertos, frecuente en las orillas de arroyos, a veces se planta en patios o jardines; 1,600 metros o menos (con mayor frecuencia a 900 metros o menos).

USOS: La pulpa que rodea las semillas es comestible; sombra para café; leña; ornamental.

NOTAS: La albura es de color blanco cremoso, el duramen es café pálido, a menudo con un matiz rosado después de la exposición.

DISTRIBUTION: **Alta Verapaz**, **Chiquimula**, **Escuintla**, **Guatemala**, **Huehuetenango**, **Izabal**, **Jalapa**, **Jutiapa**, **Petén**, **Quetzaltenango**, **Retalhuleu**, **Santa Rosa**, **Suchitepéquez**, **Zacapa**. Mexico; Guatemala; Belize; El Salvador; Honduras; Nicaragua; Costa Rica; Panama; northern South America.

❧ *Trees, to 15 meters tall, twigs with grayish or tawny hairs; **leaves** pinnate, stalk very short or almost none, leaf rachis winged, with glands that are orbicular, sessile, large, conspicuous, leaflets 5–7 pairs, almost sessile, 5–15 cm long, 1–8 cm wide, somewhat lustrous above, densely and softly pubescent beneath, or rarely glabrate; **flowers** in an axillary spike, solitary or mostly paired, 2–4 cm long, dense and few- to many-flowered, stamens white, long and thread-like, soon wilting; **fruit** a legume, somewhat 4-sided, velvety brown, 5–30 cm long, 1–1.5 cm wide, margins very thickened, ribbed; seeds few, surrounded by a white sweetish edible pulp.*

HABITAT: Moist to wet or dry forests, sometimes in wooded swamps or in open fields, frequent along stream banks, sometimes planted in courtyards or gardens; 1,600 meters or less (more frequently at 900 meters or less).

USES: The pulp surrounding the seeds is edible; coffee shade; fuelwood; ornamental.

NOTES: The sapwood is described as creamy white, heartwood pale brown, often with a pinkish tinge after exposure.

Español: **Zárate, Leucaena**
English: Ipil Ipil, White Leadtree, Wild Tamarind

DISTRIBUCIÓN: **El Progreso, Huehuetenango, Izabal, Petén, Quetzaltenango**, posiblemente en todos los otros departamentos también. México; Guatemala; Belice; El Salvador; Honduras; Nicaragua; Costa Rica; Panamá. Ampliamente plantado en los trópicos alrededor del mundo.

❧ *Árboles o arbustos, hasta 12 metros de alto;* ***hojas*** *alternas, 2-pinnado-compuestas, pinnas 4–8 pares, 7–9 cm de largo, folíolos 17–18 pares, 11–20 mm de largo, con una glándula aplanada y cóncava entre el primer par de pinnas;* ***flores*** *en una cabezuela 2.5 cm de diámetro, estambres casi 10 mm de largo;* ***fruto*** *una legumbre, 10–20 cm de largo, aplanada, en grupos, verde, después color café rojizo oscuro.*

HÁBITAT: Bosques secos y húmedos, matorrales; cultivado o silvestre; 1,400 metros o menos.

USOS: Un árbol multiuso bien conocido, de crecimiento rápido y utilizado en sistemas agroforestales, que ofrece forraje, mantillo, estiércol verde, madera de construcción, postes, maderos, leña, sombra; fija el nitrógeno al suelo.

NOTAS: Florece y fructifica durante todo el año.

DISTRIBUTION: **El Progreso, Huehuetenango, Izabal, Petén, Quetzaltenango**, possibly all other departments too. Mexico; Guatemala; Belize; El Salvador; Honduras; Nicaragua; Costa Rica; Panama. Widely planted around the world in the tropics.

❧ *Trees or shrubs, to 12 meters tall;* ***leaves*** *alternate, 2-pinnately compound, pinnae 4–8 pairs, 7–9 cm long, leaflets 17–18 pairs, 11–20 mm long, with a flat, concave gland between the first pair of pinnae;* ***flowers*** *in a head, 2.5 cm in diameter, stamens almost 10 mm long;* ***fruit*** *a legume, 10–20 cm long, flat, grouped in clusters, green, later dark reddish brown.*

HABITAT: Dry and moist forests, thickets; cultivated or wild; 1,400 meters or less.

USES: A well-known multipurpose tree, fast-growing and used in agroforestry systems, producing fodder, mulch, green manure, wood, poles, timber, fuel, shade; fixes nitrogen in the soil.

NOTES: Flowering and fruiting throughout the year.

Español: **Jaguay, Shahuay, Madre de Flecha**
English: Blackbead, Ape's Earring (United States); Guamuchil, Manila Tamarind, Madras Thorn; Bread-and-cheese (Guyana)

DISTRIBUCIÓN: **Baja Verapaz, Chiquimula, El Progreso, Escuintla, Huehuetenango, Quiché, Retalhuleu, San Marcos, Santa Rosa, Suchitepéquez, Zacapa**. México; Guatemala; Honduras; El Salvador; Nicaragua; Panamá; Sudamérica; las Antillas; naturalizado en el paleotrópico.
❧ *Árboles o arbustos, hasta 12 metros de alto, a veces más, florecen cuando jóvenes, copa generalmente ancha, extendida o redondeada, tronco a menudo torcido, ramas armadas con espinas cortas, robustas, afiladas;* ***hojas*** *alternas, 2-pinnado-compuestas, pecíolo con una glándula orbicular en el ápice, folíolos 4 (2 pares), 3–7 cm de largo;* ***flores*** *en cabezuelas, 2–3 cm de diámetro, blancas o rosadas, con estambres verde-amarillos;* ***fruto*** *una legumbre, se tuerce en forma de espiral, 8–12 mm de ancho, verde tornándose roja; semillas negras, lustrosas, grandes, con un arilo blanco y dulce.*
HÁBITAT: Matorrales secos, bosques caducifolios, a menudo en riberas de ríos y cerca de manglares; común; 0–500 metros.
USOS: Sombra; la madera con frecuencia se utiliza para la construcción en general, postes de vallas y leña; la corteza proporciona un tinte amarillo y también se utiliza para curtir cuero; producción de miel; las vainas y hojas son alimento para el ganado; los arilos se utilizan para hacer bebidas; la goma del tronco produce un mucílago; setos.
NOTAS: Este árbol resiste la sequía y el calor mejor que la mayoría. Florece en agosto y de noviembre a abril; fructifica de abril a septiembre.

DISTRIBUTION: **Baja Verapaz, Chiquimula, El Progreso, Escuintla, Huehuetenango, Quiché, Retalhuleu, San Marcos, Santa Rosa, Suchitepéquez, Zacapa**. Mexico; Guatemala; Honduras; El Salvador; Nicaragua; Panama; South America; West Indies; naturalized in the Paleotropics.
❧ *Trees or shrubs, to 12 meters tall, sometimes more, flowering when young, crown generally wide, spreading or rounded, trunk often crooked, branches armed with short, stout, sharp spines;* ***leaves*** *alternate, 2-pinnately compound, petiole with an orbicular gland at apex, leaflets 4 (2 pairs), 3–7 cm long;* ***flowers*** *in heads, 2–3 cm in diameter, white or pinkish, with yellow-green stamens;* ***fruit*** *a legume, spirally twisted, 8–12 mm wide, green turning red; seeds black, shiny, large, with a sweet white aril.*
HABITAT: Dry thickets, deciduous forests, often on river banks and close to mangroves; common; 0–500 meters.
USES: Shade; wood is commonly used for general construction, fence posts and fuel; the bark yields a yellow dye and is also used for tanning skins; honey production; the pods and leaves are eaten by livestock; the arils are used to make beverages; gum from trunk makes a mucilage; hedges.
NOTES: This tree withstands drought and heat better than most. Flowering in August and November to April; fruiting from April to September.

Español: **Nacasol**, **Nacasolote** (Zacapa)
English: Mesquite

DISTRIBUCIÓN: **El Progreso**, **Retalhuleu**, **San Marcos**, **Zacapa**, es probable que se encuentre en todos los departamentos de la costa del Pacífico. Sudoeste de los Estados Unidos; México; Guatemala; El Salvador; Honduras; Nicaragua; Costa Rica; Panamá; norte de Sudamérica; las Antillas.

❧ *Árboles espinosos pequeños, hasta 7 metros de alto, copa extendida, ramas armadas con espinas robustas y rectas 1–4 cm de largo;* ***hojas*** *alternas, 2-pinnado-compuestas, pinnas 1–3 pares, folíolos 1–2 cm de largo;* ***flores*** *de color amarillo verdoso, fragantes, en espigas densas, 5–10 cm de largo, estambres 4–5 mm de largo;* ***fruto*** *una legumbre, lineal a ligeramente curvada, 15–22 cm de largo, verde tornándose dorada.*

HÁBITAT: Cerros y llanuras secas en la región inferior del valle de Motagua, dunas, manglares, matorrales espinosos, bosques caducifolios, riberas de ríos; frecuente en la zona del Pacífico; 0–100 (–500) metros.

USOS: La madera se utiliza para leña, postes de vallas, en la construcción pequeña y es adecuada como carbón vegetal; la comida dulce de las vainas fue una fuente de alimento para los indígenas americanos; las vainas son consumidas por el ganado y la vida silvestre; las flores fragantes producen una miel de buena calidad; en México la corteza se utiliza para curtir cuero y la savia como goma arábiga.

NOTAS: Es un árbol de crecimiento rápido que fija el nitrógeno. Se siembra en algunas zonas secas del mundo para la producción de leña y en otras partes se considera una maleza. Florece de agosto a noviembre; fructifica de enero a mayo, octubre.

DISTRIBUTION: **El Progreso**, **Retalhuleu**, **San Marcos**, **Zacapa**, likely found in all Pacific coast departments. Southwestern United States; Mexico; Guatemala; El Salvador; Honduras; Nicaragua; Costa Rica; Panama; northern South America; West Indies.

❧ *Small thorny trees, to 7 meters tall, crown spreading, branches armed with stout straight spines 1–4 cm long;* ***leaves*** *alternate, 2-pinnately compound, pinnae 1–3 pairs, leaflets 1–2 cm long;* ***flowers*** *greenish yellow, fragrant, in dense spikes, 5–10 cm long, stamens 4–5 mm long;* ***fruit*** *a legume, linear to slightly curved, 15–22 cm long, green turning golden.*

HABITAT: Dry hills and plains of lower Motagua Valley, sand dunes, mangroves, thorny thickets, deciduous forests, river banks; common in the Pacific zone; 0–100 (–500) meters.

USES: The wood is used for fuel, fence posts, minor construction and is suitable for charcoal; the sweet meal in the pods was a food source for Native Americans; pods are eaten by livestock and wildlife; the fragrant flowers provide a good quality honey; in Mexico the bark is employed in tanning and the sap used as gum arabic.

NOTES: This is a fast-growing, nitrogen-fixing tree. It is planted in some dry areas of the world for fuelwood production, and elsewhere it is considered a serious weed. Flowering from August to November; in fruit from January to May, October.

Español: **Cenízaro**, **Cenícero**, **Algarrobo** (Petén)
English: Rain Tree, Cow Tamarind, French Tamarind, Monkeypod, Saman, Sirisa
Sinónimos: *Albizia saman*, *Pithecellobium saman*

DISTRIBUCIÓN: **Escuintla**, **Izabal**, **Jutiapa**, **Petén**, **Retalhuleu**, **Santa Rosa**, **Suchitepéquez**, sin duda también en todos los departamentos de la costa del Pacífico. México; Guatemala; Belice; El Salvador; Honduras; Nicaragua; Costa Rica; Panamá; Sudamérica; plantado y naturalizado en otras partes.

❧ *Árboles grandes, hasta 30 metros de alto, a veces caducifolios, con copa ancha, densa, extendida, tronco normalmente corto y muy grueso;* ***hojas*** *grandes, alternas, 2-pinnado-compuestas, pinnas 2–6 pares, una glándula orbicular pequeña presente en el raquis entre cada par, folíolos 2–8 pares, 2–4 cm de largo, asimétricos, lustrosos por arriba;* ***flores*** *en umbelas densas, blancas o rosadas, estambres 4–5 cm de largo, a menudo algo rosados;* ***fruto*** *una legumbre comprimida, lineal, recta o ligeramente curvada, 10–20 cm de largo, corto-rostrada, valvas bastante gruesas; semillas 5–8 mm de largo.*

HÁBITAT: Bosques secos a húmedos, principalmente en llanos, a menudo en crecimiento secundario o pastizales; 500 metros o menos.

USOS: Las hojas y vainas caídas proporcionan forraje para el ganado; sombra en pastizales; ornamental; madera; ruedas de carreta; las semillas se utilizan en alhajas; se utilizaba en sistemas agroforestales en el Viejo Mundo.

NOTAS: El árbol es bien conocido a lo largo de las tierras bajas de Centroamérica y abundante en muchas regiones. El nombre *rain tree* en inglés se refiere a que los folíolos se doblan juntos en tiempos nublosos o lluviosos, y también por la noche. Florece de marzo a junio; fructifica de diciembre a febrero.

DISTRIBUTION: **Escuintla**, **Izabal**, **Jutiapa**, **Petén**, **Retalhuleu**, **Santa Rosa**, **Suchitepéquez**, without doubt in all Pacific coast departments too. Mexico; Guatemala; Belize; El Salvador; Honduras; Nicaragua; Costa Rica; Panama; South America; planted and naturalized elsewhere.

❧ *Large trees, to 30 meters tall, sometimes deciduous, with a wide, dense, spreading crown, trunk usually short and very thick;* ***leaves*** *large, alternate, 2-pinnately compound, pinnae 2–6 pairs, a small orbicular gland present on rachis between each pair, leaflets 2–8 pairs, 2–4 cm long, asymmetric, lustrous above;* ***flowers*** *in dense umbels, white or pink, stamens 4–5 cm long, often pinkish;* ***fruit*** *a compressed legume, linear, straight or slightly curved, 10–20 cm long, short-rostrate, valves fairly thick; seeds 5–8 mm long.*

HABITAT: Dry to wet forests, chiefly on plains, often in second growth or in pastures; 500 meters or less.

USES: Fallen leaves and pods provide livestock fodder; pasture shade; ornamental; wood; oxcart wheels; seeds in jewelry; used in agroforestry systems in the Old World.

NOTES: The tree is well known throughout the lowlands of Central America and abundant in many regions. The name "rain tree" refers to the leaflets folding together in cloudy or rainy weather, and also at night. Flowering from March to June; fruiting from December to February.

Español: **Alberja**, **Alverja**, **Arbeja**, **Chicharo** (Petén), **Gandul**, **Cachito**, **Frijol Chino**, **Frijol Japonés**

English: Pigeon Pea

DISTRIBUCIÓN: **Escuintla**, **Guatemala**, **Petén**, sin duda también se planta en otros departamentos. Nativa del paleotrópico, quizás de Asia tropical; cultivada por sus semillas en muchas regiones tropicales y a menudo naturalizada en América tropical.

❧ *Árboles pequeños o arbustos, hasta 3 metros de alto, rígidamente erguidos, ramificados, leñosos por abajo;* ***hojas*** *alternas, pinnado-compuestas, folíolos 4–9 cm de largo, pálidos, aterciopelados por debajo, visiblemente nervados;* ***flores*** *más o menos 2 cm de largo, pétalos amarillos, estandarte a menudo purpúreo por fuera;* ***fruto*** *una legumbre, 5–8 cm de largo, largo-rostrada; con aproximadamente 5 semillas, 7–8 mm de largo, grises o parduscas.*

HÁBITAT: Cultivada por lo general en Guatemala y con frecuencia más o menos naturalizada en setos y matorrales; hasta 1,500 metros.

USOS: Se trata de una planta alimenticia importante en algunas partes del mundo; en la India, según se informa, ocupa el tercer lugar entre las plantas leguminosas cultivadas para alimento. Las semillas se comen cocidas cuando frescas y las semillas secas se venden en los mercados. Este pequeño árbol se cultiva en cafetales para proporcionar sombra a los arbustos jóvenes mientras los árboles más grandes se establecen.

NOTAS: En Centroamérica las semillas tienen menor importancia como alimento. Las plantas dan fruto durante varios años y producen semillas constantemente una vez establecidas.

DISTRIBUTION: **Escuintla**, **Guatemala**, **Petén**, undoubtedly also planted in other departments. Native to the Paleotropics, perhaps of tropical Asia; cultivated for its seeds in most tropical regions, and often naturalized in tropical America.

❧ *Small trees or shrubs, to 3 meters tall, stiffly erect, branched, woody below;* ***leaves*** *alternate, pinnately compound, leaflets 4–9 cm long, pale, velvety beneath, conspicuously nerved;* ***flowers*** *about 2 cm long, petals yellow, standard often purplish on the outside;* ***fruit*** *a legume, 5–8 cm long, long-rostrate; containing about 5 seeds, 7–8 mm long, gray or brownish.*

HABITAT: Grown commonly in Guatemala, and often more or less naturalized in hedges and thickets; up to 1,500 meters.

USES: This is an important food plant in some parts of the world; in India it is reportedly ranked third among leguminous plants grown for food. The seeds are eaten cooked when fresh, and dry beans are sold in markets. This small tree is grown as shade for young coffee bushes until larger shade trees become established.

NOTES: In Central America the beans are of minor importance as food. The plants bear fruit for several years, producing seeds constantly once established.

Español: **Pito**, **Miche**, **Coralillo**, **Machetillos** (flores)
English: Coralbean, Pito Coral Tree
Otros: **Tzinté** (Cobán, Q'eqchi'), **Tzite** (Quiché)

DISTRIBUCIÓN: **Alta Verapaz**, **Chimaltenango**, **Chiquimula**, **Escuintla**, **Guatemala**, **Huehuetenango**, **Jutiapa**, **Petén**, **Quetzaltenango**, **Retalhuleu**, **Santa Rosa**, **Sololá**, **Zacapa**. Sur de México; Guatemala; Belice; El Salvador; Honduras; Nicaragua; Costa Rica; Panamá; Colombia; las Antillas.

❧ *Árboles, hasta 10 metros de alto, armados con muchas espinas robustas;* ***hojas*** *alternas, divididas en 3 hojuelas, 5–15 cm de largo, pálidas por debajo;* ***flores*** *en grupos terminales no ramificados, cáliz algo coriáceo, tubular, 1.5–2.5 cm de largo, pétalos de color rojo claro u oscuro, el pétalo más largo 5.5–9.5 cm de largo, generalmente curvado;* ***fruto*** *una vaina leñosa, 11–28 cm de largo, 1.5 cm de ancho, profundamente constreñida entre las semillas, a menudo mucho más retorcida en la madurez; semillas 1 cm de largo, color escarlata, con una línea negra corta.*

HÁBITAT: Matorrales o bosques poco densos, húmedos a secos, abundante en setos y cercas; 2,000 metros o menos (más común a 1,000 metros o menos).

USOS: Cercas vivas, marcadores de límites terrenales; las hojas jóvenes, ramitas, brotes y capullos se consumen como verdura (hervida en dos aguas); las semillas de esta y otras especies similares se utilizan para pulseras y collares (contienen alcaloides venenosos); las ramas se trituran para veneno de peces, narcótico; se piensa que colocar las hojas debajo de una almohada induce el sueño; de la corteza se obtiene un tinte amarillo para la industria textil; la madera se utiliza a nivel local como sustituto de corcho, imágenes de santos, pequeños juguetes tallados; curanderos en Quiché utilizan las semillas para producir hechizos; las flores como pitos.

NOTAS: La madera es liviana, blanda. Este árbol parece ser la especie más común de *Erythrina* en Guatemala.

DISTRIBUTION: **Alta Verapaz**, **Chimaltenango**, **Chiquimula**, **Escuintla**, **Guatemala**, **Huehuetenango**, **Jutiapa**, **Petén**, **Quetzaltenango**, **Retalhuleu**, **Santa Rosa**, **Sololá**, **Zacapa**. Southern Mexico; Guatemala; Belize; El Salvador; Honduras; Nicaragua; Costa Rica; Panama; Colombia; West Indies.

❧ *Trees, to 10 meters tall, armed with many stout spines;* ***leaves*** *alternate, divided into 3 leaflets, 5–15 cm long, pale beneath;* ***flowers*** *in terminal unbranched groups, calyx somewhat leathery, tubular, 1.5–2.5 cm long, petals pale or deep red, the longest petal 5.5–9.5 cm long, usually curved;* ***fruit*** *a woody pod, 11–28 cm long, 1.5 cm wide, deeply constricted between seeds, often much twisted at maturity; seeds 1 cm long, scarlet, with a short black line.*

HABITAT: Wet to dry thickets or thin forests, abundant in hedges and fence rows; 2,000 meters or less (most common at 1,000 meters or less).

USES: Living fence posts, land boundary markers; young leaves, branchlets, buds and unopened flowers are consumed as a vegetable (boiled in two waters); seeds of this and related species used for bracelets and necklaces (containing poisonous alkaloids); crushed branches as a fish poison, narcotic; leaves under a pillow thought to induce sleep; bark yields a yellow textile dye; wood used locally as a substitute for cork, carved images of saints, small toys; medicine men in Quiché use seeds to produce spells; flowers as whistles.

NOTES: The wood is lightweight, soft. This tree seems to be the most common species of *Erythrina* in Guatemala.

Español: **Palo de Pito**
English: Swamp Immortelle

DISTRIBUCIÓN: **Escuintla**, **Izabal**, **Jutiapa**, **Suchitepéquez**. Guatemala; Belice; El Salvador; Honduras; Nicaragua; Costa Rica; Panamá; hacia el sur hasta la cuenca amazónica; las Antillas.

❧ *Árboles medianos a grandes, copa extendida, tronco corto, con espinas cortas y gruesas;* ***hojas*** *alternas, 3-folioladas, folíolos coriáceos, 8–15 cm de largo, ápice normalmente redondeado, pálidas por debajo;* ***flores*** *con el cáliz anchamente acampanado, asimétricas, pubescentes, estandarte anaranjado, 4.7–6.5 cm de largo, 3.5–5.8 cm de ancho, ápice escotado, alas 22–33 mm de largo;* ***fruto*** *una legumbre leñosa, 14–33 cm de largo, ligeramente constreñida entre las semillas; semillas 12–18 mm de largo, opacas, café oscuras a negruzcas, con marcas negras.*

HÁBITAT: Bosques húmedos, orillas de lagos y estuarios en bosques secos, en ocasiones forma rodales puros en humedales estacionales; 0–1,000 metros.

USOS: Se planta para ornamento y sombra; en el sur de Centroamérica y Sudamérica, se usa para sombra en cafetales.

NOTAS: Este árbol es muy llamativo cuando está cubierto de flores grandes de color anaranjado brillante. Los folíolos se ponen en posición vertical al anochecer. Florece de enero a febrero; fructifica de febrero a abril.

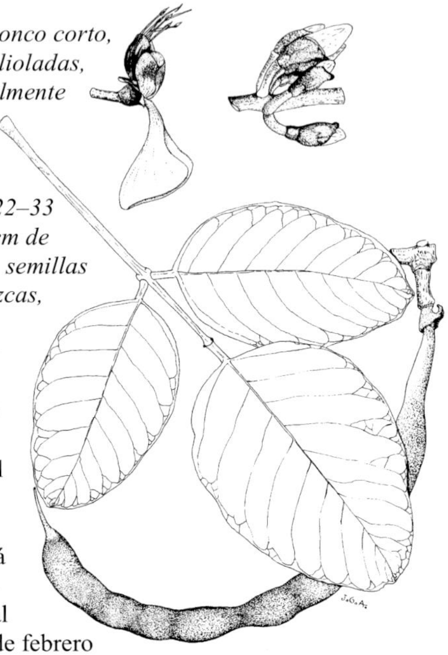

DISTRIBUTION: **Escuintla**, **Izabal**, **Jutiapa**, **Suchitepéquez**. Guatemala; Belize; El Salvador; Honduras; Nicaragua; Costa Rica; Panama; southward to the Amazon Basin; West Indies.

❧ *Medium to large trees, crown spreading, trunk short, with short thick spines;* ***leaves*** *alternate, 3-foliolate, leaflets leathery, 8–15 cm long, apex usually rounded, pale beneath;* ***flowers*** *with the calyx widely bell-shaped, asymmetric, pubescent, the standard orange, 4.7–6.5 cm long, 3.5–5.8 cm wide, apex emarginate, wings 22–33 mm long;* ***fruit*** *a woody legume, 14–33 cm long, slightly constricted between seeds; seeds 12–18 mm long, dull, dark brown to blackish, with black markings.*

HABITAT: Moist forests, lakes and estuary borders in dry forests, occasionally forming pure stands in seasonal wetlands; 0–1,000 meters.

USES: Planted for ornament and shade; in southern Central and South America, it is used as coffee shade.

NOTES: This tree is very showy when covered with large, bright orange flowers. The leaflets move to a vertical position in the evening. Flowering from January to February; fruiting from February to April.

Español: **Pito Extranjero**
English: Mountain Immortelle

DISTRIBUCIÓN: Plantado en Guatemala, quizás más o menos naturalizado en **Alta Verapaz**, **Santa Rosa**, **Suchitepéquez** y sin duda en otros departamentos. Nativo de Panamá y hacia el sur llega hasta Bolivia; a veces se cultiva en Centroamérica y en algunas regiones fue naturalizado, como en Costa Rica y Jamaica.

❧ *Árboles altos, hasta 20 metros o más, caducifolios, con protuberancias en el tronco y espinas en las ramas;* ***hojas*** *alternas, 3-folioladas, con estípulas parecidas a copas en la base de cada folíolo, folíolos 9–20 cm de largo;* ***flores*** *4–5 cm de largo, estandarte anaranjado brillante;* ***fruto*** *una legumbre, 13–25 cm de largo, no constreñida entre las semillas; semillas 10–17 mm de largo, café oscuras.*

HÁBITAT: Fue introducido, se cultiva como árbol de sombra en cafetales; 500–1,300 metros.

USOS: Este árbol se ha plantado en Centroamérica para sombra en cacaotales y cafetales; medicinal; insecticida; cercas vivas. Proporciona madera blanda y liviana.

NOTAS: Los árboles ofrecen una vista espectacular cuando florecen, con abundantes flores anaranjadas; florecen de diciembre a marzo.

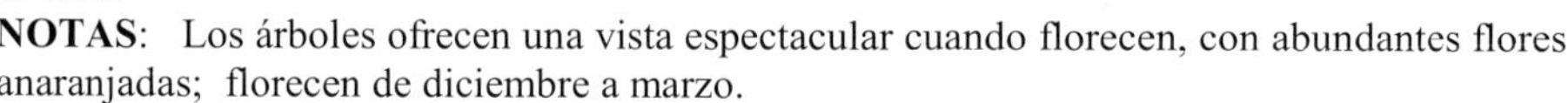

DISTRIBUTION: Planted in Guatemala, perhaps more or less naturalized in **Alta Verapaz**, **Santa Rosa**, **Suchitepéquez**, and doubtless in other departments. Native of Panama and southward to Bolivia; sometimes cultivated in Central America and in some regions naturalized, as in Costa Rica and Jamaica.

❧ *Tall trees, to 20 meters or more, deciduous, with protuberances on the trunk and prickles on the branches;* ***leaves*** *alternate, 3-foliolate, with cup-like stipules at base of each leaflet, leaflets 9–20 cm long;* ***flowers*** *4–5 cm long, the standard bright orange;* ***fruit*** *a legume, 13–25 cm long, not constricted between seeds; seeds 10–17 mm long, coffee-colored.*

HABITAT: Introduced, cultivated as a shade tree in coffee plantations; 500–1,300 meters.

USES: This tree has been planted in Central America for shade in cacao and coffee plantations; medicinal; insecticide; live fences. It produces soft, lightweight wood.

NOTES: The trees are a spectacular sight in bloom, with abundant orange flowers; flowering from December to March.

Español: **Elequeme Extranjero, Esqueleto**
English: Indian Coral Tree, Tiger Claw

DISTRIBUCIÓN: Ampliamente plantado en Guatemala, pero los botánicos no lo recolectan con frecuencia. El elequeme tiene una distribución natural muy amplia, desde Asia tropical hasta África Oriental tropical.

❧ *Árboles caducifolios, se extienden, hasta 24 metros de alto (aunque a menudo podados más cortos en Guatemala), con muchas ramas robustas armadas con espinas en forma de garra, y púas en los tallos largos de las hojas;* ***hojas*** *alternas, 3-folioladas, 15 cm de largo, amarillas y verdes (en la variedad plantada);* ***flores*** *en grupos terminales densos, a menudo aparecen cuando el árbol está áfilo, de color rojo carmesí, 5–8 cm de largo;* ***fruto*** *una legumbre cilíndrica, constreñida entre las semillas café rojizas.*

HÁBITAT: Jardines, aceras.

USOS: Ornamental.

NOTAS: El árbol crece rápido, propagado por semillas o ramas arraigadas; las plantas pueden florecer en tan solo 3 o 4 años. Muy resistente a la sequía y también a la sal, a menudo se utiliza en paisajes costeros. **Precaución**: al parecer, las semillas de todas las especies de *Erythrina* son venenosas si se ingieren.

DISTRIBUTION: Widely planted in Guatemala, but not often collected by botanists. Indian coral tree has a very large natural distribution, from tropical Asia to tropical East Africa.

❧ *Deciduous trees, spreading, to 24 meters tall (though often pruned shorter in Guatemala), with many stout branches armed with claw-like spines, and prickles on the long leaf stalks;* ***leaves*** *alternate, 3-foliolate, 15 cm long, yellow and green (in the variety often planted);* ***flowers*** *in dense terminal clusters, often appearing while leafless, crimson red, 5–8 cm long;* ***fruit*** *a legume, cylindrical, constricted between the reddish brown seeds.*

HABITAT: Gardens, sidewalks.

USES: Ornamental.

NOTES: Indian coral tree grows quickly, propagated by seeds or from branch cuttings; plants may flower in as little as 3 to 4 years. Very tolerant of drought and also salt, often used in seaside landscapes. **Warning**: the seeds of all *Erythrina* species are reportedly poisonous if ingested.

Español: **Madre Cacao**, **Matasarna**, **Yaité** (Quiché), **Cante** (Petén)
English: Mexican Lilac, Mother of Cacao, Nicaraguan Cocoa Shade, Quickstick
Otro: **Cansim** (Q'eqchi')

DISTRIBUCIÓN: **Alta Verapaz**, **Baja Verapaz**, **Chiquimula**, **Escuintla**, **Guatemala**, **Huehuetenango**, **Izabal**, **Jalapa**, **Jutiapa**, **Petén**, **Quiché**, **Retalhuleu**, **Sacatepéquez**, **San Marcos**, **Santa Rosa**, **Suchitepéquez**, **Zacapa**. México; Guatemala; Belice; El Salvador; Honduras; Nicaragua; Costa Rica; Panamá; norte de Sudamérica; las Antillas; introducido en los trópicos del Viejo Mundo.

❧ *Árboles pequeños a medianos, hasta 12 (–20) metros de alto, inermes;* ***hojas*** *alternas, pinnado-compuestas, deciduas, folíolos 7–17, 3–7 cm de largo, verdes por arriba, con manchas tenues color morado pálido por abajo;* ***flores*** *en grupos, 1.5–2 cm de largo, de color rosado claro vivo a casi blanco, con un centro amarillo;* ***fruto*** *una legumbre, 10–15 cm de largo, aplanada, dehiscente, torcida cuando abierta.*

HÁBITAT: Laderas y matorrales secos a húmedos o en bosques de llanuras, a menudo en pastizales o a lo largo de las carreteras, frecuente en crecimiento secundario o pastizales; 1,600 metros o menos.

USOS: Cercas vivas; árbol de sombra en plantaciones de cacao o café (propagado por ramas cortadas); leña, postes, construcción; las hojas, corteza y semillas (en polvo) se utilizan como veneno para ratas; las hojas sirven de alimento para cabras, ovejas y ganado, pero son tóxicas para caballos; las hojas frescas se utilizan para tratar problemas de la piel; las flores son una fuente de miel, a veces se cocinan y se comen; medicinal; carpintería; ornamental; objeto de estudio como forraje y abono verde en varios países.

NOTAS: Un árbol multiuso que arraiga rápidamente. Florece de diciembre a febrero; fructifica de marzo a abril.

DISTRIBUTION: **Alta Verapaz**, **Baja Verapaz**, **Chiquimula**, **Escuintla**, **Guatemala**, **Huehuetenango**, **Izabal**, **Jalapa**, **Jutiapa**, **Petén**, **Quiché**, **Retalhuleu**, **Sacatepéquez**, **San Marcos**, **Santa Rosa**, **Suchitepéquez**, **Zacapa**. Mexico; Guatemala; Belize; El Salvador; Honduras; Nicaragua; Costa Rica; Panama; northern South America; West Indies; introduced in the Old World tropics.

❧ *Small to medium trees, to 12 (–20) meters tall, unarmed;* ***leaves*** *alternate, pinnately compound, deciduous, leaflets 7–17, 3–7 cm long, green above, with faint, pale purplish blotches beneath;* ***flowers*** *in clusters, 1.5–2 cm long, bright rose-pink to almost white, with a yellow center;* ***fruit*** *a legume, 10–15 cm long, flat, dehiscent, twisted when open.*

HABITAT: Dry to wet hillsides and thickets or in forests on the plains, often in pastures or along roadsides, frequent in second growth or pastures; 1,600 meters or less.

USES: Living fences; shade tree in cacao and coffee plantations (propagated by cut branches); fuelwood, posts, construction; leaves, bark and seeds (in powdered form) are used as rat poison; leaves are fed to goats, sheep and cattle, but are toxic to horses; fresh leaves treat skin problems; flowers a source of honey, at times are cooked and eaten; medicinal; woodworking; ornamental; under study in several countries as forage and green manure.

NOTES: A multipurpose tree with cuttings quick to root. Flowering from December to February; fruiting from March to April.

Español: **Chicharro**, **Encino**
English: Oak

DISTRIBUCIÓN: **Alta Verapaz** (probablemente solo en cultivación), **Baja Verapaz**, **Chimaltenango**, **Escuintla**, **Guatemala** (tal vez solo en cultivación), **Quetzaltenango**, **Quiché**, **Sacatepéquez**, **San Marcos**, **Sololá**. México; Guatemala; Belice; El Salvador; Honduras.
❧ *Árboles medianos o muy grandes, ramitas de color café oscuro;* ***hojas*** *delgadas, membranosas, 8–12 (30) cm de largo, 3–6 (12) cm de ancho, ampliamente lanceoladas, dentadas en los márgenes, cada diente tiene un hilo largo, nervios laterales 10–15 pares;* ***flores*** *masculinas o femeninas, amentos femeninos 5 mm de largo, con 1–2 flores en el ápice;* ***fruto*** *una bellota, grande, solitario, en un tallo aproximadamente 5 mm de largo, caperuza 22–45 mm de ancho, 8–20 mm de alto en la madurez, en forma de platillo a hemisférica, escamas engrosadas y corchosas en la base, bellota 18–40 mm de largo y ancho, al principio aterciopelada pero pronto lisa, alrededor de una cuarta parte incluida en la caperuza.*
HÁBITAT: Generalmente en bosques montañosos, húmedos o mojados, o a menudo se deja en plantaciones cuando se despeja el bosque, con frecuencia visto en los cafetales de la vertiente del Pacífico, a veces se planta en regiones donde no es nativo; 900–2,100 metros.
USOS: Ornamental; las bellotas grandes se utilizan en juegos de niños, como por ejemplo trompos.
NOTAS: Considerado uno de los encinos locales más fáciles de reconocer debido a sus bellotas muy grandes. El árbol es abundante en la bocacosta del Pacífico, donde crece en bosques mixtos densos; muchos de los árboles alcanzan un alto de más de 35 metros, con tronco grueso, a menudo muy alto y limpio. Los árboles parecen crecer más rápido que otros encinos nativos, y a menudo se plantan.

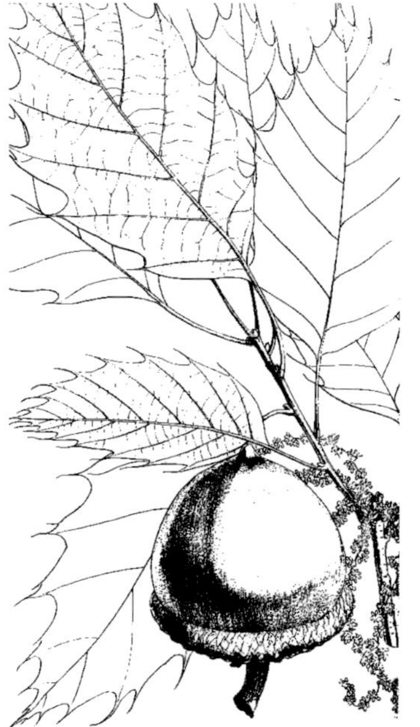

DISTRIBUTION: **Alta Verapaz** (probably only in cultivation), **Baja Verapaz**, **Chimaltenango**, **Escuintla**, **Guatemala** (perhaps only in cultivation), **Quetzaltenango**, **Quiché**, **Sacatepéquez**, **San Marcos**, **Sololá**. Mexico; Guatemala; Belize; El Salvador; Honduras.
❧ *Medium or very large trees, twigs dark reddish brown;* ***leaves*** *thin, membranous, 8–12 (30) cm long, 3–6 (12) cm wide, broadly lanceolate, toothed on the margins, each tooth with a long thread, lateral nerves 10–15 pairs;* ***flowers*** *either male or female, female catkins 5 mm long, 1–2-flowered at apex;* ***fruit*** *an acorn, large, solitary, on a stalk about 5 mm long, cupule 22–45 mm wide, 8–20 mm long at maturity, saucer-shaped to hemispheric, scales thickened and corky at the base, acorn 18–40 mm long and broad, at first with a velvety covering but soon smooth, about one-fourth included in cupule.*
HABITAT: Usually in moist or wet mountain forests, or often left in plantations when forest is cleared, frequently seen in coffee plantations of the Pacific slope, sometimes planted in regions where not native; 900–2,100 meters.
USES: Ornamental; large acorns are used in children's games, including spinning tops.
NOTES: Considered one of the most easily recognizable local oaks due to its very large acorns. The tree is abundant in the Pacific *bocacosta*, where it grows in dense mixed forests; many of the trees reach a height of more than 35 meters, with a thick, often very high and clean trunk. The trees seem to grow more rapidly than other native oaks, and often are planted.

Español: **Ginkgo, Gingo**
English: Maidenhair Tree, Ginkgo

DISTRIBUCIÓN: **Guatemala**, probablemente en otros departamentos. El género *Ginkgo* tiene una especie, nativa de China. *Ginkgo biloba* es rara en la naturaleza, pero es ampliamente cultivado como ornamental.

❧ *Árboles, hasta 40 metros de alto, tronco hasta 4 metros de diámetro (en China), corteza gris clara o marrón-grisácea, fisurada longitudinalmente, copa inicialmente cónica, después ampliamente ovoide, ramillas largas o cortas;* ***hojas*** *en forma de abanico, tallos de las hojas (3–) 5–8 (–10) cm de largo, lámina de color verde pálido, volviéndose amarillo brillante en el otoño, hasta 13 cm de largo, 8 (–15) cm de ancho en los árboles jóvenes, pero por lo general 5–8 cm de ancho, hojas divididas en 2 lóbulos o con un ápice dentado;* ***conos*** *masculinos o femeninos, conos de polen (masculinos) de color marfil, 1.2–2.2 cm de largo, sacos de polen en forma de barco con una abertura ampliamente hendida;* ***semillas*** *algo ovoide, 2.5–3.5 cm de largo, 1.6–2.2 cm de ancho, amarillas o amarillo-naranjadas, glaucas, con olor rancio cuando están maduras.*

HÁBITAT: Jardines, parques, calles.

USOS: Ornamental, importante para sombra, valioso en un entorno urbano, ya que es tolerante a un amplio rango de condiciones de suelo y clima, lo que incluye la contaminación del aire. Sagrado para los budistas y a menudo plantado cerca de los templos. La madera se utiliza para muebles; las hojas y raíces son medicinales y las hojas se utilizan para plaguicidas; semillas comestibles; la corteza produce tanino.

NOTAS: *Ginkgo biloba* y otras especies (extintas) de ginkgo antiguamente estaban muy difundidas en todo el mundo y figuran en el registro fósil (de la era mesozoica). Los árboles masculinos se prefieren para la plantación, ya que la pulpa que cubre las semillas de los árboles femeninos tiene un olor fétido.

DISTRIBUTION: **Guatemala**, likely in other departments. The genus *Ginkgo* has one species, native to China. *Ginkgo biloba* is now rare in the wild, but widely cultivated as an ornamental.

❧ *Trees, to 40 meters tall, trunk to 4 meters in diameter (in China), bark light gray or grayish brown, longitudinally fissured, crown initially conical, later broadly ovoid, twigs long or short;* ***leaves*** *fan-shaped, leaf stalks (3) 5–8 (10) cm long, blade pale green, turning bright yellow in autumn, to 13 cm long, 8 (15) cm wide on young trees, but usually 5–8 cm wide, leaves divided into 2 lobes, or with a notched apex;* ***cones*** *male or female, pollen cones (male) ivory colored, 1.2–2.2 cm long, pollen sacs boat-shaped, with a widely gaping slit;* ***seeds*** *somewhat ovoid, 2.5–3.5 cm long, 1.6–2.2 cm wide, yellow or orange-yellow, glaucous, with rancid odor when ripe.*

HABITAT: Gardens, parks, streets.

USES: Ornamental, important for shade, valuable in an urban setting because it is tolerant to a wide range of soil and climatic conditions, including air pollution. Sacred to Buddhists and often planted near temples. The wood is used for furniture; leaves and roots are medicinal, and the leaves are used for pesticides; seeds edible; the bark yields tannin.

NOTES: *Ginkgo biloba* and other (extinct) species of ginkgo were formerly widespread throughout the world, and are represented in the fossil record (from the Mesozoic era). Male trees are preferred for planting, since the flesh covering the female's seeds has a foul odor.

Español: **Volantín**, **Palo Hediondo**, **Felipón**, **Campón** (Zacapa), **Tregador** (Chiquimula), **Titirillo** (Gualán)
English: Whirly Whirly Tree, Stinkwood, Helicopter Tree

DISTRIBUCIÓN: **Chiquimula**, **El Progreso**, **Escuintla**, **Guatemala**, **Huehuetenango**, **Jutiapa**, **Quiché**, **Retalhuleu**, **Santa Rosa**, **Zacapa**. Sur de México; Guatemala; El Salvador; Nicaragua; Costa Rica; norte de Sudamérica; zona tropical de Asia, África y Australia.
❧ *Árboles pequeños, hasta 15 metros de alto, tronco y ramas gruesas, con corteza bastante lisa, pálida;* ***hojas*** *normalmente en pecíolos muy largos, láminas grandes, anchas, a menudo 30 cm de ancho o más, enteras o superficialmente palmado-lobuladas;* ***flores*** *pequeñas y verdosas;* ***fruto*** *una nuez elipsoide, alrededor de 2 cm de largo, aterciopelada, con 2 alas largas.*
HÁBITAT: Bosques estacionalmente secos; común; 0–1,400 metros.
USOS: La madera se utiliza para fabricar cajas y juguetes; tal vez leña.
NOTAS: El fruto es distintivo, ya que gira en el aire a medida que vuela hacia el suelo. El follaje tiene un olor desagradable. La madera es blanda, blanca y liviana. Florece durante la estación seca en noviembre y diciembre, cuando el árbol está áfilo; fructifica de enero a junio.

DISTRIBUTION: **Chiquimula**, **El Progreso**, **Escuintla**, **Guatemala**, **Huehuetenango**, **Jutiapa**, **Quiché**, **Retalhuleu**, **Santa Rosa**, **Zacapa**. Southern Mexico; Guatemala; El Salvador; Nicaragua; Costa Rica; northern South America; tropical Asia, Africa and Australia.
❧ *Small trees, to 15 meters tall, trunk and branches thick, with fairly smooth, pale bark;* ***leaves*** *usually on very long petioles, blades large, wide, often 30 cm wide or more, entire or shallowly palmately lobed;* ***flowers*** *small and greenish;* ***fruit*** *an ellipsoid nut, about 2 cm long, velvety, with 2 long wings.*
HABITAT: Seasonally dry forests; common; 0–1,400 meters.
USES: The wood is used to make boxes and toys; perhaps firewood.
NOTES: The fruit is distinctive, spinning in the air as it floats to the ground. The foliage has a disagreeable odor. The wood is soft, white and lightweight. Flowering during the dry season in November and December when the tree is leafless; fruiting from January to June.

Español: **Nogal, Nogal de Quiché**
English: Central American Walnut
Sinonimo: *Juglans guatemalensis*

DISTRIBUCIÓN: **Alta Verapaz, Baja Verapaz, Guatemala, Huehuetenango, Quiché**. México; Guatemala; El Salvador; Honduras; Nicaragua; Costa Rica.
❧ *Árboles, hasta 25 metros de alto, tronco hasta 2 metros de diámetro, corteza oscura y profundamente acanalada, ramitas café oscuras, lenticelas prominentes;* ***hojas*** *alternas, pinnado-compuestas, grandes, folíolos grandes, generalmente 14–18, cada uno 6–13 cm de largo, márgenes serrados;* ***flores*** *masculinas o femeninas, las masculinas se encuentran en amentos péndulos 22–30 cm de largo, las femeninas en grupos pequeños;* ***fruto*** *grande cuando maduro, subgloboso, 5–6 cm de largo o más, cáscara gruesa, café verdosa, con verrugas visibles, dentro de la cáscara la nuez es café rojiza, subglobosa, ligeramente aplanada, 3.2–4.2 cm de largo, profundamente acostillada.*
HÁBITAT: Laderas de montañas, lechos de ríos, a lo largo de corrientes de agua; cafetales; 500–1,500 metros.
USOS: Sombra para cafetos.
NOTAS: Florece de enero a marzo; fructifica de agosto a octubre.

DISTRIBUTION: **Alta Verapaz, Baja Verapaz, Guatemala, Huehuetenango, Quiché**. Mexico; Guatemala; El Salvador; Honduras; Nicaragua; Costa Rica.
❧ *Trees, to 25 meters tall, trunk to 2 meters in diameter, bark dark and deeply furrowed, twigs dark brown, lenticels prominent;* ***leaves*** *alternate, pinnately compound, large, leaflets large, generally 14–18, each 6–13 cm long, margins serrate;* ***flowers*** *male or female, males found in pendulous catkins 22–30 cm long, female flowers in small groups;* ***fruit*** *large when mature, subglobose, 5–6 cm long or longer, husk thick, greenish brown, with conspicuous warts, inside the husk the nut is reddish brown, subglobose, slightly flattened, 3.2–4.2 cm long, deeply ribbed.*
HABITAT: Mountainsides, river bottoms, along water courses; coffee plantations; 500–1,500 meters.
USES: Coffee shade.
NOTES: Flowering from January to March; fruiting from August to October.

Español: **Melina**
English: Gmelina, White Teak, Snapdragon Tree

DISTRIBUCIÓN: Ampliamente cultivada en Guatemala, pero rara vez recolectada. La melina es nativa de los bosques húmedos de la India, Bangladesh, Sri Lanka, Myanmar (Birmania) y muchas partes del sudeste de Asia y China; en la actualidad se planta por todo el mundo, incluyendo en Centroamérica.

❧ *Árboles, hasta 15 metros de alto o más;* ***hojas*** *opuestas, simples, hasta 24 cm de largo, densamente cubiertas de pelos microscópicos por abajo, lo que le da un tono verde oliva;* ***flores*** *en una inflorescencia angosta, terminal, 9–15 cm de largo, pétalos unidos, anchos, cafés y amarillos (en partes matizados de morado), 5-lobulados, lóbulos desiguales, estambres 4 o 5, exsertos;* ***fruto*** *20–25 mm de largo, verde, amarillo o amarillo-anaranjado cuando maduro; semillas 1 o 2.*

HÁBITAT: Plantada a la orilla de caminos, en plantaciones; hasta 1,500 metros donde es nativa.

USOS: Se considera especialmente valiosa como cosecha de leña para plantaciones en tierras bajas húmedas. La madera es adecuada para tablas de partículas, núcleo de madera contrachapada, vigas, fósforos, tableros para construcción ligera, carpintería en general, cajones de embalaje, muebles, pasta de papel, leña. Las flores producen una miel de alta calidad. Las semillas y el follaje son alimento para la vida silvestre y el ganado.

NOTAS: La melina puede crecer sumamente rápido; algunos árboles han alcanzado 3 metros de alto un año luego de ser plantados y 20 metros después de 4.5 años; se han registrado incrementos de 5 cm en el diámetro promedio anual. Los árboles rebrotan bien después de la cosecha y los brotes crecen rápidamente. La madera quema rápido y el carbón vegetal de la madera arde bien, sin humo, pero deja mucha ceniza. Florece de enero a mayo; fructifica en febrero.

DISTRIBUTION: Widely planted in Guatemala, but rarely collected. Gmelina is native to moist forests of India, Bangladesh, Sri Lanka, Myanmar (Burma) and much of Southeast Asia and China; now planted throughout the world, including Central America.

❧ *Trees, to 15 meters tall or more;* ***leaves*** *opposite, simple, to 24 cm long, beneath densely covered with microscopic hairs, giving an olive green tone;* ***flowers*** *in a narrow inflorescence, terminal, 9–15 cm long, petals united, wide, brown and yellow (in parts tinged purple), 5-lobed, the lobes unequal, stamens 4 or 5, exserted;* ***fruit*** *20–25 mm long, green, yellow or yellow-orange when mature; seeds 1 or 2.*

HABITAT: Roadside plantings, plantations; up to 1,500 meters where native.

USES: Considered to be especially valuable as a fuelwood crop for plantations in humid lowlands. Wood suitable for particle board, plywood core stock, timbers, matches, boards for light construction, general carpentry, packing, furniture, paper pulp, fuelwood. High-quality honey is produced from the flowers. The seeds and foliage are eaten by wildlife and cattle.

NOTES: Gmelina can be extremely fast growing: some trees have reached 3 meters in height one year after planting, and 20 meters after 4.5 years; annual average diameter increases of 5 cm have been recorded. Trees coppice well, and coppice growth is rapid. The wood burns quickly, and charcoal from the wood burns well, without smoke, but leaves much ash. Flowering from January to May; fruiting in February.

Español: **Teca Grande**
English: Teak

DISTRIBUCIÓN: **Escuintla**, **Izabal**, **Quetzaltenango**, se planta en muchos otros departamentos. Nativa del sur de Asia, desde la India hasta Malasia. Introducida y naturalizada en muchas partes de los trópicos; plantada para madera o como ornamento.
❧ *Árboles grandes, caducifolios, hasta 45 metros de alto donde nativos, tronco alto y recto, a menudo con contrafuertes o estriado, corteza café clara, fisurada, escamosa, con savia roja pegajosa cuando cortada, ramas extendidas forman una copa abierta, con ramitas fuertes 4-anguladas y pocas ramas gruesas;* ***hojas*** *simples, opuestas, 30–38 cm de largo, a veces más largas en árboles jóvenes, coriáceas, superficie superior verde, áspera, superficie inferior verde clara, suavemente peluda, hojas jóvenes de color bronce, con líquido rojizo cuando se estrujan;* ***flores*** *en grupos terminales, erguidos, ramificados, alrededor de 45–60 cm de largo y ancho, flores pequeñas, numerosas, 1 cm de ancho, pétalos blanquecinos, con 5–8 lóbulos extendidos;* ***fruto*** *con una capa papirácea aproximadamente 2.5 cm de ancho, envolviendo una drupa lanosa; semillas 4 o menos.*
HÁBITAT: El árbol se adapta mejor en suelos profundos y ricos, en elevaciones bajas; se recomienda una estación seca de 3 a 6 meses y más de 1,500 mm de lluvia al año.
USOS: La teca es una de las maderas más conocidas y valiosas del mundo, importante en la construcción naval; a veces se planta como ornamento; usos medicinales en Asia; las hojas jóvenes y las raíces producen un tinte.
NOTAS: El duramen es rico en aceite, resistente a la intemperie y muy resistente al ataque de termitas de madera seca, también muy duradero en el suelo. El árbol crece rápido: en Puerto Rico, árboles de plantaciones han crecido hasta 20 metros de alto y 33 cm de diámetro en 20 años. Florece en agosto, septiembre; fructifica en septiembre, abril.

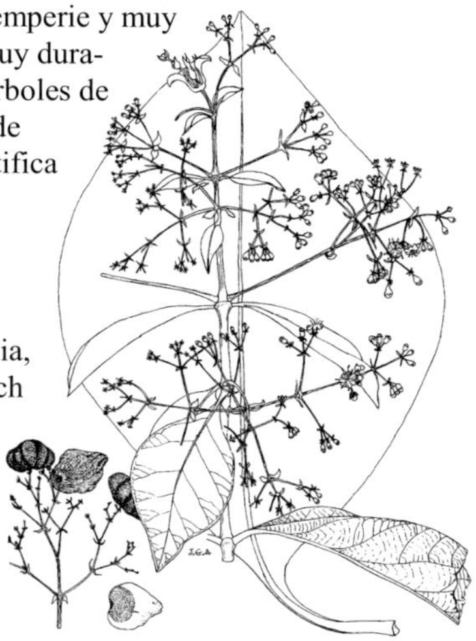

DISTRIBUTION: **Escuintla**, **Izabal**, **Quetzaltenango**, planted in many other departments. Native of southern Asia, from India to Malaysia. Introduced and naturalized in much of the tropics; planted for timber or ornament.
❧ *Large trees, deciduous, to 45 meters tall where native, trunk tall and straight, often buttressed or fluted, bark light brown, fissured, scaly, with a sticky red sap when cut, spreading branches form an open crown, with stout 4-angled twigs and few coarse branches;* ***leaves*** *simple, opposite, 30–38 cm long, sometimes longer in young trees, leathery, the upper surface green, rough, the lower surface light green, softly hairy, young leaves bronze-colored, with reddish juice when crushed;* ***flowers*** *in terminal groups, erect, branched, about 45–60 cm long and wide, flowers small, numerous, 1 cm wide, petals whitish, with 5–8 spreading lobes;* ***fruit*** *with a papery covering about 2.5 cm wide, surrounding a wooly drupe; 4 or fewer seeds.*
HABITAT: The tree is best adapted to deep, rich soils at low elevations; a 3- to 6-month dry season and rainfall over 1,500 mm per year is recommended.
USES: Teak is one of the world's best known and most valuable timbers, important in shipbuilding; sometimes planted as an ornamental; medicinal uses in Asia; young leaves and roots produce a dye.
NOTES: The heartwood is oil-rich, weather-resistant and highly resistant to attack by drywood termites, also very durable in the ground. The tree is fast-growing: in Puerto Rico plantation trees have grown to 20 meters in height and 33 cm in diameter within 20 years. Flowering in August, September; fruiting in September, April.

Español: **Árbol de Canela, Canelo**
English: Cinnamon

DISTRIBUCIÓN: **Alta Verapaz** (Cubilgüitz, comercialmente); árboles individuales plantados en otras partes. Originario de Sri Lanka y la India, pero ampliamente plantado en otros lugares.

❧ *Árboles perennifolios, hasta 10 metros de alto, copa densa, ramas algo cuadradas;* ***hojas*** *normalmente opuestas, simples, unos 10–16 cm de largo, 4–6 cm de ancho, coriáceas, lustrosas, rojas cuando jóvenes, con 3 venas principales desde la base, nervio medio y venas laterales elevadas en ambas superficies, márgenes enteros;* ***flores*** *en grupos axilares o terminales (panículas) 10–12 cm de largo, flores de color amarillo verdoso, aproximadamente 6 mm de largo;* ***fruto*** *una baya ovoide, verde a púrpura hasta negra cuando madura; 1 semilla.*

HÁBITAT: Árbol de jardín y plantación. Naturalizado en algunos países y considerado de alto riesgo como especie invasora en las islas del Pacífico.

USOS: La canela, una especia popular, se extrae de la corteza interior de este árbol y se utiliza para cocinar y hornear en todo el mundo; en los últimos tiempos como un suplemento herbal; de las hojas se extrae un aceite esencial; la madera se utiliza para artículos de madera, como palillos de dientes; plantado para sombra y como ornamento en jardínes.

NOTAS: Todas las partes del árbol huelen a canela cuando se las tritura.

DISTRIBUTION: **Alta Verapaz** (Cubilgüitz, commercially); individual trees planted elsewhere. Native to Sri Lanka and India, but widely planted.

❧ *Evergreen trees, to 10 meters tall, crown dense, twigs somewhat square;* ***leaves*** *usually opposite, simple, about 10–16 cm long, 4–6 cm wide, leathery, shiny, red when young, with 3 main veins from the base, midrib and lateral veins elevated on both surfaces, margins entire;* ***flowers*** *in axillary or terminal groups (panicles) 10–12 cm long, flowers greenish yellow, about 6 mm long;* ***fruit*** *an ovoid berry, green to purple to black when mature; 1 seed.*

HABITAT: Plantation and garden tree. Naturalized in some countries and considered a high risk as an invasive species on Pacific islands.

USES: The popular spice cinnamon is the inner bark of this tree, used in cooking and baking around the world and recently promoted as an herbal supplement. An essential oil is extracted from the leaves; the wood is used for wooden items, including toothpicks; shade and ornamental garden tree.

NOTES: All parts of the tree smell of cinnamon when crushed.

Español: **Aguacate**, **Aguacate de Anís**
English: Avocado, Alligator Pear, Butter Pear
Sinonimos: **O**, **Oj**, **Ju**, **Un**, **Um**, **On** (varios idiomas nativos de Guatemala); **Tsumoñ** (cáscara suave), **Tc'om** (cáscara dura), ambos nombres usados en Jacaltenango

DISTRIBUCIÓN: Todo el país. Aparentemente árboles silvestres han sido observados o recolectados en las montañas de **Chiquimula**, **Huehuetenango**, **Quetzaltenango**, **Zacapa** y otros lugares. Nativo de América tropical, sin duda en muchas regiones de México y Centroamérica; frecuente cultivo en América tropical y también en el paleotrópico.
❧ *Árboles grandes o medianos, hasta 40 metros de alto, copa muy densa;* ***hojas*** *simples, alternas, (6–) 10–30 cm de largo, verde oscuras por arriba, pálidas por abajo;* ***flores*** *en panículas cerca de los terminales de las ramas, 6–20 cm de largo, flores de color verdoso pálido, 5–7 mm de largo;* ***fruto*** *muy variable en tamaño, forma y color: redondo o en forma de pera, piel lisa o verrugosa, verde a morado oscuro, pulpa interior suave, amarilla y verde; 1 semilla grande.*
HÁBITAT: Cultivado a cualquier elevación en Guatemala, en sus diferentes formas y variedades; en muchos lugares más o menos naturalizado y en algunas regiones quizás nativo, o posiblemente solo una reliquia de cultivo previo.
USOS: El fruto es popular en muchas partes del mundo, especialmente como guacamole. La savia de las semillas de aguacate mancha indeleblemente y se utiliza para marcar ropa; las semillas pulverizadas mezcladas con queso, sebo u otras sustancias se utilizan para envenenar ratones y otras alimañas. Los tejedores locales hierven la corteza con tintes para fijar los colores de las telas. La cáscara del fruto es un vermífugo; el fruto contiene alrededor de 14 por ciento de aceite, y se utiliza para cocinar y en cosméticos. Madera de construcción; alimento para vida silvestre.
NOTAS: Florece y fructifica de septiembre a marzo.

DISTRIBUTION: Throughout the country. Apparently wild trees have been collected or noted in the mountains of **Chiquimula**, **Huehuetenango**, **Quetzaltenango**, **Zacapa** and elsewhere. Native to tropical America, doubtlessly in many regions of Mexico and Central America; common in cultivation in tropical America and also in the Paleotropics.
❧ *Large or medium trees, to 40 meters tall, crown very dense;* ***leaves*** *simple, alternate, (6–) 10–30 cm long, deep green above, pale beneath;* ***flowers*** *in panicles near ends of branches, 6–20 cm long, flowers pale greenish, 5–7 mm long;* ***fruit*** *highly variable in size, shape and color: round or pear-shaped, outer skin smooth or bumpy, green to dark purple, inner flesh soft, yellow and green; 1 large seed.*
HABITAT: Cultivated at all elevations in Guatemala, in its various forms and varieties; in many localities more or less naturalized and in some regions perhaps native, or possibly only a relic of former cultivation.
USES: The fruit is popular in many parts of the world, especially mashed as guacamole. The avocado seed's sap stains indelibly, used for marking clothing; pulverized seeds mixed with cheese, tallow or other substances are used to poison mice and other vermin. Local weavers boil the bark with dyes to set textile colors. The fruit rind is a vermifuge; the fruit contains about 14 percent oil, used in cooking and cosmetics. Construction wood; wildlife food.
NOTES: Flowering and fruiting from September to March.

Español: **Júpiter**
English: Crepe Myrtle

DISTRIBUCIÓN: **Guatemala**, **Sacatepéquez**, **Sololá** y sin duda se planta en otros departamentos. Nativo del este y sur de Asia, pero cultivado como ornamental en muchas regiones cálidas.

❧ *Árbol pequeño, corteza lisa, manchada, ramitas jóvenes cuadrangulares;* ***hojas*** *simples, opuestas, sésiles o con un pecíolo corto, 2–7 cm de largo, ápice a veces muescado, algo coriáceo;* ***flores*** *llamativas, en grupos terminales hasta 20 cm de largo, multifloros, blancas, rosadas o púrpuras, los bordes con vuelos, por lo general partida en 6, pétalos 12–20 mm de largo, con numerosos estambres amarillos;* ***fruto*** *una cápsula leñosa, elipsoide-globosa, se resquiebra al secarse, 9–13 mm de largo.*

HÁBITAT: Comúnmente cultivado en jardines; en elevaciones bajas y medias, rara vez por encima de los 1,500 metros.

USOS: Ornamental.

NOTAS: Este árbol pertenece a la familia de la alheña, *Lawsonia inermis*. Florece en gran parte de marzo a junio; fructifica por lo general de junio a diciembre.

DISTRIBUTION: **Guatemala**, **Sacatepéquez**, **Sololá**, and without doubt planted in other departments. Native of eastern and southern Asia, but grown as an ornamental in most warm regions.

❧ *Small trees, bark smooth, mottled, young branchlets quadrangular;* ***leaves*** *simple, opposite, sessile or short-petiolate, 2–7 cm long, apex sometimes notched, somewhat leathery;* ***flowers*** *showy, in terminal clusters to 20 cm long, many-flowered, white, pink or purple, with ruffled edges, usually 6-parted, petals 12–20 mm long, with numerous yellow stamens;* ***fruit*** *a woody capsule, ellipsoid-globose, splitting open when dry, 9–13 mm long.*

HABITAT: Commonly cultivated in gardens; at low and middle elevations, rarely above 1,500 meters.

USES: Ornamental.

NOTES: This tree is in the family of henna, *Lawsonia inermis*. Flowering mostly from March to June; fruiting mostly from June to December.

Español: **Orgullo de la India**
English: Pride of India, Queen of Flowers, Queen Crepe Myrtle, Tree Crepe Myrtle

DISTRIBUCIÓN: **Escuintla, Izabal, Quetzaltenango**. Nativo desde la India hasta el sur de China, península de Malaca, Filipinas y norte de Australia. Se planta en muchos países tropicales como árbol floreciente, a veces se esparce.
❧ *Árboles pequeños, hasta 9 metros de alto, copa densa, redondeada o anchamente extendida, caducifolios en climas secos, corteza gris o parda clara, algo lisa a ligeramente fisurada y escamosa;* ***hojas*** *simples, opuestas o subalternas, parecen estar en 2 filas, láminas 13–31 cm de largo, enteras, coriáceas;* ***flores*** *en una inflorescencia flojamente ramificada, 15–46 cm de largo, flores con 6 sépalos puntiagudos, 6 pétalos, con tallos, casi redondos, 3 cm de largo, lilas, morados o rosados, con bordes arrugados y ondulados, estambres numerosos, alrededor de 2 cm de largo;* ***fruto*** *una cápsula, 2–3 cm de diámetro, se resquebraja en 6 partes.*
HÁBITAT: En cultivos.
USOS: Sembrado por sus llamativas flores moradas o rosadas y para sombra, en jardines y calles; árbol maderable de importancia en la India, donde su madera se prefiere para pequeñas embarcaciones, construcción marina y pilotes; medicinal.
NOTAS: Las cápsulas permanecen en el árbol por mucho tiempo. Florece en general de marzo a junio; fructifica por lo general de junio a diciembre.

DISTRIBUTION: **Escuintla, Izabal, Quetzaltenango**. Native from India to southern China, Malay Peninsula, Philippines and northern Australia. Planted in many tropical countries as a flowering tree, sometimes escaping.
❧ *Small trees, to 9 meters tall, crown dense, rounded or widely spreading, deciduous in dry climates, bark gray or light brown, somewhat smooth to slightly fissured and scaly;* ***leaves*** *simple, opposite or subalternate, appearing to be in 2 rows, leaf blades 13–31 cm long, entire, leathery;* ***flowers*** *in a loosely branched inflorescence, 15–46 cm long, flowers with 6 pointed sepals, 6 petals, stalked, nearly round, 3 cm long, lavender, purple or pink, crinkled and wavy-margined, stamens numerous, about 2 cm long;* ***fruit*** *a capsule, 2–3 cm in diameter, splitting into 6 parts.*
HABITAT: In cultivation.
USES: Planted for its showy purple or pink flowers and for shade, in gardens and along streets; an important timber tree in India, where the wood is preferred for small boats, shipbuilding and pilings; medicinal.
NOTES: Capsules long persistent on the tree. Flowering mostly from March to June; fruiting mostly from June to December.

Español: **Granado** (planta), **Granada** (fruto)
English: Pomegranate
Otro: **Granad** (Q'eqchi')

DISTRIBUCIÓN: Comúnmente plantado en Guatemala, a todas elevaciones, menos las más altas. Un nativo mediterráneo, pero se cultiva por su fruto en regiones tropicales, subtropicales y cálidas-templadas.

❧ *Árboles pequeños, hasta 6 metros de alto, a menudo multi-tallos, más o menos espinosos;* ***hojas*** *opuestas o subopuestas, delgadas, lustrosas, 2–6 cm de largo, de color rojo cobrizo cuando jóvenes;* ***flores*** *de color rojo anaranjado, pétalos simples o dobles, arrugados, con numerosos estambres;* ***fruto*** *una baya globular grande, 5–10 cm de diámetro, piel coriácea, anaranjada matizada de rojo cuando madura, coronada por los restos de la flor, con abundantes semillas envueltas por una jugosa pulpa roja o clara (la parte comestible); semillas 5–7 mm de largo, más o menos triangulares.*

HÁBITAT: Cultivado en regiones de baja elevación.

USOS: El fruto, llamado granada, se come fresco o se utiliza para hacer jugo, y se fermenta para producir el refresco llamado granadina. La madera es densa, blanca, de grano fino y se ha utilizado como un sustituto del boj (*Buxus*) en las tallas y trabajos de marquetería. La corteza y la cáscara del fruto son astringentes, en algunas regiones se utilizan para curtir y teñir cuero. La corteza de los tallos y raíces son un eficaz vermífugo, en especial para el tratamiento de parásitos intestinales. Las flores grandes tienen colores brillantes, lo cual hacen del árbol un atractivo ornamental de jardín.

NOTAS: La madera se describe como dura, de grano fino, amarilla clara o blanquecina. Florece y fructifica durante todo el año.

DISTRIBUTION: Commonly planted in Guatemala, planted in all but the highest elevations. A Mediterranean native, but cultivated for its fruit in tropical, subtropical and warm-temperate regions.

❧ *Small trees, to 6 meters tall, often multi-stemmed, more or less thorny;* ***leaves*** *opposite or subopposite, narrow, glossy, 2–6 cm long, coppery red when young;* ***flowers*** *orangish red, petals single or double, crinkled, with numerous stamens;* ***fruit*** *a large, globular berry, 5–10 cm in diameter, skin leathery, orange tinged with red when ripe, crowned by the remains of the flower, with abundant seeds surrounded by a juicy pulp that is red or clear (the edible portion); seeds 5–7 mm long, more or less triangular.*

HABITAT: Cultivated in low regions.

USES: The fruit is eaten fresh or used for juice and fermented to produce the cordial called grenadine. The dense, white, fine-grained wood has been used as a substitute for boxwood (*Buxus*) in carvings and inlaid work. The bark and rind of the fruit are astringent, in some regions used for tanning and dyeing leather. The bark of the stems and roots is an efficient vermifuge, especially in the treatment of intestinal parasites. The large flowers are brightly colored, making the tree an attractive garden ornamental.

NOTES: The wood is described as hard, close-grained, light yellow or whitish. Flowering and fruiting throughout the year.

Español: **Magnolia**
English: Southern Magnolia

DISTRIBUCIÓN: **Alta Verapaz** (Cobán), **Guatemala**, **Jalapa**, **Retalhuleu**, **Sacatepéquez**, **San Marcos**, **Sololá**. Nativo del sudeste de los Estados Unidos, pero se introdujo para cultivos en muchas partes del mundo.

❧ *Árboles, de tamaño mediano a grande, corteza oscura;* ***hojas*** *simples, alternas, de tallo corto, coriáceas, elípticas, u ovales o oblongo-elípticas, 10–30 cm de largo, lisas y brillantes por arriba, por abajo cubiertas con pelos marrones brillantes;* ***flores*** *grandes y llamativas, fragantes, pétalos de color blanco cremoso, 5–10 cm de ancho;* ***fruta*** *como un cono, grande, oval, con semillas rojas que miden 1.5–2 cm de largo.*

HÁBITAT: En jardines y parques, cultivado; se encuentra sobre todo en tierras altas y montañas.

USOS: Ornamental.

NOTAS: Este árbol es muy apreciado por sus hermosas flores y hojas; los árboles en Cobán se han visto florecer a principios de abril.

DISTRIBUTION: **Alta Verapaz** (Cobán), **Guatemala**, **Jalapa**, **Retalhuleu**, **Sacatepéquez**, **San Marcos**, **Sololá**. Native of the southeastern United States, but introduced into cultivation in many parts of the world.

❧ *Trees medium-sized to large, bark dark;* ***leaves*** *simple, alternate, short stalked, leathery, elliptic to oval or oblong-elliptic, 10–30 cm long, smooth and lustrous above, covered beneath with lustrous brown hairs;* ***flowers*** *large, showy, fragrant, petals creamy white, 5–10 cm broad;* ***fruit*** *cone-like, large, oval, with red seeds 1.5–2 cm long.*

HABITAT: In gardens and parks, cultivated; mainly found in uplands and highlands.

USES: Ornamental.

NOTES: This tree is widely appreciated for its beautiful flowers and leaves; the trees at Cobán were reported in flower in early April.

Español: **Magnolia Amarilla**
English: Champak, Golden Champa, Yellow Champa

DISTRIBUCIÓN: Nativo de China, India, Nepal y Myanmar; ampliamente plantado en muchas partes del mundo. **Guatemala**, **Sacatepéquez**, sin duda en otros departamentos.
❧ *Árboles perennifolios, hasta 40 metros de alto, brotes jóvenes sedosos;* ***hojas*** *simples, 20–25 cm de largo, casi glabras en la madurez, lanceoladas, acuminadas, enteras, tallo de hoja 12–25 mm de largo;* ***flores*** *axilares, 5–7.5 cm de ancho, amarillas, muy fragantes, pétalos y sépalos 15, los exeriores oblongos, los interiores lineales;* ***fruto*** *un grupo de cápsulas, cada una 2 cm de largo; semilla unida por un hilo y cubierta por un arilo anaranjado.*
HÁBITAT: Tropical; requiere suelo profundo y fértil; nivel del mar hasta 1,500 metros.
USOS: Ornamental, se cultiva alrededor de los templos en Asia; aceite esencial de las flores utilizado en perfumes; madera utilizada para cajas, muebles, tallados y leña; corteza como remedio para la fiebre; las flores se utilizan para curar la tos y el reumatismo; se cree que el aceite perfumado de las flores es útil contra la oftalmía y la gota, y las semillas y frutas se utilizan para resequedad en los pies; las hojas son alimento para el gusano de seda y forraje para animales; cuando se hierven las flores producen un tinte amarillo; según se informa, la fruta es comestible.
NOTAS: Las flores tienen mucho perfume. La madera es suave, se cura y pule bien; el duramen se describe como marrón claro, la albura blanca.

DISTRIBUTION: Native to China, India, Nepal and Myanmar; widely planted in many parts of the world. **Guatemala**, **Sacatepéquez**, no doubt in other departments.
❧ *Evergreen trees, to 40 meters high, young shoots silky;* ***leaves*** *simple, 20–25 cm long, nearly glabrous when mature, lanceolate, acuminate, entire, leaf stalk 12–25 mm long;* ***flowers*** *axillary, 5–7.5 cm broad, yellow, very fragrant, petals and sepals 15, the outer oblong, the inner linear;* ***fruit*** *a cluster of capsules, each 2 cm long; seed attached by a thread and covered by an orange aril.*
HABITAT: Tropical; requires deep, fertile soil; sea level to 1,500 meters.
USES: Ornamental, cultivated around temples in Asia; essential oil from flowers used for perfume; timber used for boxes, furniture, carvings and fuel; bark a remedy for fever; flowers are used to cure coughs and rheumatism; the scented oil from the flowers is believed to be useful for ophthalmia and gout, and the seeds and fruit are used for healing cracked skin on the feet; the leaves are silkworm food and animal forage; when boiled the flowers yield a yellow dye; the fruit is reportedly edible.
NOTES: The flowers are extremely sweet smelling. The wood is soft, seasons and polishes well; the heartwood is described as light brown, the sapwood white.

Español: **Nance**
English: Craboo, Wild Craboo (Belize), Shoemaker's Tree (Costa Rica)
Otros: **Chi** (Q'eqchi'), **Tapal** (Kaqchikel, Poqomchi')

DISTRIBUCIÓN: **Alta Verapaz, Baja Verapaz, Chiquimula, El Progreso, Escuintla, Guatemala, Huehuetenango, Izabal, Jalapa, Jutiapa, Petén, Quetzaltenango, Quiché, Retalhuleu, San Marcos, Santa Rosa, Suchitepéquez, Zacapa**. México; Guatemala; Belice; El Salvador; Honduras; Nicaragua; Costa Rica; Panamá; norte de Sudamérica; las Antillas.
❧ *Árboles pequeños o medianos, con frecuencia hasta 10 metros o más; **hojas** simples, opuestas, por lo general 8–15 cm de largo, pero variables en tamaño, en la parte superior normalmente lustrosas, en la parte de abajo esparcidamente o densamente tomentosas, con pelos laxos, rojizos o grisáceos; **flores** en largos grupos multifloros, esparcidamente o densamente rojizo-tomentosas, cada sépalo con un par de glándulas grandes, pétalos amarillos, que se tornan rojo opaco, unguiculados, flores 1.5–2 cm de ancho; **fruto** 8–12 mm de diámetro, carnoso, amarillo opaco o un matiz de color naranja.*
HÁBITAT: Matorrales húmedos o secos o bosques abiertos, a menudo abundante en los bosques de pino, se planta en muchas regiones; en su mayoría a 1,300 metros o menos.
USOS: Fruto comestible agridulce, utilizado en jugos; colorante café-rojo, tinta; la corteza se utiliza para curtir cuero; medicina doméstica; la madera se utiliza en la construcción, para leña y como carbón. A veces se planta en jardines.
NOTAS: Esta especie se cultiva en algunos lugares, debido a su fruto comestible, que se vende en muchos mercados. Florece y fructifica todo el año, con más frecuencia de marzo a septiembre.

DISTRIBUTION: **Alta Verapaz, Baja Verapaz, Chiquimula, El Progreso, Escuintla, Guatemala, Huehuetenango, Izabal, Jalapa, Jutiapa, Petén, Quetzaltenango, Quiché, Retalhuleu, San Marcos, Santa Rosa, Suchitepéquez, Zacapa**. Mexico; Belize; El Salvador; Honduras; Nicaragua; Costa Rica; Panama; northern South America; West Indies.
❧ *Small or medium-sized trees, often to 10 meters or more; **leaves** simple, opposite, mostly 8–15 cm long but variable in size, usually lustrous above, beneath sparsely or densely tomentose, with lax reddish or grayish hairs; **flowers** in long, many-flowered groups, sparsely or densely reddish-tomentose, each sepal with a pair of large glands, petals yellow, turning dull red, clawed, flowers 1.5–2 cm wide; **fruit** 8–12 mm in diameter, fleshy, dull yellow or tinged with orange.*
HABITAT: Moist or dry thickets or open forests, often abundant in pine forests, planted in many regions; mostly at 1,300 meters or less.
USES: Edible sweet-and-sour fruit, used in fruit juice; brown-red dye, ink; bark used in tanning; domestic medicine; wood used for construction, fuel and charcoal. Sometimes planted in gardens.
NOTES: This species is cultivated in some places for its edible fruit, which is sold in many markets. Flowering and fruiting all year, more commonly from March to September.

Español: **Ceiba**
English: Kapok, Cotton Tree, Silk Cotton Tree
Otro: **Inup** (Jacaltenango, Q'eqchi'), **Nuo** (Poqomchi'), **Mox**

DISTRIBUCIÓN: **Alta Verapaz, Baja Verapaz, El Progreso, Escuintla, Guatemala, Izabal, Jalapa, Jutiapa, Petén, Retalhuleu, San Marcos, Santa Rosa, Sololá, Suchitepéquez, Zacapa**. México; Centroamérica; norte de Sudamérica; las Antillas; también en Asia y África tropical, tal vez introducido de las Américas.
❦ *Árboles muy grandes, hasta 50 metros de alto o más, tronco frecuentemente 2 metros o más de diámetro, a menudo abultado, con grandes contrafuertes, copa por lo general ancha, extendida, corteza a veces con espinas duras y afiladas, de lo contrario lisas;* ***hojas*** *alternas, palmado-compuestas, folíolos 5–7, 8–20 cm de largo;* ***flores*** *blancas o rosadas, alrededor de 4 cm de ancho, densamente sedosas y velludas en el exterior;* ***fruto*** *elíptico-oblongo, 10–12 cm de largo, con algodón sedoso y semillas grandes y pardas.*
HÁBITAT: Frecuente en llanuras o laderas húmedas o secas; por lo general se puede encontrar a menos de 1,000 metros, pero a menudo se planta a elevaciones más altas que su hábitat natural.
USOS: Sombra, lugar de reunión o mercado; las flores sirven de alimento para venados y el ganado; la madera suave se utiliza a nivel local para canoas y balsas; las semillas proporcionan un aceite comestible, también se utiliza para iluminación y jabón; se dice que las hojas son comestibles cuando se cocinan; el algodón de los frutos (conocido como capoc) se utiliza como relleno en cojines, chalecos salvavidas y material aislante.
NOTAS: La ceiba es uno de los árboles más conocidos de Centroamérica; es el árbol nacional de Guatemala. Florece en la estación seca cuando se encuentra áfilo.

DISTRIBUTION: **Alta Verapaz, Baja Verapaz, El Progreso, Escuintla, Guatemala, Izabal, Jalapa, Jutiapa, Petén, Retalhuleu, San Marcos, Santa Rosa, Sololá, Suchitepéquez, Zacapa**. Mexico; Central America; northern South America; West Indies; also in tropical Asia and Africa, perhaps introduced from the Americas.
❦ *Very large trees, to 50 meters tall or more, trunk frequently 2 meters or more in diameter, often bulging, with large buttresses, crown usually broad, spreading, bark sometimes with hard, sharp prickles, otherwise smooth;* ***leaves*** *alternate, palmately compound, leaflets 5–7, 8–20 cm long;* ***flowers*** *white or pink, about 4 cm wide, densely silky and hairy outside;* ***fruit*** *elliptic-oblong, 10–12 cm long, with silky cotton and large brown seeds.*
HABITAT: Common on moist or dry plains or hillsides; usually found at less than 1,000 meters, but often planted at elevations above its natural habitat.
USES: Shade, meeting place or market; flowers eaten by deer and livestock; soft wood used locally for dugout canoes and rafts; seeds yield an edible oil, also used for illumination and soap; leaves are said to be edible when cooked; cotton from seed pods (known as kapok) is used in cushions, life jackets and insulation.
NOTES: Kapok is one of the best-known trees of Central America; it is the national tree of Guatemala. Flowering in the dry season when leafless.

Español: **Mano de León**, **Mano de Mico**, **Árbol de las Manitas**, **Majagua** (Zacapa)
English: Monkey's Hand Tree, Hand Flower Tree
Otros: **Tayuyo** (Volcán de Agua), **Canac**

DISTRIBUCIÓN: **Chimaltenango**, **El Progreso**, **Guatemala** (probablemente solo en cultivos), **Huehuetenango**, **Quetzaltenango**, **Quiché**, **Sacatepéquez** (Volcán de Agua), **San Marcos**, **Sololá**, **Totonicapán**, **Zacapa**. Guatemala; México.
❧ *Árboles grandes, hasta 30 metros de alto o más, tronco hasta 2 metros de diámetro;* ***hojas*** *largo pecioladas, ovado-redondeadas, 12–30 cm de largo, ligeramente lobuladas o subenteras, densa y ligeramente de color marrón-tomentoso en la parte de abajo, nervios palmados, la base profunda-cordada;* ***flores*** *solas, muy grandes, 2–3-bracteoladas debajo del cáliz, cáliz un poco acampanado, profundamente 5-lobulados, rojo brillante en el interior, sin pétalos, estambres rojos, unidos para formar una columna oblicua de 5 partes, tiene en su ápice 5 ramas largas y curvadas, prolongadas en puntas de ahusamiento muy delgadas, con la apariencia de una mano de 5 dedos;* ***fruto*** *una cápsula leñosa, muy dura, 10–15 cm de largo, profundamente 5-lobulada, ángulos estrechos, bordes desafilados; semillas con un arilo anaranjado.*
HÁBITAT: Abunda en muchos lugares de las montañas, en bosques mixtos húmedos; crece también en campos despejados dentro de bosques, probablemente se planta en algunas regiones rurales; 2,000–3,000 metros.
USOS: Significado religioso histórico; las hojas se usan para cubrir o envolver alimentos; usos medicinales.
NOTAS: La flor se asemeja a una mano extendida. En el Volcán de Agua y Volcán de Acatenango, *Chiranthodendron* forma un cinturón de bosque muy denso que se extiende hasta unos 3,000 metros. El género *Chiranthodendron* consta de una sola especie. Previamente, este árbol pertenecía a la familia Sterculiaceae.

DISTRIBUTION: **Chimaltenango**, **El Progreso**, **Guatemala** (probably only in cultivation), **Huehuetenango**, **Quetzaltenango**, **Quiché**, **Sacatepéquez** (Volcán de Agua), **San Marcos**, **Sololá**, **Totonicapán**, **Zacapa**. Guatemala; Mexico.
❧ *Large trees, to 30 meters tall, or more, trunk to 2 meters in diameter;* ***leaves*** *long-petiolate, ovate-rounded, 12–30 cm long, leaves shallowly lobed or subentire, densely and loosely brownish-tomentose beneath, palmately nerved, base deeply cordate;* ***flowers*** *single, very large, 2–3-bracteolate below calyx, calyx somewhat bell-shaped, deeply 5-lobed, bright red within, petals none; stamens red, united to form an oblique 5-parted column, bearing at its apex 5 long, curved branches, prolonged into very slender tapering tips, with the appearance of a hand with 5 fingers;* ***fruit*** *a woody capsule, very hard, 10–15 cm long, deeply 5-lobed, angles narrow, blunt-edged; seeds with an orange aril.*
HABITAT: Abundant in many places in wet mixed mountain forests; also growing in fields cleared from forests, probably planted in some rural regions; 2,000–3,000 meters.
USES: Historic religious significance; leaves used to cover or wrap food; medicinal uses.
NOTES: The flower resembles an outstretched hand. On the Volcán de Agua and Volcán de Acatenango, *Chiranthodendron* forms a very dense forest belt that extends up to about 3,000 meters. The genus *Chiranthodendron* consists of a single species. Formerly this tree was included in the family Sterculiaceae.

Español: **Dombeya, Dombela, Donabela**
English: Pink Ball Tree

DISTRIBUCIÓN: Ampliamente cultivada para ornamento en las regiones tropicales; plantada con frecuencia en muchas partes de Guatemala, sobre todo en las montañas centrales, en el área de Cobán y en la bocacosta del Pacífico. Este híbrido es el resultado de un cruce en Portugal, hace más de cien años. 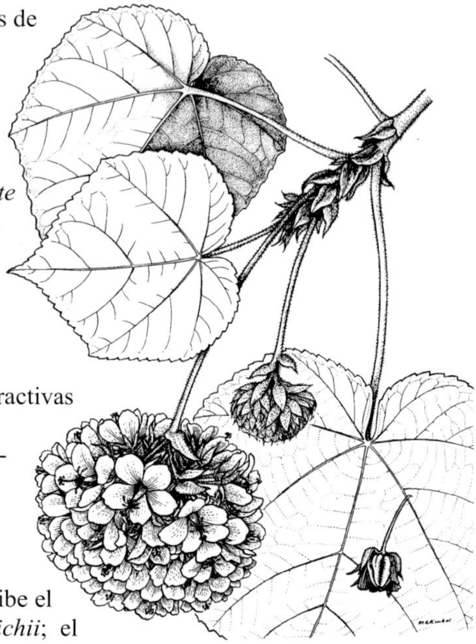
❧ *Árboles o arbustos pequeños, hasta 9 metros de alto, el tronco suele ser corto, la copa muy densa y redondeada;* ***hojas*** *grandes, sobre pecíolos largos y delgados, cordadas redondeado con 3 lóbulos, muy densamente pubescente y áspera;* ***flores*** *en una inflorescencia colgante, unos 15–20 cm de ancho, subglobosa, muy densa, con muchas flores, flores 2.5 cm de ancho, con 5 pétalos, rosadas, fragantes, al envejecer se tornan marrones.*
HÁBITAT: Montañas, cultivada.
USOS: Ornamental; las flores fragantes son atractivas para abejas, mariposas y pájaros.
NOTAS: Este árbol es bastante común en jardines; se considera muy atractivo en el pico de la floración (aproximadamente el primero de diciembre). Más adelante en el año es menos atractivo, debido a sus inflorescencias marrones secas y persistentes. Este árbol en ocasiones recibe el nombre de uno de sus parientes - *Dombeya wallichii*; el otro pariente es *Dombeya burgessiae*. Dado que los árboles son híbridos, son estériles y no fijan semillas; las plantas nuevas se regeneran mediante esquejes enraizados.

DISTRIBUTION: Broadly cultivated for ornament in tropical regions; planted commonly in many parts of Guatemala, especially in the central mountains, in the Cobán area and the Pacific *bocacosta*. This hybrid was the result of a cross in Portugal over a hundred years ago.
❧ *Small trees or shrubs, to 9 meters tall, trunk usually short, crown very dense, rounded;* ***leaves*** *large, on long slender petioles, rounded-cordate with 3 lobes, very densely and roughly pubescent;* ***flowers*** *in a pendent inflorescence, about 15–20 cm wide, subglobose, very dense, many-flowered, flowers 2.5 cm wide, with 5 petals, pink, fragrant, aging to brown.*
HABITAT: Mountains, cultivated.
USES: Ornamental; the fragrant flowers are attractive to bees, butterflies and birds.
NOTES: This tree is fairly common in gardens; it is considered very handsome at the peak of flowering (about the first of December). Later in the year it is less attractive due to its dry, brown, persistent inflorescences. This tree is sometimes called by the name of one of its parents — *Dombeya wallichii*; the other parent is *Dombeya burgessiae*. Since the trees are hybrids, they are sterile and do not set seeds; new plants are regenerated from rooted cuttings.

Español: **Algodón**
English: Short Staple Cotton, Mexican Cotton
Otros: **Mix** (Poqomchi'), **Nooc** (Mam), **Teno** (Jacalteco), **Piitz** (Chuj), **Mit** (K'iche'), **Coć** (Jacalteco), **Ixcaco**, **Cuyuscate** (forma marrón)

DISTRIBUCIÓN: Se cultiva en numerosas regiones, sobre todo en las tierras bajas de la región del Pacífico; algunas veces persiste después del cultivo o más o menos naturalizado.
❧ *Árboles pequeños, hasta 4 metros de alto, a veces una hierba gruesa, con pelos largos, extendidos, simples y estrellados;* ***hojas*** *5–15 cm de largo, 3–5-lobuladas;* ***flores*** *con bractéolas 3–6 cm de largo, más cortas que los pétalos o del mismo largo, divididas en 7–13 lacinias, pétalos de color amarillo pálido fundiéndose en rosado;* ***fruto*** *una cápsula, áspera; semillas verdosas o de color sarro, con abundante algodón largo, blanco o pardo.* 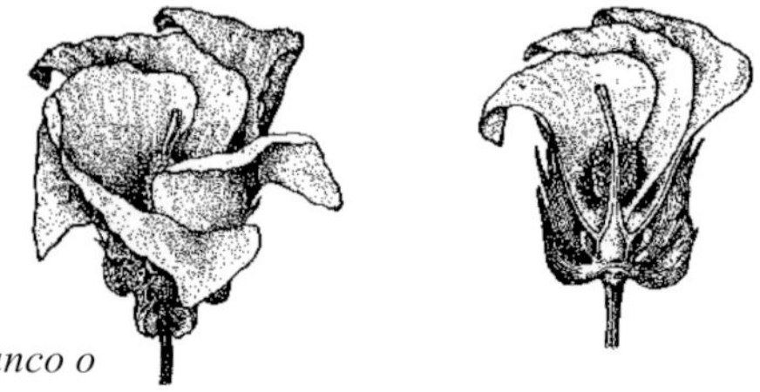
HÁBITAT: Frecuente en tierras bajas del Pacífico en los matorrales húmedos o secos y se piensa que probablemente es nativo de allí; también a menudo se planta en las tierras bajas, sobre todo como arbustos cerca de las viviendas.
USOS: Tejidos, tanto blanco como el que da origen al algodón marrón natural, *ixcaco*.
NOTAS: Esta especie de algodón se cultiva en muchas partes del mundo. Florece y fructifica durante todo el año. Se supone que es el algodón que originalmente cultivaban los pueblos indígenas en Guatemala, en uso durante muchos siglos.

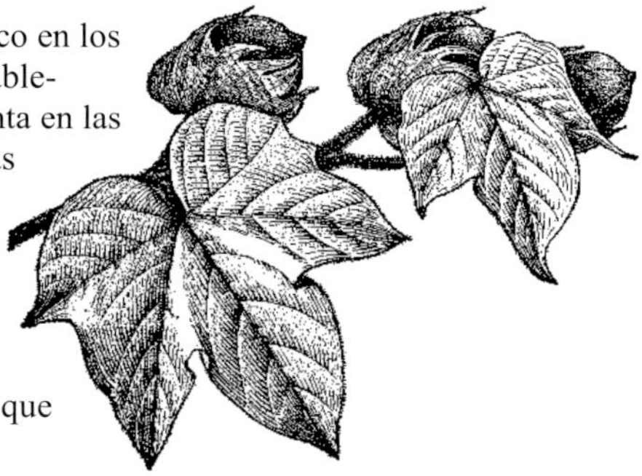

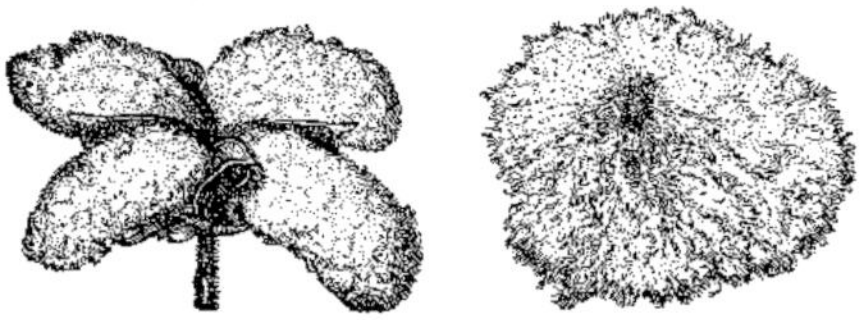

DISTRIBUTION: Cultivated in numerous regions, especially the Pacific lowlands; sometimes persisting after cultivation, or more or less naturalized.
❧ *Small trees, to 4 meters tall, sometimes a course herb, with long, spreading, simple and stellate hairs;* ***leaves*** *5–15 cm long, 3–5 lobed;* ***flowers*** *with bractlets 3–6 cm long, shorter than or equaling the petals, divided into 7–13 lacinations, petals pale yellow fading to pink;* ***fruit*** *a capsule, rough; seeds greenish or rust-colored, with abundant long, white or brown cotton.*
HABITAT: Frequent in Pacific lowlands in moist or dry thickets, and thought probably native there; also often planted in lowlands, chiefly as a few shrubs near dwellings.
USES: Textiles, both white and the source of natural brown cotton, *ixcaco*.
NOTES: This species of cotton is grown in many parts of the world. Flowering and fruiting all year. This is presumably the cotton originally cultivated by the indigenous populations in Guatemala, in use for many centuries.

Español: **Caulote**
English: Bay Cedar, Bastard Cedar (Belize)
Otros: **Tapaculo**; **Contamal** (Izabal), **Pixoy** (Petén, Maya), **Xuyuy** (Baja Verapaz)

DISTRIBUCIÓN: **Alta Verapaz, Baja Verapaz, Chiquimula, Escuintla, Guatemala, Huehuetenango, Izabal, Jutiapa, Petén, Retalhuleu, San Marcos, Santa Rosa, Suchitepéquez, Zacapa**. México; Guatemala; Belice; El Salvador; Honduras; Nicaragua; Costa Rica; Panamá; Sudamérica; las Antillas.
❧ *Árboles, hasta 7 (–20) metros de alto, con un tronco corto, ramitas aterciopeladas, áfilas durante parte de la estación seca;* ***hojas*** *simples, alternas, 8.5 (–16) cm de largo, márgenes serrados, aterciopeladas en la parte de abajo, cubiertas de pelos en forma de estrella y simples;* ***flores*** *en grupos pequeños, pétalos 5, amarillos, acopados, estambres 15;* ***fruto*** *leñoso, parecido a un cono, 18–25 mm de largo, verde tornándose negro; con numerosas semillas.*
HÁBITAT: Matorrales secos o húmedos, bosques de crecimiento secundario; en o cerca del nivel del mar, pero a veces asciende hasta 1,200 metros.
USOS: El fruto sirve de alimento para el ganado; las flores producen miel; la corteza se utiliza, en ocasiones, para aclarar el jarabe de la caña de azúcar; la corteza también se utiliza como un diurético en la medicina doméstica; las fibras de la corteza se utilizan para cordaje; la madera se utiliza en la carpintería, para mangos de herramientas, construcción de interiores, cajas de fusil, carbón vegetal; las hojas se utilizan como alimento para gusanos de seda y se pueden moler como alimento para pollos; cercas vivas.
NOTAS: A lo largo de las tierras bajas de Centroamérica, este árbol es bastante frecuente en ambas costas, pero en especial cerca del Pacífico; es característico de la vegetación de crecimiento secundario. Los pájaros y mamíferos dispersan las semillas duras y el fruto contiene una pequeña cantidad de pulpa dulce comestible, poco comida, excepto por los niños. Las hojas de los vigorosos vástagos juveniles pueden ser lobuladas. Florece de abril a noviembre; fructifica de junio a marzo.

DISTRIBUTION: **Alta Verapaz, Baja Verapaz, Chiquimula, Escuintla, Guatemala, Huehuetenango, Izabal, Jutiapa, Petén, Retalhuleu, San Marcos, Santa Rosa, Suchitepéquez, Zacapa**. Mexico; Guatemala; Belize; El Salvador; Honduras; Nicaragua; Costa Rica; Panama; South America; West Indies.
❧ *Trees, to 7 (–20) meters tall, with a short trunk, twigs velvety, leafless for part of the dry season;* ***leaves*** *simple, alternate, 8.5 (–16) cm long, margins serrate, velvety below, covered with stellate and simple hairs;* ***flowers*** *in small clusters, petals 5, yellow, cupped, stamens 15;* ***fruit*** *woody, cone-like, 18–25 mm long, green turning black; with many seeds.*
HABITAT: Dry or moist thickets, second-growth forests; at or near sea level, but ascending sometimes to 1,200 meters.
USES: Fruit eaten by cattle; flowers yield honey; bark sometimes used to clarify sugarcane syrup; bark also used as a diuretic in domestic medicine; bark fibers used for cordage; wood used in carpentry, tool handles, interior construction, gunstocks, charcoal; leaves used for silkworm food and can be ground into chicken feed; live fences.
NOTES: Throughout Central American lowlands this tree is fairly common on both coasts, but especially near the Pacific; it is characteristic of second-growth vegetation. The hard seeds are dispersed by birds and mammals, and the fruit contains a small quantity of sweet edible pulp, little eaten except by children. Leaves of vigorous juvenile shoots can be lobed. Flowering from April to November; fruiting from June to March.

Español: **Clavel**, **Clavel Japonés**, **Clavelón**, **Estrella de Panamá**, **Clavel de Panamá**, **Jazmín de Chispa** (Cobán)
English: Chinese Hibiscus, Rose of China
Otro: **Catahilutzú** (Cobán, Q'eqchi')

DISTRIBUCIÓN: Probablemente se encuentra en todos los departamentos. Nativo de Asia tropical; se cultiva a nivel mundial.
❧ *Árboles pequeños o arbustos, hasta 3 o 4 metros de alto;* ***hojas*** *simples, alternas, con dientes gruesos;* ***flores*** *hasta 15 cm de ancho, con 6–7 bractéolas lineales en la base, cáliz acampanado, pétalos unidos, normalmente rojos, rosados, blancos o a veces amarillos, variables en tamaño, tubo estaminal largo-exserto, estambres amarillos;* ***fruto*** *una cápsula, por lo general no madura en plantas cultivadas.*
HÁBITAT: Cultivado ampliamente en casi todas las regiones tropicales del mundo como planta ornamental y es una de las más frecuentes de Centroamérica; visto en todas partes hasta 2,300 metros.
USOS: Se planta en jardines; cercas vivas; los pétalos se vuelven negros cuando se estrujan, y en la China se utilizan para ennegrecer zapatos y teñir el cabello y las cejas; medicinal.
NOTAS: El clavel es uno de los favoritos de Centroamérica y existen muchas variedades, dependiendo de la forma y color de los pétalos, incluidas algunas de flor doble. Florece todo el año.

DISTRIBUTION: Probably found in all departments. Native of tropical Asia; cultivated worldwide.
❧ *Small trees or shrubs, to 3 or 4 meters tall;* ***leaves*** *simple, alternate, with coarse teeth;* ***flowers*** *to 15 cm wide, with 6–7 linear bractlets at the base, calyx bell-shaped, petals united, usually red, pink, white or sometimes yellow, variable in size, stamen tube long exserted, stamens yellow;* ***fruit*** *a capsule, usually not maturing in cultivated plants.*
HABITAT: Grown extensively in almost all tropical regions of the earth as an ornamental plant, and one of the most common of Central America; seen everywhere up to 2,300 meters.
USES: Planted in gardens; living fences; the petals turn black when crushed, and in China are used to blacken shoes, dye hair and eyebrows; medicinal.
NOTES: The Chinese hibiscus is a favorite in Central America, and there are many varieties based on the shape and color of the petals, including some that are double-flowered. Flowering all year.

Español: **Trompo, Algodoncillo, Cajetilla**
English: (none found)

DISTRIBUCIÓN: **Baja Verapaz, Chiquimula, El Progreso, Guatemala, Huehuetenango, Jutiapa, Quiché, Santa Rosa**. México; Guatemala; El Salvador; Honduras; Nicaragua; Costa Rica; Colombia; Venezuela.
❧ *Árboles, hasta 14 metros de alto;* ***hojas*** *simples, alternas, 10–27 cm de largo, márgenes serrados, en la parte inferior con capas de pubescencias enredadas de color blanco a café amarillento;* ***flores*** *individuales o en pares (3), con 15–19 bractéolas debajo de la flor, persistentes en el fruto inmaduro, pétalos casi orbiculares, 40–55 mm de largo, blancos o amarillos, estambres numerosos, 20–25 mm de largo, unidos en la base;* ***fruto*** *una cápsula leñosa, 45–80 mm de largo, prominentemente 5-angulada, se resquebrajan a 3/4 de su largo, cubierta de pelos en forma de estrella dispersos, semillas numerosas, aladas en un lado.*
HÁBITAT: Principalmente en cuestas secas, arbustivas o boscosas; asciende a unos 1,800 metros, pero por lo general a 900 metros o menos.
USOS: La corteza tiene una fibra resistente que se utiliza como cordaje temporal; leña; las hojas se utilizan para envolver cuajadas ahumadas, ya que le dan un sabor especial; las semillas son una importante fuente alimenticia para los monos capuchinos.
NOTAS: El árbol es llamativo cuando florece, con una abundancia de flores grandes de color blanco puro. En la parte baja del valle de Motagua, el árbol a menudo es abundante y forma grupos densos en cuestas rocosas, o a lo largo de las orillas arenosas y rocosas de los arroyos. Florece de junio a septiembre; fructifica de abril a diciembre.

DISTRIBUTION: **Baja Verapaz, Chiquimula, El Progreso, Guatemala, Huehuetenango, Jutiapa, Quiché, Santa Rosa**. Mexico; Guatemala; El Salvador; Honduras; Nicaragua; Costa Rica; Colombia; Venezuela.
❧ *Trees to 14 meters tall;* ***leaves*** *simple, alternate, 10–27 cm long, margins serrate, beneath with tangled white to yellowish brown layers of pubescence;* ***flowers*** *solitary or paired (3), with 15–19 bractlets below the flower, persistent on the immature fruit, petals almost orbicular, 40–55 mm long, white or yellow, stamens numerous, 20–25 mm long, united at the base;* ***fruit*** *a woody capsule, 45–80 mm long, prominently 5-angled, splitting for 3/4 of its length, covered with dispersed stellate hairs; seed numerous, winged on one end.*
HABITAT: Mainly on dry, brushy or wooded hillsides; ascending to about 1,800 meters, but usually at 900 meters or less.
USES: The bark contains a tough fiber used as temporary cordage; fuelwood; leaves used to wrap smoked curds, giving them a special flavor; the seeds are an important food source for capuchin monkeys.
NOTES: The tree is showy when in flower, with an abundance of large, pure white blossoms. In the lower Motagua Valley, the tree is sometimes abundant, forming dense stands on rocky hillsides or along sandy and rocky stream beds. Flowering from June to September; fruiting from April to December.

Español: **Balsa**, **Lana**, **Jujul**, **Lanilla**, **Lanillo**, **Cajeto**, **Guano**, **Puj** (Alta Verapaz), **Corcho** (Suchitepéquez)
English: Balsa

DISTRIBUCIÓN: **Alta Verapaz**, **Escuintla**, **Huehuetenango**, **Izabal**, **Retalhuleu**, **Santa Rosa**, **Suchitepéquez**, algunas veces se planta en fincas, como en **Chimaltenango** y **Escuintla**. México; Centroamérica; hacia el sur hasta Bolivia; las Antillas.
❧ *Árboles, hasta 30 metros de alto, tronco hasta 1 metro de diámetro, a menudo con contrafuertes en la base, copa pequeña o ancha y deprimida;* ***hojas*** *grandes, ovado-orbiculares, generalmente 20–30 cm de ancho, con 7 nervios, a menudo con lóbulos poco profundos y ondulados, aterciopeladas en la parte de abajo;* ***flores*** *10–15 cm de largo, pétalos blanquecinos;* ***fruto*** *una cápsula erguida, 12–20 cm de largo, angosta, se resquebraja para revelar numerosas semillas pequeñas envueltas en algodón denso y pardo.*
HÁBITAT: Frecuente en claros de bosques perennifolios bajos, luego de incendios o perturbación; ocasional en bosques secos o húmedos; 30–400 metros.
USOS: La madera liviana se utiliza para varios artículos, lo que incluye tablas de surf; el algodón se utiliza como relleno en cojines y tapicería; la corteza se utiliza para cordeles; medicinal.
NOTAS: La balsa es interesante, debido a su crecimiento rápido y su madera liviana. La madera es blanca o blanquecina, suave y esponjosa; un pie cúbico pesa 7.5–12 libras. Florece de noviembre a febrero; fructifica de febrero a mayo.

DISTRIBUTION: **Alta Verapaz**, **Escuintla**, **Huehuetenango**, **Izabal**, **Retalhuleu**, **Santa Rosa**, **Suchitepéquez**, sometimes planted on farms or ranches, as in **Chimaltenango** and **Escuintla**. Mexico; Central America; southward to Bolivia; West Indies.
❧ *Trees, to 30 meters tall, trunk to 1 meter in diameter, often buttressed at base, crown small or broad and depressed;* ***leaves*** *large, ovate-orbicular, mostly 20–30 cm wide, 7-nerved, often shallowly lobed and undulate, velvety beneath;* ***flowers*** *10–15 cm long, petals whitish;* ***fruit*** *an erect capsule, 12–20 cm long, narrow, splitting to expose numerous small seeds embedded in dense brown cotton.*
HABITAT: Common in openings in low evergreen forests after fire or disturbance, occasional in dry and humid forests; 30–400 meters.
USES: Lightweight wood used for various articles, including surfboards; cotton used for stuffing in cushions and upholstery; bark used for twine; medicinals.
NOTES: Balsa is interesting due to its rapid growth and lightweight wood. Balsa wood is white or whitish, soft and spongy, a cubic foot weighing 7.5–12 pounds. Flowering from November to February; fruiting from February to May.

Español: **Zapotón**, **Pumpujuche**, **Zapote Bobo** (Petén)
English: Provision Tree (Belize), Guinea Chestnut
Otro: **Uacoot** (Petén, Maya)

DISTRIBUCIÓN: **Escuintla**, **Izabal**, **Petén**, **Retalhuleu**, **San Marcos**, **Santa Rosa**, **Suchitepéquez**. Sur de México; Guatemala; Belice; Honduras; Nicaragua; Costa Rica; Panamá; Sudamérica.

❧ *Árboles, a menudo en áreas muy húmedas, hasta 20 metros de alto, apoyados por contrafuertes generalmente angostos y altos, corteza lisa, a veces florecen cuando cortos;* ***hojas*** *alternas, palmado-compuestas, folíolos 5–8, 8–20 cm de largo, a veces aterciopelados en la parte de abajo;* ***flores*** *con pétalos 18–30 cm de largo, blancas o de color amarillo verdoso pálido, estambres numerosos, muy largos, morados o rojizos;* ***fruto*** *subgloboso u ovoide, liso o casi liso, en general 20–30 cm de largo, café claro, se abre para revelar semillas grandes.*

HÁBITAT: Pantanos, bosques densos o más abiertos, a veces en agua salobre o en la orilla; a elevaciones más altas se encuentra a lo largo de las riberas de arroyos; sobre todo en o cerca del nivel del mar, 300 metros o menos.

USOS: Las semillas se comen asadas; al parecer, las hojas jóvenes se cocinan y se comen en Sudamérica; medicinal; la corteza se utiliza para cordaje y tiene un tinte amarillo.

NOTAS: El árbol es muy frecuente en áreas costeras pantanosas, en estuarios de ríos en la zona atlántica. Se distingue por sus frutos grandes, muy duros y pesados. Las flores grandes son llamativas y olorosas, con pétalos angostos y muy largos.

DISTRIBUTION: **Escuintla**, **Izabal**, **Petén**, **Retalhuleu**, **San Marcos**, **Santa Rosa**, **Suchitepéquez**. Southern Mexico; Guatemala; Belize; Honduras; Nicaragua; Costa Rica; Panama; South America.

❧ *Trees, often in wet areas, to 20 meters tall, supported by usually narrow, tall buttresses, bark smooth, sometimes flowering when short;* ***leaves*** *alternate, palmately compound, leaflets 5–8, 8–20 cm long, sometimes velvety beneath;* ***flowers*** *with petals 18–30 cm long, white or pale greenish yellow, stamens numerous, very long, purple or reddish;* ***fruit*** *subglobose or ovoid, smooth or nearly smooth, mostly 20–30 cm long, light brown, splitting to expose large seeds.*

HABITAT: Swamps, densely forested or more open, sometimes in or at the edge of brackish water, at higher elevations found along stream banks; chiefly at or near sea level, 300 meters or less.

USES: Seeds eaten roasted; young leaves said to be cooked and eaten in South America; medicinal; bark used for cordage and a yellow dye.

NOTES: The tree is very common in swampy coastal areas, at the mouth of rivers in the Atlantic Zone. It is conspicuous for its large, very hard, heavy fruit. The large flowers are showy, fragrant, with very long, narrow petals.

Español: **Árbol de Señoritas**, **Árbol de Doncellas**, **Doncellas**, **Señoritas**, **Amapola**, **Mapola** (Petén), **Muñeco** (Izabal), **Ila** (Santa Rosa)
English: Shaving Brush Tree
Otros: **Acoque** (Quiché); **Pumpo** (Huehuetenango); **Chorrococo** (Alta Verapaz); **Chulte**, **Chulte Colorado** (Petén, Maya)
Sinónimo: *Bombax ellipticum*

DISTRIBUCIÓN: **Alta Verapaz**, **Chiquimula**, **Escuintla**, **Guatemala**, **Huehuetenango**, **Izabal**, **Petén**, **Quetzaltenango**, **Quiché**, **Sacatepéquez**, **Santa Rosa**, **Suchitepéquez**. Sur de México; Guatemala; Belice; El Salvador; Honduras; Nicaragua. Se planta en otras partes del mundo como ornamental.
❧ *Árboles grandes, inermes, caducifolios, corteza lisa, verdosa o gris;* ***hojas*** *palmado-compuestas, con 5 folíolos, cada uno generalmente 10–25 cm de largo;* ***flores*** *con pétalos rosados a rojo-púrpuras, 7–13 cm de largo, lineal-oblongos, estambres largos, rosado-púrpuras a blancos, numerosos;* ***fruto*** *oblongo o elipsoide, alrededor de 10 cm de largo, liso, algodón interno blanquecino.*

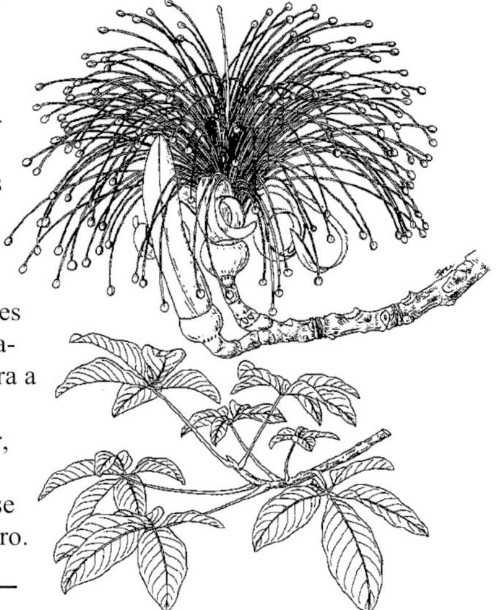

HÁBITAT: Bosques abiertos, húmedos a secos, a menudo disperso en campos y llanuras, con frecuencia en laderas rocosas abiertas, a veces se planta como ornamental; desde el nivel del mar hasta unos 1,800 metros, pero sobre todo en elevaciones bajas.
USOS: Ornamental en jardines; las flores se utilizan para decorar casas e iglesias en algunas partes de Centroamérica; la corteza se utiliza como medicamento; el algodón se utiliza como relleno; la madera a veces se utiliza para tablas de lavar; leña.
NOTAS: Este árbol es sumamente hermoso en flor, cuando está áfilo, a excepción de algunos brotes de hojas nuevas; se pueden observar los capullos que se abren lentamente al ponerse el sol. Florece en febrero.

DISTRIBUTION: **Alta Verapaz**, **Chiquimula**, **Escuintla**, **Guatemala**, **Huehuetenango**, **Izabal**, **Petén**, **Quetzaltenango**, **Quiché**, **Sacatepéquez**, **Santa Rosa**, **Suchitepéquez**. Southern Mexico; Guatemala; Belize; El Salvador; Honduras; Nicaragua. Planted elsewhere in the world as an ornamental.
❧ *Large trees, unarmed, deciduous, bark smooth, greenish or gray;* ***leaves*** *palmately compound with 5 leaflets, each generally 10–25 cm long;* ***flowers*** *with pink to red-purple petals, 7–13 cm long, linear-oblong, long stamens purple-pink to white, numerous;* ***fruit*** *oblong or ellipsoid, about 10 cm long, smooth, the internal cotton whitish.*
HABITAT: Wet to dry open forests, often scattered in fields and plains, frequently on open rocky hillsides, sometimes planted as an ornamental; from sea level to about 1,800 meters, but mainly at low elevations.
USES: Ornamental in gardens; flowers used to decorate houses and churches in some parts of Central America; bark used as a medicinal; cotton used as stuffing; wood sometimes used for washboards; fuelwood.
NOTES: This tree is extremely beautiful in flower, when it is leafless except for unfolding new leaves; the flower buds can be observed slowly opening as the sun sets. Flowering in February.

Español: **Castaño, Bellota, Mano de León** (costa norte)
English: Panama Tree

DISTRIBUCIÓN: **Alta Verapaz, El Progreso, Escuintla, Petén, Retalhuleu, San Marcos, Santa Rosa, Suchitepéquez, Zacapa**. México; Guatemala; El Salvador; Honduras; Nicaragua; Costa Rica; Panamá; norte de Suramérica, las Antillas.
❧ *Árboles, hasta 17 (–50) metros de alto, con grandes raíces tablares;* ***hojas*** *simples, 2–5-lobuladas, coriáceas, base cordiforme, por abajo densamente pubescentes, con pequeños pelos en forma de estrella;* ***flores*** *en grupos grandes, 13–20 cm de largo, agrupadas en las extremidades de las ramas, flores acampanadas, aterciopeladas, con lóbulos triangulares, de color verde amarillento con manchas rojas, flores masculinas o femeninas, las masculinas con 15 estambres;* ***fruto*** *un folículo, 8–9 cm de largo, se resquebraja para revelar semillas negras y lisas.*
HÁBITAT: Bosques o matorrales húmedos o secos; principalmente a 300 metros o menos.
USOS: Sombra; las semillas molidas a veces se utilizan para preparar una bebida; las semillas caídas sirven de alimento para cerdos; la corteza se utiliza en la medicina doméstica. Según se informa, la madera blanda se utiliza poco o nunca.
NOTAS: El castaño es particularmente abundante en las llanuras del Pacífico de Guatemala; a menudo un elemento llamativo de la selva, ya que se eleva por encima de la mayoría de los otros árboles. Los pelos que cubren el interior del fruto causan irritación y picazón. Las flores tienen un olor parecido al curry. Florece de noviembre a abril; fructifica de febrero a noviembre.

DISTRIBUTION: **Alta Verapaz, El Progreso, Escuintla, Petén, Retalhuleu, San Marcos, Santa Rosa, Suchitepéquez, Zacapa**. Mexico; Guatemala; El Salvador; Honduras; Nicaragua; Costa Rica; South America; West Indies.
❧ *Trees, to 17 (–50) meters tall, with large plank roots;* ***leaves*** *simple, 2–5-lobed, leathery, base cordate, densely pubescent beneath, with small stellate hairs;* ***flowers*** *in large groups, 13–20 cm long, crowded at branch ends, flowers bell-shaped, velvety, with triangular lobes, yellowish green with red markings, flowers male or female, the males with 15 stamens;* ***fruit*** *a follicle, 8–9 cm long, splitting to reveal smooth, black seeds.*
HABITAT: Moist or dry forests or thickets; mainly at 300 meters or less.
USES: Shade; ground seeds sometimes used to prepare a drink; fallen seeds are eaten by pigs; bark used in domestic medicine. Reportedly little or no use is made of the soft wood.
NOTES: Panama tree is particularly abundant on the Pacific plains of Guatemala; often a conspicuous element of the forest, towering above most other trees. Bristles lining the inside of the fruit cause irritation and itching. The flowers have a curry-like scent. In flower from November to April; in fruit from February to November.

Español: **Cacao**
English: Cacao, Cocoa Tree
Otros: **Xau** (Maya); **Cacau** (Yucatán); **Caco** (Poqomchi'); **Kicou**, **Kicob** (Poqomchi'); **Cuculat** (Pipil de Salamá); **Pacxoc** (Huehuetenango, plantas silvestres)

DISTRIBUCIÓN: **Alta Verapaz**, **Petén**, cultivado en menor escala a lo largo de las partes cálidas de Guatemala. México; Guatemala; Belice; El Salvador; Honduras; Nicaragua; Costa Rica; Panamá; Sudamérica; las Antillas; África.
❧ *Árboles pequeños, perennifolios, hasta 10 metros de alto (se les poda más corto en cultivos);* ***hojas*** *simples, alternas, 18–34 cm de largo, base a veces algo asimétrica, rojizas cuando jóvenes;* ***flores*** *a menudo en el tronco o en ramas grandes, 1–2 cm de ancho, pétalos 5, de color blanco amarillento, capucha del pétalo 3-nervada, nervaduras laterales muy gruesas y moradas, estambres 10, en 5 grupos;* ***fruto*** *variable en tamaño, hasta alrededor de 20 cm de largo, 5–10-acostillado, de color verde, amarillo, café rojizo o morado; semillas 2.5 cm de largo, 20–60 en cada fruto, cubiertas por una pulpa comestible, dulce y blanquecina.*
HÁBITAT: Tierras bajas calientes y muy húmedas; cultivado, por lo general se planta en la sombra; en su mayoría a 450 metros o menos.
USOS: El cacao y el chocolate se obtienen de las semillas, las cuales se utilizan en bebidas calientes y frías, salsas (mole en México), dulces y para hornear; la manteca de cacao se utiliza en remedios caseros y en cosméticos. Las semillas se utilizaban como moneda en el pasado, también en ceremonias aztecas y mayas.
NOTAS: Esta especie al parecer es silvestre en el sur de México, Guatemala, Belice y en la cuenca amazónica; ampliamente dispersa en cultiva de las tierras bajas tropicales. El cacao se planta a gran escala en algunos países; otras importantes zonas de producción incluyen África Occidental e Indonesia. Florece en septiembre y diciembre; fructifica en marzo y mayo.

DISTRIBUTION: **Alta Verapaz**, **Petén**, cultivated on a small scale throughout warmer parts of Guatemala. Mexico; Guatemala; Belize; El Salvador; Honduras; Nicaragua; Costa Rica; Panama; South America; West Indies; Africa.
❧ *Small evergreen trees, to 10 meters tall (trimmed shorter in cultivation);* ***leaves*** *simple, alternate, 18–34 cm long, base at times somewhat asymmetrical, reddish when young;* ***flowers*** *often on the trunk or large branches, 1–2 cm wide, petals 5, yellowish white, the hood 3-nerved, lateral veins very thick and purple, stamens 10, in 5 groups;* ***fruit*** *variable in size, to about 20 cm long, 5–10-ribbed, green, yellow, reddish brown or purple; seeds 2.5 cm long, 20–60 in each pod, covered with a sweet edible whitish pulp.*
HABITAT: Hot, wet lowlands; cultivated, usually grown in the shade; mostly at 450 meters or less.
USES: Cocoa and chocolate are obtained from the seeds, used in hot and cold drinks, sauces (mole in Mexico), candy and baking; cocoa butter is used in home remedies and cosmetics. The seeds were used as currency in the past, also in Aztec and Mayan ceremonies.
NOTES: The species is apparently wild in southern Mexico, Guatemala, Belize and in the Amazon watershed; widely dispersed in the lowland tropics in cultivation. Cacao is planted in some countries on a large scale; other important areas of production include West Africa and Indonesia. Flowering in September, December; fruiting in March, May.

Español: **Casta Susana**, **Tibuchina** (España)
English: Purple Glory Bush, Princess Flower

DISTRIBUCIÓN: **Alta Verapaz**, **Sacatepéquez**, **Sololá**, **Guatemala**, posiblemente todos los departamentos. Guatemala; Honduras; Nicaragua; Costa Rica. Nativa del sur de Brasil.
❧ *Árboles pequeños o arbustos, hasta 4 metros de alto, ramitas y hojas cubiertas de pelos cortos y suaves;* ***hojas*** *opuestas, simples, 4–12 cm de largo, 2–5 cm de ancho, 5–7-nervadas desde la base, a menudo con un margen rojo;* ***flores*** *con los lóbulos del cáliz lineales, alesnadas, 12–15 mm de largo, pétalos morados, 25–40 mm de largo, 20–40 mm de ancho, estambres con un codo distintivo, de dos tamaños: anteras más grandes 15–16 mm de largo, anteras más pequeñas 11–14 mm de largo; estilo 21–26 mm de largo.*
HÁBITAT: En ocasiones se cultiva.
USOS: Ornamental. Casta Susana es una planta de paisaje, muy popular en zonas libres de heladas alrededor del mundo.
NOTAS: Naturalizada en Hawái y considerada una maleza invasora. La propagación es mediante recortes arraigados. Florece y fructifica de octubre a marzo.

DISTRIBUTION: **Alta Verapaz**, **Sacatepéquez**, **Sololá**, **Guatemala**, possibly all departments. Guatemala; Honduras; Nicaragua; Costa Rica. Native to southern Brazil.
❧ *Small trees or shrubs, to 4 meters tall, twigs and leaves covered with short soft hairs;* ***leaves*** *opposite, simple, 4–12 cm long, 2–5 cm wide, 5–7-nerved from the base, often with a red margin;* ***flowers*** *with calyx lobes linear, awl-shaped, 12–15 mm long, petals purple, 25–40 mm long, 20–40 mm wide, stamens with a distinct bend, of two sizes: larger anthers 15–16 mm long, smaller anthers 11–14 mm long; style 21–26 mm long.*
HABITAT: Occasionally cultivated.
USES: Ornamental. Purple glory bush is a very popular landscape plant in frost-free areas around the world.
NOTES: Naturalized in Hawaii and considered an invasive weed. Propagation is by rooted cuttings. In flower and fruit from October to March.

Español: **Nim**
English: Neem

DISTRIBUCIÓN: Probablemente se encuentra por todo el país, pero rara vez se recolecta. Nativo de la región indomalaya y ampliamente cultivado a nivel mundial.
❧ *Árboles medianos, hasta 15 metros de alto, perennifolios, tronco corto y robusto;* ***hojas*** *alternas, pinnado-compuestas, hasta 40 cm de largo, con 4–9 pares de folíolos opuestos, curvados, hasta 9 cm de largo, 3 cm de ancho, base bastante asimétrica, márgenes serrados;* ***flores*** *en una panícula colgante, hasta 35 cm de largo, perfumadas, cáliz 5-lobulado, pétalos 5, separados, blancos, tubo estaminal cilíndrico, termina en 10 apéndices;* ***fruto*** *una drupa, 1.5–1.8 cm de largo, verde que se torna amarilla; 1–2 semillas.*
HÁBITAT: Cultivado, probablemente naturalizado, en zonas tropicales secas.
USOS: Árbol de plantación; ornamental; leña y madera; el fruto proporciona un aceite aromático y se utiliza como un sustituto de queroseno y para hacer jabón y cosméticos; los residuos del prensado (torta de nim) se utilizan en alimentos para animales y abono; las hojas (una fuente de azadiractina, un insecticida) se utilizan secas para proteger la ropa de las polillas, y el grano almacenado para proteger de los insectos; medicinas tradicionales.
NOTAS: Un árbol multiuso ampliamente plantado, de crecimiento rápido y resistente a la sequía.

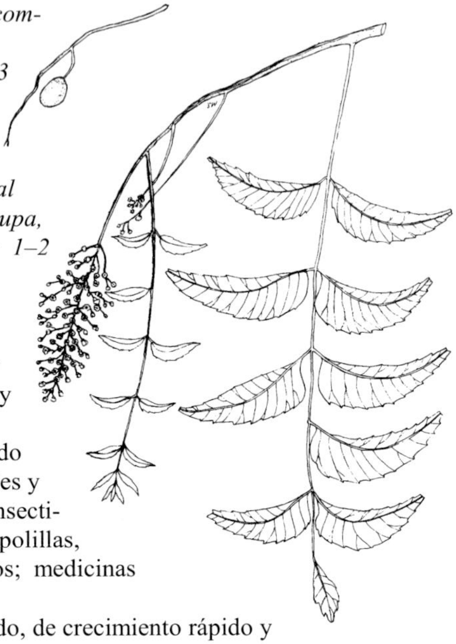

DISTRIBUTION: Likely found throughout the country, but rarely collected. Indigenous to Indomalaya and widely cultivated globally.
❧ *Medium trees, to 15 meters tall, evergreen, trunk short and stout;* ***leaves*** *alternate, pinnately compound, to 40 cm long, with 4–9 pairs of opposite leaflets, curved, to 9 cm long, 3 cm wide, base very asymmetric, margins serrate;* ***flowers*** *in a hanging panicle, to 35 cm long, scented, calyx 5-lobed, petals 5, separate, white, stamen tube cylindrical, ending with 10 appendages;* ***fruit*** *a drupe, 1.5–1.8 cm long, green turning yellow; seeds 1–2.*
HABITAT: Cultivated, probably naturalized, in dry tropical zones.
USES: Plantation tree; ornamental; fuelwood and wood; the fruit yields an aromatic oil, used as a kerosene substitute and to make soap, cosmetics; the ground residue (neem cake) used in animal feed and fertilizer; leaves (a source of azadirachtin, an insecticide) are used dry to protect clothes from moths, and in stored grain to protect against insects; traditional medicines.
NOTES: A widely-planted, multipurpose tree, fast growing and drought resistant.

Español: **Cedro**
English: Spanish Cedar, West Indian Cedar, Cigar-box Cedar
Otros: **Cuché** (Petén, Maya), **Tioxché** (Quiché, especie incierta)

DISTRIBUCIÓN: **Alta Verapaz**, **Baja Verapaz**, **Escuintla**, **Huehuetenango**, **Izabal**, **Petén**, **Quetzaltenango**, **Retalhuleu**, **San Marcos**, **Santa Rosa**, **Suchitepéquez**. México; Guatemala; Belice; El Salvador; Honduras; Nicaragua; Costa Rica; Panamá; Sudamérica; las Antillas.

❧ *Árboles, hasta 30 metros de alto, tronco a menudo más de 1 metro de diámetro, caducifolios;* ***hojas*** *alternas, pinnado-compuestas, cuando se machacan tienen olor a ajo, folíolos por lo general 5–12 pares, márgenes enteros, principalmente opuestos, oblicuamente lanceolados, en general 7–13 cm de largo, base asimétrica;* ***flores*** *en panículas, 20–35 cm de largo o más, abiertas y laxas, flores pequeñas, de color blanco cremoso, pétalos 5–7.5 mm de largo;* ***fruto*** *una cápsula leñosa, dehiscente, alrededor de 4 cm de largo; ala de la semilla 12–20 mm de largo.*

HÁBITAT: Bosques densos o abiertos, a menudo crece a lo largo de carreteras, con frecuencia se planta cerca de edificios; sobre todo a 600 metros o menos, a veces a elevaciones más altas.

USOS: Una madera de construcción de primera clase, rosada rojiza, fácil de trabajar, resistente a insectos y a la putrefacción, tradicionalmente se utiliza para fabricar cigarreras, canoas y remos; sombra; la corteza amarga se utiliza en algunos países como un medicamento.

NOTAS: Florece de abril a septiembre; fructifica de junio a marzo.

DISTRIBUTION: **Alta Verapaz**, **Baja Verapaz**, **Escuintla**, **Izabal**, **Petén**, **Quetzaltenango**, **Retalhuleu**, **San Marcos**, **Santa Rosa**, **Suchitepéquez**. Mexico; Guatemala; Belize; El Salvador; Honduras; Nicaragua; Costa Rica; Panama; South America; West Indies.

❧ *Trees, to 30 meters tall, trunk often over 1 meter in diameter, deciduous;* ***leaves*** *alternate, pinnately compound, when crushed smelling of garlic, leaflets usually 5–12 pairs, margins entire, chiefly opposite, obliquely lanceolate, commonly 7–13 cm long, base asymmetrical;* ***flowers*** *in panicles, 20–35 cm long or longer, open and lax, flowers small, creamy white, petals 5–7.5 mm long;* ***fruit*** *a woody capsule, dehiscent, about 4 cm long; seed wing 12–20 mm long.*

HABITAT: Dense or open forests, often growing along roadsides, frequently planted near buildings; mainly at 600 meters or less, sometimes at higher elevations.

USES: A premier timber, wood reddish pink, easy to work, insect and rot resistant; traditionally used for cigar boxes, canoes and canoe paddles; shade; bitter bark is used in some countries as a medicinal.

NOTES: In flower from April to September; in fruit from June to March.

Español: **Paraíso**
English: Paradise Tree (Belize), Chinaberry

DISTRIBUCIÓN: **Alta Verapaz, Baja Verapaz, Chiquimula, Escuintla, Guatemala, Izabal, Jalapa, Jutiapa, Petén, Retalhuleu, Sacatepéquez, San Marcos, Santa Rosa, Suchitepéquez, Zacapa**. Nativo del Viejo Mundo; cultivado y naturalizado en las zonas tropicales y más cálidas de las Américas.
❧ *Árboles, hasta 9 metros de alto, caducifolios;* ***hojas*** *alternas, grandes, principalmente 2-pinnadas, folíolos 3–8 cm de largo, inciso-serrados o lobulados;* ***flores*** *en panículas 10–25 cm de largo, multifloras, perfumadas, pétalos 8–12 mm de largo, morados o a veces blanquecinos, tubo de los estambres por lo general morado oscuro;* ***fruto*** *una drupa globosa, 1.5–2 cm de diámetro, amarilla, lisa, bastante translúcida; semilla acanalada, huesuda.*
HÁBITAT: Cultivado con frecuencia en Guatemala y naturalizado en muchos lugares, sobre todo en setos o matorrales de tierras bajas; desde el nivel del mar hasta 1,800 metros.
USOS: Ornamental; las semillas se utilizan para hacer collares; el fruto se utiliza por sus propiedades insecticidas; la corteza se utiliza para aturdir peces; madera de construcción; numerosos usos medicinales (en África).
NOTAS: Las hojas y los frutos son venenosos. El árbol es considerado invasivo en muchos países.

DISTRIBUTION: **Alta Verapaz, Baja Verapaz, Chiquimula, Escuintla, Guatemala, Izabal, Jalapa, Jutiapa, Petén, Retalhuleu, Sacatepéquez, San Marcos, Santa Rosa, Suchitepéquez, Zacapa**. Native to the Old World; cultivated and naturalized in tropical and warmer parts of the Americas.
❧ *Trees, to 9 meters tall, deciduous;* ***leaves*** *alternate, large, mostly 2-pinnate, leaflets 3–8 cm long, incised-serrate or lobed;* ***flowers*** *in panicles 10–25 cm long, many-flowered, scented, petals 8–12 mm long, purple or sometimes whitish, stamen tube usually deep purple;* ***fruit*** *a globose drupe, 1.5–2 cm in diameter, yellow, smooth, fairly translucent; seed grooved, bony.*
HABITAT: Cultivated commonly in Guatemala and naturalized in many places, especially in hedges or lowland thickets; from sea level to 1,800 meters.
USES: Ornamental; seeds strung in necklaces; fruit used for insecticidal properties; bark employed to stupefy fish; timber; numerous medicinal uses (in Africa).
NOTES: The leaves and fruit are poisonous. The tree is considered invasive in many countries.

Español: **Caoba, Caoba del Sur**
English: Mexican Mahogany, Honduran Mahogany, Pacific Coast Mahogany

DISTRIBUCIÓN: **Chiquimula**, **Escuintla**, **Huehuetenango** (región de Nentón, cerca de Santa Ana Huista, 800–1,200 metros), **Retalhuleu**, **San Marcos**, **Santa Rosa**, **Suchitepéquez**. México; Guatemala; El Salvador; Honduras; Nicaragua; Costa Rica.
❧ *Árboles, hasta 20 metros de alto, caducifolios;* ***hojas*** *más pequeñas que en* Swietenia macrophylla*, alternas, pinnado-compuestas, folíolos generalmente 6–12, 6–15 cm de largo, ápice disminuye en una punta muy larga, delgada, a menudo filiforme, sésiles o casi sésiles;* ***flores*** *en panículas 5–20 cm de largo o más, multifloras, pétalos blancos, 4.5–6 mm de largo;* ***fruto*** *una cápsula leñosa, a menudo 15–20 cm de largo, se divide desde abajo en 5 valvas; semillas color café claro, 6–8 cm de largo, aladas.* 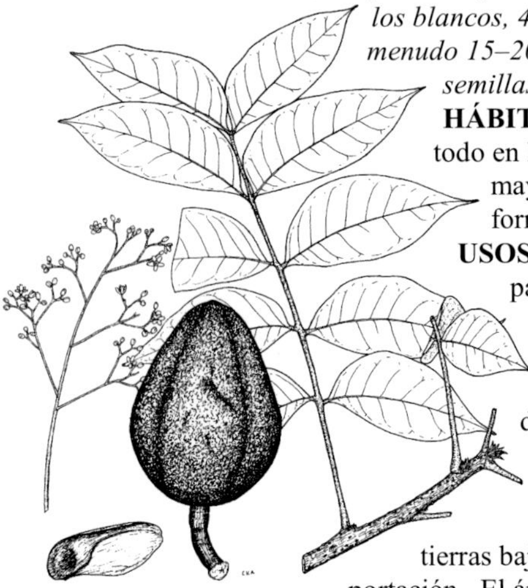
HÁBITAT: Bosques húmedos o bastante secos, sobre todo en llanuras o estribaciones del Pacífico; en su mayoría a 400 metros o menos, pero se presenta de forma esporádica en otros lugares.
USOS: Madera de construcción fina, muy apreciada para muebles y ebanistería, pero también valorada en la construcción naval; en Centroamérica, antiguamente se utilizaba con fines comunes, lo que incluye traviesas de ferrocarril y vallados, y previo a eso para canoas. El aceite de las semillas se utilizaba en el antiguo México como un cosmético y en la fabricación de jabón.
NOTAS: La caoba solía ser abundante para las tierras bajas del Pacífico, con mucho uso local y para exportación. El árbol es demasiado pequeño para suministrar madera a escala comercial, pero se utiliza a nivel local para la construcción de casas, en especial para puertas y marcos de ventana. Florece de marzo a abril; fructifica de manera irregular durante el año, sobre todo de octubre a marzo.

DISTRIBUTION: **Chiquimula**, **Escuintla**, **Huehuetenango** (region of Nentón, near Santa Ana Huista, 800–1,200 meters), **Retalhuleu**, **San Marcos**, **Santa Rosa**, **Suchitepéquez**. Mexico; Guatemala; El Salvador; Honduras; Nicaragua; Costa Rica.
❧ *Trees, to 20 meters tall, deciduous;* ***leaves*** *smaller than in* Swietenia macrophylla*, alternate, pinnately compound, leaflets mostly 6–12, 6–15 cm long, apex tapering into a very long, slender, often thread-like tip, sessile or nearly sessile;* ***flowers*** *in panicles 5–20 cm long or more, many-flowered, petals white, 4.5–6 mm long;* ***fruit*** *a woody capsule, often 15–20 cm long, splitting from below into 5 valves; seeds light brown, 6–8 cm long, winged.*
HABITAT: Moist or fairly dry forests, chiefly on the Pacific plains or foothills; mostly at 400 meters or less, but occurring sporadically elsewhere.
USES: Fine timber, highly prized for furniture and cabinetwork, but also valued in shipbuilding; in Central America it was utilized in the past for ordinary purposes, including railway crossties and fencing, formerly used for dugout canoes. Oil from the seeds was used in ancient Mexico as a cosmetic and employed in soap-making.
NOTES: Mexican mahogany was formerly abundant in the Pacific lowlands, with much local use and export. The tree is too small to supply wood on a commercial scale, but is used locally in the construction of houses, especially for doors and window frames. Flowering from March to April; fruiting irregularly throughout the year, mostly from October to March.

Español: **Caoba, Caoba del Petén, Caoba de Norte**
English: Honduran Mahogany, Mexican Mahogany
Otro: **Chacalte** (Petén, Maya)

DISTRIBUCIÓN: **Alta Verapaz, Izabal, Petén**, plantado ampliamente. México; Guatemala; Belice; El Salvador; Honduras; Nicaragua; Costa Rica; Panamá; hasta Brasil y Perú. ❧ *Árboles, hasta 40 metros de alto, tronco libre de ramas por 18–20 metros, hasta 75–150 cm de diámetro, contrafuertes a veces 3.5–4.5 metros de alto;* ***hojas*** *alternas, pinnado-compuestas, grandes, 15–25 cm de largo, folíolos principalmente 8–12, en un peciólulo delgado, oblicuamente lanceolado, por lo general 8–15 cm de largo, base muy oblicua;* ***flores*** *en panículas 10–20 cm de largo o más, pétalos blancos, 5–6 mm de largo;* ***fruto*** *una cápsula leñosa erguida, en general 12–15 cm de largo, 7 cm de ancho, abriéndose con 5 valvas; cada semilla con un ala, 7.5–8.5 cm de largo, hasta 3 cm de ancho, café rojiza.*
HÁBITAT: Disperso en bosques húmedos mixtos, llanuras o laderas; se planta; en su mayoría a 400 metros o menos.
USOS: Una valiosa madera tropical dura, que se utiliza para muebles de alta calidad e instrumentos musicales; la corteza se utiliza para tratar la fiebre.
NOTAS: *Swietenia macrophylla* a nivel comercial es la más importante del género y tiene un área de distribución inmensa. Florece de abril a junio; fructifica de mayo a julio.

DISTRIBUTION: **Alta Verapaz, Izabal, Petén**, widely planted. Mexico; Guatemala; Belize; El Salvador; Honduras; Nicaragua; Costa Rica; Panama; to Brazil and Peru.
❧ *Trees, to 40 meters tall, trunk clear of limbs for 18–20 meters, to 75–150 cm in diameter, buttresses sometimes 3.5–4.5 meters tall;* ***leaves*** *alternate, pinnately compound, large, leaflets mostly 8–12, on a slender petiolule, obliquely lanceolate, usually 8–15 cm long, base very oblique;* ***flowers*** *in panicles 10–20 cm long or longer, petals white, 5–6 mm long;* ***fruit*** *an erect woody capsule, commonly 12–15 cm long, 7 cm wide, opening with 5 valves; each seed with a wing, 7.5–8.5 cm long, to 3 cm wide, reddish brown.*
HABITAT: Scattered in wet, mixed forests, lowlands or hillsides; widely planted; mostly at 400 meters or less.
USES: A valuable tropical hardwood, used to make high-quality furniture and musical instruments; bark used to treat fevers.
NOTES: *Swietenia macrophylla* is commercially the most important of the genus and has an immense range. Flowering from April to June; fruiting from May to July.

Español: **Palo de Pan, Árbol de Pan, Mazapán, Fruta de Pan, Pan de Fruta, Castaña** (Petén, es probable que el nombre se aplique a la semilla)
English: Breadfruit

DISTRIBUCIÓN: Nativo en Asia tropical y en las islas del Pacífico; ampliamente plantado en la región del Caribe. Se encuentra en la costa norte de Guatemala, llanuras del Pacífico, la bocacosta, y en las tierras bajas de **Alta Verapaz**.

❧ *Árboles, hasta 25 metros de alto, tronco grueso, corteza lisa, con látex, copa por lo general muy densa;* ***hojas*** *alternas, simples, 30–80 cm de largo, 25–40 cm de ancho, verde oscuras, profundamente pinnado-lobuladas;* ***flores*** *divididas en inflorescencias masculinas y femeninas: las masculinas en densas espigas claviformes, amarillas, 25–40 cm de largo, las femeninas en una inflorescencia subglobosa verde;* ***fruto*** *grande y carnoso, subgloboso u ovalado, a menudo 30 cm de largo, liso o espinoso, verde que se torna amarillo, pulpa blanca a amarillenta; con o sin semillas grandes.*

HÁBITAT: En cultivos a elevaciones bajas.

USOS: Ornamental; el fruto se utiliza como alimento, forraje para ganado; las semillas se comen cocidas; el látex se utiliza para sellar barcos y como un medicamento.

NOTAS: La fruta de pan es un alimento importante en las islas del Pacífico, Malasia y el Caribe, pero en Centroamérica rara vez se come, excepto en la región de la costa atlántica, donde el fruto joven se come en rodajas fritas o hervidas.

DISTRIBUTION: Native in tropical Asia and Pacific Islands; widely planted in the Caribbean region. Found on Guatemala's north coast, Pacific plains, the *bocacosta*, and in the lowlands of **Alta Verapaz**.

❧ *Trees, to 25 meters tall, trunk thick, bark smooth, with latex, crown normally very dense;* ***leaves*** *alternate, simple, 30–80 cm long, 25–40 cm wide, dark green, deeply pinnately lobed;* ***flowers*** *divided in male and female inflorescences: male in dense, yellow, club-like spikes, 25–40 cm long, female in a green subglobose inflorescence;* ***fruit*** *large and fleshy, subglobose or oval, often 30 cm long, smooth or spiny, green turning yellow, flesh white to yellowish; with or without large seeds.*

HABITAT: In cultivation at low elevations.

USES: Ornamental; fruit used as food, livestock feed; seeds eaten cooked; latex used as boat caulk and as a medicinal.

NOTES: Breadfruit is an important food in the Pacific islands, Malaysia and the Caribbean, but in Central America it is seldom used except in the Atlantic Coast region, where young fruit is sliced and eaten fried or boiled.

Español: **Castaño, Árbol de Jack**
English: Jackfruit

DISTRIBUCIÓN: **Escuintla, Guatemala** (se planta en la Ciudad de Guatemala) y en otros lugares. Guatemala; Honduras; Nicaragua; Costa Rica; Panamá. Se cultiva por todo el trópico; nativo de la India.

❧ *Árboles perennifolios, hasta 20 metros de alto, tronco 30–50 cm de diámetro, con látex blanco, árboles maduros con raíces tubulares;* ***hojas*** *alternas, simples, 7–15 cm de largo o más, coriáceas, lustrosas, nervaduras secundarias 6–8 en cada lado del nervio principal, estípulas entrelazadas, 1.5–8 cm de largo, caedizas, la cicatriz restante anular y visible;* ***flores*** *diminutas, masculinas o femeninas, inflorescencias en el tronco o en ramas grandes, inflorescencia masculina cilíndrica, 2–7 cm de largo, multiflora, inflorescencia femenina con un tallo grueso, con muchas flores pequeñas;* ***fruto*** *un sincarpo, amarillo pálido cuando joven, café amarillento cuando maduro, grande, 30–100 cm de largo, áspero.*

HÁBITAT: De cultivo; elevaciones bajas.

USOS: El fruto se utiliza como alimento; las semillas se pueden hervir o asar y comer como castañas; sombra; madera de construcción, leña, carbón vegetal; las hojas se utilizan como forraje.

NOTAS: El fruto parece ser el más grande del mundo que nace de un árbol, cada uno pesa hasta 35 kilos. La pulpa amarilla tiene un sabor a banano o piña, con algunas variedades del fruto que pueden ser suaves y otras crujientes cuando maduras. El fruto totalmente maduro, sin abrir, tiene un olor desagradable a cebolla podrida. Florece y fructifica durante todo el año.

DISTRIBUTION: **Escuintla, Guatemala** (planted in Guatemala City), and elsewhere. Guatemala; Honduras; Nicaragua; Costa Rica; Panama. Cultivated throughout the tropics; native to India.

❧ *Evergreen trees, to 20 meters tall, trunk 30–50 cm in diameter, with white latex, mature trees with tubular roots;* ***leaves*** *alternate, simple, 7–15 cm long or more, leathery, shiny, secondary veins 6–8 on each side of midvein, stipules clasping, 1.5–8 cm long, falling off, the remaining scar annular and conspicuous;* ***flowers*** *tiny, either male or female, inflorescences on trunk or large branches, male inflorescence cylindrical, 2–7 cm long, many-flowered, female inflorescence with a fleshy stem, with many tiny flowers;* ***fruit*** *a syncarp, pale yellow when young, yellowish brown when mature, large, 30–100 cm long, rough.*

HABITAT: Cultivated; low elevations.

USES: Fruit used as food; the seeds can be boiled or roasted and eaten like chestnuts; shade; wood used for timber, fuelwood, charcoal; leaves used as fodder.

NOTES: The fruit is reported as the largest tree-borne fruit in the world, weighing up to 35 kilos each. The yellow flesh has a taste similar to banana or pineapple, with some varieties soft and others crisp when ripe. The fully ripe fruit, when unopened, has an objectionable smell of rotten onions. Flowering and fruiting throughout the year.

Español: **Ramón**, **Ujushte**, **Ujushte Blanco**, **Masico**, **Ramón Blanco**, **Capomo** (Belice)
English: Breadnut
Otro: **Ox** (Maya)

DISTRIBUCIÓN: **Alta Verapaz**, **Baja Verapaz**, **Escuintla**, **Guatemala**, **Huehuetenango**, **Izabal**, **Petén**, **Quiché**, **Retalhuleu**. Sur de México; Guatemala; Belice; El Salvador; Honduras; Nicaragua; Costa Rica; las Antillas.

❧ *Árboles, hasta 30 (–50) metros de alto, tronco hasta 1 metro de diámetro, con contrafuertes, copa densa, perennifolio, con látex lechoso;* ***hojas*** *alternas, simples, coriáceas, verde claras cuando frescas, enteras, en general 7–14 (–20) cm de largo;* ***flores*** *diminutas, en cabezuelas globosas alrededor de 1 cm de ancho;* ***fruto*** *verde que se torna amarillo o anaranjado, aproximadamente 15 mm de ancho; 1 semilla, 12 mm de ancho.*

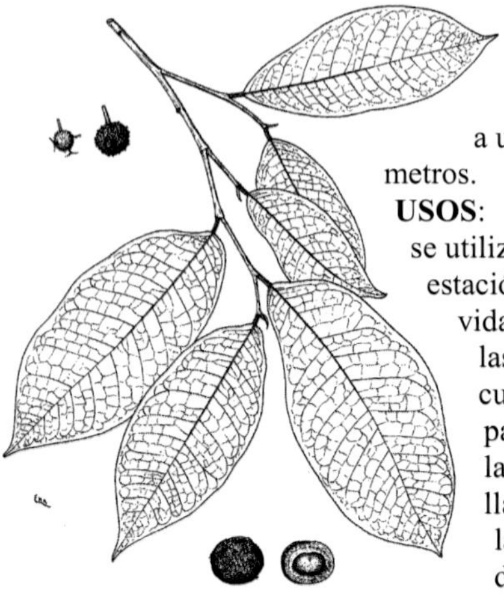

HÁBITAT: Bosques húmedos o mojados; asciende a unos 1,000 metros, pero en su mayoría a menos de 300 metros.

USOS: Madera de construcción, leña. Las hojas y los frutos se utilizan para alimentar al ganado, en especial durante la estación seca, cuando otro forraje es escaso; comida para vida silvestre. La pulpa delgada del fruto es comestible, y las semillas hervidas (a veces asadas) son nutritivas; cuando secas, las semillas se muelen en forma de harina para hacer una comida parecida a la tortilla, o se utiliza la harina para hacer pan. En el sur de México, las semillas asadas se utilizan como un sustituto del café. El látex lechoso parece crema y se dice que cuando se diluye en agua proporciona un sustituto para la leche de vaca; el látex también es medicinal.

NOTAS: El árbol es más abundante en los sitios de antiguos pueblos mayas, donde forma arboledas llamadas ramonales. La madera se describe como blanca o en ocasiones grisácea o con matices de rosado, compacta, dura y de grano fino. Florece y fructifica de febrero a diciembre.

DISTRIBUTION: **Alta Verapaz**, **Baja Verapaz**, **Escuintla**, **Guatemala**, **Huehuetenango**, **Izabal**, **Petén**, **Quiché**, **Retalhuleu**. Southern Mexico; Guatemala; Belize; El Salvador; Honduras; Nicaragua; Costa Rica; West Indies.

❧ *Trees, to 30 (–50) meters tall, trunk to 1 meter in diameter, buttressed, crown dense, evergreen, with milky latex;* ***leaves*** *alternate, simple, leathery, bright green when fresh, entire, chiefly 7–14 (–20) cm long;* ***flowers*** *tiny, in globose heads about 1 cm wide;* ***fruit*** *green turning yellow or orange, about 15 mm wide; 1 seed, 12 mm wide.*

HABITAT: Moist or wet forests; up to about 1,000 meters, but mostly below 300 meters.

USES: Construction lumber, firewood. Leaves and fruit are fed to livestock, especially during the dry season when other forage is scarce; wildlife food. The thin pulp of the fruit is edible, and the boiled (sometimes roasted) seeds are nutritious; when dried the seeds are ground to form a meal and tortilla-like cakes are made, or the flour is added to bread. In southern Mexico the roasted seeds are used as a coffee substitute. The free-flowing, milky latex resembles cream, and when diluted with water is said to provide a cow milk substitute; the latex is also a medicinal.

NOTES: The tree is most abundant on sites of old Maya villages, where it forms groves called *ramonales*. The wood is described as white or sometimes grayish or tinged with pink, compact, hard and fine-grained. Flowering and fruiting from February to December.

Español: **Ule, Hule**
English: Central American Rubber Tree, Panama Rubber Tree
Otros: **Cheel K'i'c** (Poqomchi'), **Kik** (Lacandón), **Kiikche** (Q'eqchi')

DISTRIBUCIÓN: Alta Verapaz, Escuintla, Huehuetenango, Izabal, Petén, Quiché, Retalhuleu, San Marcos, Santa Rosa, Suchitepéquez, más abundante en las llanuras del Pacífico. México; Guatemala; Belice; El Salvador; Honduras; Nicaragua; Costa Rica; Sudamérica; las Antillas.
❧ *Árboles medianos a grandes, a menudo con cortes en el tronco, con savia blanca cremosa, ramitas cubiertas de pelos leonados;* ***hojas*** *alternas, simples, en su mayoría 20–45 cm de largo, la base suele ser ligeramente cordiforme, hojas muy finamente dentadas, ásperas por arriba, aterciopeladas por abajo;* ***flores*** *masculinas o femeninas: receptáculos masculinos en su mayoría en grupos de 6, alrededor de 2–2.5 cm de largo, receptáculos femeninos sésiles o casi sésiles;* ***fruto*** *un receptáculo, cuando maduro a menudo más de 5 cm de ancho, rojo o rojo-anaranjado; semillas alrededor de 1 cm de largo.*
HÁBITAT: Frecuente en bosques secos o mojados, o en matorrales de tierras bajas; a veces se planta en fincas a elevaciones un poco más altas; en su mayoría a 300 metros o menos.
USOS: El látex se utiliza a nivel local como caucho para hacer capotes, telas y otros artículos impermeables; históricamente, se hacían grandes bolas de látex para el juego de pelota, que se jugaba parecido al baloncesto en canchas de los templos mayas.
NOTAS: Los árboles se encuentran a menudo sangrados, con grandes cicatrices en sus troncos. Se les puede reconocer desde lejos, debido a sus hojas bien grandes, suaves y en dos filas, las cuales cuelgan a lo largo de cada lado de las ramas. Los frutos maduros son llamativos debido a su color rojo o anaranjado brillante. El árbol por lo general pierde sus hojas a finales de la estación seca. Florece y fructifica todo el año.

DISTRIBUTION: Alta Verapaz, Escuintla, Huehuetenango, Izabal, Petén, Quiché, Retalhuleu, San Marcos, Santa Rosa, Suchitepéquez, most abundant on the Pacific plains. Mexico; Guatemala; Belize; El Salvador; Honduras; Nicaragua; Costa Rica; South America; West Indies.
❧ *Medium to large trees, often with slashes on the trunk, with creamy white sap, branchlets covered with tawny hairs;* ***leaves*** *alternate, simple, chiefly 20–45 cm long, base usually shallowly cordate, leaves very finely dentate, rough above, velvety beneath;* ***flowers*** *either male or female: male receptacles mostly in clusters of 6, about 2–2.5 cm long, female receptacles sessile or nearly sessile;* ***fruit*** *a receptacle, when mature often more than 5 cm wide, red or orange-red; seeds about 1 cm long.*
HABITAT: Common in dry or wet forests or in lowland thickets; sometimes planted on properties at somewhat higher elevations; chiefly at 300 meters or less.
USES: The latex is used locally as rubber to make raincoats, waterproof cloth and other articles; historically, large latex balls were made for the game of *pelota*, played somewhat like basketball on ball courts found in Mayan temples.
NOTES: The trees are often found tapped, with large scars on their trunks. From a distance they are recognized by their very large, soft, 2-ranked leaves that droop along each side of the branches. The bright red or orange mature fruit are conspicuous when ripe. The tree usually loses its leaves toward the end of the dry season. Flowering and fruiting all year.

Español: **Ficus Benjamina**
English: Weeping Fig, Benjamin Fig

DISTRIBUCIÓN: Sin duda se puede encontrar en todos los departamentos. Nativo de la India y Malasia; se cultiva en todo el mundo.
❧ *Árbol pequeño con copa densa, porta raíces aéreas y ramas algo péndulas, tronco hasta 50 cm de diámetro, corteza gris a gris-blanca, lisa, ramas principales producen raíces aéreas que pueden convertirse en troncos nuevos, látex blanco;* ***hojas*** *alternas, simples, alrededor de 8 cm de largo, lustrosas y algo coriáceas;* ***flores*** *diminutas, numerosas, se encuentran dentro de un higo globoso, verde, por lo general se tornan de un color anaranjado o rojo, aproximadamente 1 cm de ancho;* ***fruto*** *un aquenio diminuto, numeroso dentro del higo.*
HÁBITAT: Cultivado en jardines, árbol de calle y planta de maceta.
USOS: Ornamental, podado y formado en setos y topiaria; sombra.
NOTAS: Un árbol muy frecuente en cultivos.

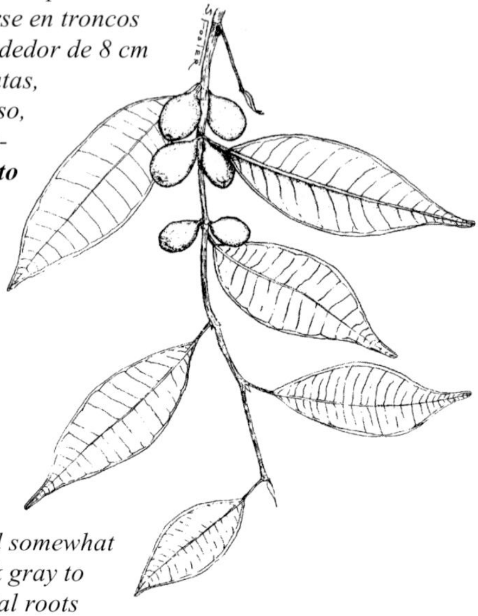

DISTRIBUTION: Undoubtedly found in all departments. Native of India and Malaysia; grown worldwide.
❧ *Small, dense-crowned tree, with aerial roots and somewhat pendent branches, trunk to 50 cm in diameter, bark gray to gray-white, smooth, main branches producing aerial roots which can develop into new trunks, white latex;* ***leaves*** *alternate, simple, about 8 cm long, shiny and somewhat leathery;* ***flowers*** *tiny, numerous, found within a globose fig, green usually turning orange or red, about 1 cm wide;* ***fruit*** *a tiny achene, numerous within the fig.*
HABITAT: Cultivated in gardens, street tree and potted plant.
USES: Ornamental, pruned and shaped into hedges and topiary; shade.
NOTES: A very common cultivated tree.

Español: **Higuero** (la planta), **Higo** (la fruta)
English: Common Fig

DISTRIBUCIÓN: El árbol se ha observado en cultivos en **Guatemala**, **Sacatepéquez**, posiblemente se encuentra en todos los departamentos. Nativo de Asia, pero se cultiva por su fruto en todas las regiones cálidas de la Tierra, donde el clima es favorable.
❧ *Árboles pequeños, hasta 10 metros de alto, tronco hasta 50 cm de diámetro, látex blanco, árboles maduros con raíces tubulares, estípulas ovadas, 1.5–8 cm de largo, caedizas, dejando visibles cicatrices anulares;* ***hojas*** *alternas, simples, 7–15 cm de largo o más, 3–7 cm de ancho, palmado-lobuladas, coriáceas, con 3–5 nervios principales desde la base;* ***flores*** *diminutas, dentro de un higo en forma de pera;* ***fruto*** *un aquenio diminuto, numeroso dentro del higo, cada higo 5–8 cm de largo, verde a morado-café.*
HÁBITAT: Se planta de manera esporádica, por lo general se puede encontrar en jardines cerca de viviendas.
USOS: Fruto comestible; ornamental.
NOTAS: Los registros arqueológicos muestran a este árbol como una de las plantas más antiguas cultivadas por el hombre. El árbol a menudo fructifica bien, sobre todo en regiones más secas o durante la estación seca. El fruto a veces se encuentra a la venta en los mercados locales.

DISTRIBUTION: The tree has been noted in cultivation in **Guatemala**, **Sacatepéquez**, possibly found in all departments. Native of Asia, but cultivated for its fruit in all warmer regions of the Earth, where the climate is favorable.
❧ *Small trees, to 10 meters tall, trunk to 50 cm in diameter, white latex, mature trees with tubular roots, stipules ovate, 1.5–8 cm long, falling off, leaving conspicuous annular scars;* ***leaves*** *alternate, simple, 7–15 cm long or more, 3–7 cm wide, palmately lobed, leathery, with 3–5 main nerves from the base;* ***flowers*** *tiny, within a pear-shaped fig;* ***fruit*** *a tiny achene, numerous within the fig, each fig 5–8 cm long, green to purple-brown.*
HABITAT: Planted sporadically, usually found in gardens near dwellings.
USES: Edible fruit; ornamental.
NOTES: Archaeological records show this tree to be one of the oldest plants cultivated by humans. The tree often bears well, especially in drier regions or during dry months. The fruit is sometimes offered for sale in local markets.

Español: **Hoja de Hule, Cushillón**
English: Indian Rubber Tree

DISTRIBUCIÓN: **Guatemala** y otros departamentos. Nativo de Asia.
❧ *Árboles grandes, hasta 20 metros de alto, látex blanco, tronco muy grande, a menudo multicaule, con raíces aéreas;* ***hojas*** *alternas, simples, 12–30 cm de largo, lisas, coriáceas, con más de 50 nervaduras secundarias, estípulas hasta 15 cm de largo, rojas, caen y dejan cicatrices circulares en la rama;* ***flores*** *diminutas, dentro de los higos;* ***fruto*** *diminuto, numeroso, dentro de un higo, higos 2 por nudo, obovoides, 1–2 cm de largo, verdes con manchas oscuras, que se tornan amarillos y después anaranjados.* 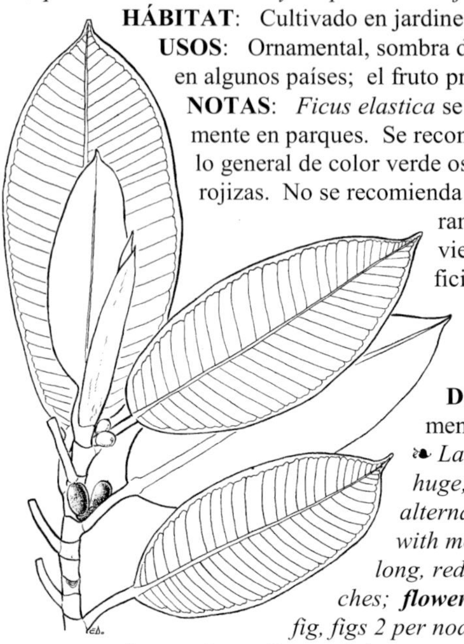
HÁBITAT: Cultivado en jardines y como árbol de calle.
USOS: Ornamental, sombra densa; las hojas sirven de forraje para animales en algunos países; el fruto proporciona alimento para la vida silvestre.
NOTAS: *Ficus elastica* se cultiva con frecuencia en jardines y ocasionalmente en parques. Se reconoce por sus hojas grandes, lustrosas, gruesas, por lo general de color verde oscuras por arriba, las estípulas normalmente rojizas. No se recomienda como árbol de sombra, debido a que sus grandes ramas son pesadas y se quiebran fácilmente con el viento, y porque las raíces están cerca de la superficie del suelo y a menudo se levantan y dañan el pavimento.

DISTRIBUTION: **Guatemala** and other departments. Native to Asia.
❧ *Large trees, to 20 meters tall, white latex, trunk huge, often multi-stemmed, with aerial roots;* ***leaves*** *alternate, simple, 12–30 cm long, smooth, leathery, with more than 50 secondary veins, stipules to 15 cm long, red, falling and leaving circular scars on the branches;* ***flowers*** *tiny, within figs;* ***fruit*** *tiny, numerous, within a fig, figs 2 per node, obovoid, 1–2 cm long, green with dark mottles, turning yellow and then orange.*
HABITAT: Cultivated in gardens and as street trees.
USES: Ornamental, dense shade; the leaves are animal fodder in some countries; fruit provide wildlife food.
NOTES: *Ficus elastica* is commonly cultivated in gardens and occasionally in parks. It is recognized by its large, shiny, thick leaves, generally dark green above, the stipules usually reddish. It is not recommended as a shade tree because its large limbs are easily broken by the wind, and the roots are near the soil surface and often lift and damage pavement.

Español: **Sicomoro**
English: Sycamore Fig, Fig-mulberry

DISTRIBUCIÓN: Originario de gran parte de África, el Medio Oriente y Madagascar; naturalizado en Israel y Egipto, y se introdujo en muchas partes del mundo. **Guatemala**, **Sacatepéquez**, es probable que se encuentre en gran parte del país, ya que está a la venta en varios viveros.

❧ *Árboles, hasta 20 metros de alto, copa densa, extendida, con savia blanca, corteza verde-amarilla a anaranjada, se exfolia en tiras papiráceas para revelar una corteza interior amarilla;* ***hojas*** *simples, alternas, ásperas al tacto, por lo general 10–20 cm de largo, persistentes, coriáceas, sin pelo por arriba y por abajo algo peludas, en especial a lo largo de los nervios;* ***flores*** *diminutas, dentro de un higo;* ***fruto*** *pequeño, numeroso, dentro de un higo de unos 2–3 cm de ancho, madura de café verdoso a amarillo o rojo, aterciopelado, por lo general deprimido-globular, en las axilas de las hojas o agrupado en ramitas cortas y torcidas que surgen de los troncos o ramas más viejas.*
HÁBITAT: En los lugares en los que es nativo, el árbol se encuentra a menudo a lo largo de los ríos con suelos ricos y en los bosques mixtos.
USOS: Ornamental, sombra. En el Cercano Oriente el sicomoro es un árbol de huerto; una importante fuente de alimento para la fauna en los lugares en los que es silvestre.
NOTAS: Los higos maduros son comestibles, pero bastante acuosos e insípidos en comparación con el higo común (*Ficus carica*). La floración y fructificación puede ocurrir durante todo el año.

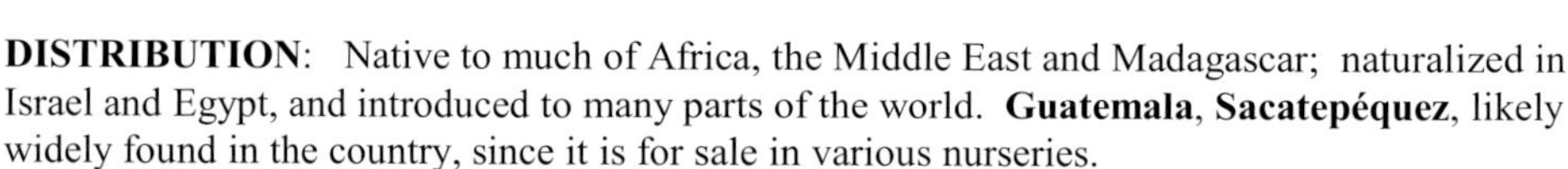

DISTRIBUTION: Native to much of Africa, the Middle East and Madagascar; naturalized in Israel and Egypt, and introduced to many parts of the world. **Guatemala**, **Sacatepéquez**, likely widely found in the country, since it is for sale in various nurseries.
❧ *Trees, to 20 meters tall, crown dense, spreading, with white sap, bark green-yellow to orange, exfoliating in papery strips to reveal yellow inner bark;* ***leaves*** *simple, alternate, rough to the touch, usually 10–20 cm long, persistent, leathery, hairless above and somewhat hairy beneath, especially along nerves;* ***flowers*** *tiny, within a fig;* ***fruit*** *small, numerous, within a fig about 2–3 cm wide, ripening from tan-green to yellow or red, velvety, usually depressed-globular, in leaf axils or crowded on short contorted twigs arising from the trunks or older branches.*
HABITAT: Where native, the tree is often found along rivers with rich soils and in mixed woodlands.
USES: Ornamental, shade; in the Near East sycamore fig is an orchard tree; an important source of food for wildlife where wild.
NOTES: The mature figs are edible but fairly watery and insipid when compared to the common fig (*Ficus carica*). Flowering and fruiting can occur year round.

Español: **Moringa, Paraíso Blanco, Perlas, Marengo**
English: Horseradish Tree

DISTRIBUCIÓN: **Chiquimula, El Progreso, Escuintla, Guatemala, Jutiapa, Petén, Retalhuleu, San Marcos, Santa Rosa, Zacapa,** sin duda se puede encontrar en la mayoría de los otros departamentos. Nativo desde el norte de África hasta la India; plantado en América tropical como ornamental; naturalizado en muchas localidades.

❧ *Árboles, hasta 8 metros de alto;* ***hojas*** *alternas, 3-pinnado compuestas, 25–30 cm de largo;* ***flores*** *en panículas 10–25 cm de largo, con ramas pubescentes, flores 12–15 mm de largo, de color blanco cremoso, fragantes, anteras amarillas;* ***fruto*** *delgado, colgante, con 3 lados, 18–32 cm de largo, 0.9–2.2 cm de ancho, contraído entre las semillas; semillas alrededor de 1 cm de largo, café oscuras, con 3 alas papiráceas.*

HÁBITAT: Cultivado y naturalizado; 0–500 (–1,000) metros.

USOS: Las raíces son un sustituto del rábano picante (*Armoracia*); la madera produce un tinte azul; hojas jóvenes, vainas y flores se cocinan y se comen en la India y Nepal; el aceite de behen se obtiene de las semillas y se utiliza en lubricantes y perfumes; las semillas molidas se utilizan para purificar el agua; la goma de la corteza tiene usos medicinales; ornamental; a veces se encuentra en vallas en hileras.

NOTAS: Frecuente en las partes cálidas de Centroamérica. El árbol a menudo es irregular en forma, con ramas débiles y fácilmente quebradizas. En algunos lugares se utiliza principalmente como ornamental, pero se reporta que las hojas y flores se utilizan en la preparación de un té medicinal. Florece y fructifica todo el año, en especial de diciembre a febrero y de julio a agosto.

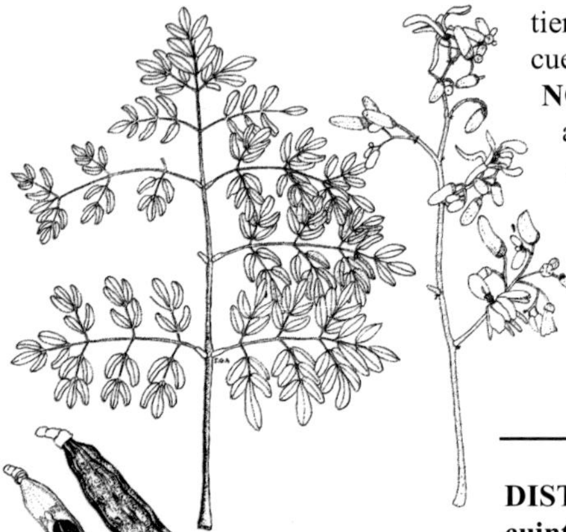

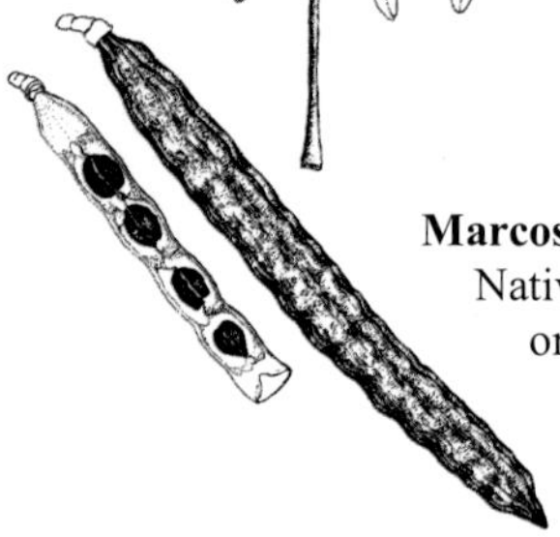

DISTRIBUTION: **Chiquimula, El Progreso, Escuintla, Guatemala, Jutiapa, Petén, Retalhuleu, San Marcos, Santa Rosa, Zacapa,** doubtless found in most other departments. Native from northern Africa to India; planted in tropical America for ornament; naturalized in many localities.

❧ *Trees, to 8 meters tall;* ***leaves*** *alternate, 3-pinnately compound, 25–30 cm long;* ***flowers*** *in panicles 10–25 cm long, with pubescent branches, flowers 12–15 mm long, creamy white, fragrant, anthers yellow;* ***fruit*** *narrow, pendent, 3-sided, 18–32 cm long, about 1–2 cm wide, contracted between the seeds; seeds about 1 cm long, dark brown, with 3 papery wings.*

HABITAT: Cultivated and naturalized; 0–500 (–1,000) meters.

USES: The roots are a substitute for horseradish (*Armoracia*); the wood yields a blue dye; young leaves, pods and flowers are cooked and eaten in India and Nepal; seeds produce ben oil, used in lubrication and perfume; ground seeds are used to purify water; the gum exuded from the bark has medicinal uses; ornamental; sometimes found in fencerows.

NOTES: Common in warmer parts of Central America. The tree is often irregular in form, with weak, easily broken branches. In some places it is mainly used as an ornamental, but it is noted that the leaves and flowers are used to prepare a medicinal tea. Flowering and fruiting all year, especially from December to February and from July to August.

Español: **Capulín, Capulín Blanco**
English: Jamaica Cherry, Calabura Jam Tree (Sri Lanka)

DISTRIBUCIÓN: **Alta Verapaz, Baja Verapaz, Chiquimula, El Progreso, Escuintla, Guatemala, Izabal, Petén, Retalhuleu, Santa Rosa, Zacapa.** Sur de México hasta el norte de Sudamérica; las Antillas; cultivado y naturalizado en muchas partes del mundo.

❧ *Árboles pequeños, hasta 10 metros de alto, ramas delgadas; **hojas** simples, alternas, 6–14 cm de largo, base bastante oblicua, márgenes gruesamente serrados, por abajo aterciopeladas blancas; **flores** blancas, pétalos 1 cm de largo; **fruto** globoso, 1 cm de ancho o un poco más, amarillo o rojo.*

HÁBITAT: Matorrales o bosques secundarios secos a húmedos, a menudo en laderas con muchos arbustos o a lo largo de lechos arenosos de arroyos; 900 metros o menos.

USOS: La corteza contiene una fibra muy resistente, apropiada para cordaje y a veces se utiliza para canastas; el fruto es comestible y sumamente dulce.

NOTAS: El árbol tiene mucha maleza y a menudo es abundante en tierra abandonada que ha sido cultivada, o a lo largo de caminos. Florece y fructifica durante todo el año.

DISTRIBUTION: **Alta Verapaz, Baja Verapaz, Chiquimula, El Progreso, Escuintla, Guatemala, Izabal, Petén, Retalhuleu, Santa Rosa, Zacapa.** Southern Mexico to northern South America; West Indies; cultivated and naturalized in many parts of the world.

❧ *Small trees, to 10 meters tall, branches slender; **leaves** simple, alternate, 6–14 cm long, base very oblique, margins coarsely serrate, below velvety white; **flowers** white, petals 1 cm long; **fruit** globose, 1 cm wide or slightly more, yellow or red.*

HABITAT: Dry to wet thickets or secondary forests, often on brushy slopes or along sandy streambeds; 900 meters or less.

USES: The bark contains a very tough fiber, suitable for cordage and sometimes used for baskets; the fruit is edible and intensely sweet.

NOTES: The tree is weedy and often abundant on abandoned land that has been under cultivation or along roadsides. Flowering and fruiting throughout the year.

Español: **Banano**
English: Banana

DISTRIBUCIÓN: Se puede encontrar en gran parte del país, pero con menos frecuencia que el plátano; se cultiva en todas partes de la zona tropical.
❧ *Hierbas arborescentes, 4–7 metros de alto, tronco verde con manchas color negro-café;* ***hojas*** *con láminas 1.5–3 metros de largo;* ***flores*** *en una inflorescencia larga, tallo peludo, brácteas de la inflorescencia lanceoladas a angostamente ovadas, los márgenes se erizan hacia atrás, de color rojo opaco o morado o amarillo en el exterior, rosado opaco o morado o amarillo en el interior, flores masculinas de color blanco cremoso;* ***fruto*** *12–20 cm de largo, amarillo cuando maduro, pulpa de color amarillo pálido o intenso, dulce; semillas ausentes.*
HÁBITAT: En cultivos. Se cultiva desde el nivel del mar hasta los 2,400 metros o más, pero con mejor producción desde el nivel del mar hasta los 1,000 metros.
USOS: La fruta se come fresca o se cocina en postres y pan; una fuente de sombra de rápido crecimiento en cafetales.
NOTAS: Esta especie incluye muchos cultivares o variedades; se reporta como uno de los progenitores del híbrido *Musa* x *paradisiaca* (plátano).

DISTRIBUTION: Found in much of the country, but less frequently than plantain; cultivated throughout the tropics.
❧ *Tree-like herbs, 4–7 meters tall, green trunk with black-brown blotches;* ***leaves*** *with blades 1.5–3 meters long;* ***flowers*** *in a long inflorescence, stalk hairy, flower bracts lanceolate to narrowly ovate, edges curling back, dull red or purplish or yellow outside, dull pink or purplish or yellow within, masculine flowers creamy white;* ***fruit*** *12–20 cm long, yellow when mature, the pulp pale or intense yellow, sweet; seeds lacking.*
HABITAT: In cultivation. Grown from sea level to 2,400 meters or more, but best production from sea level to 1,000 meters.
USES: Fruit is eaten fresh or baked in desserts and bread; quick-growing coffee shade.
NOTES: This species includes many cultivars or varieties; it is reported as one of the parents of the hybrid *Musa* x *paradisiaca* (plantain).

PROCESADA

Español: **Plátano, Guineo, Banano**
English: Plantain, Cooking Banana

DISTRIBUCIÓN: Sin duda en todos los departamentos. Cultivado en todas partes de la zona tropical por su fruto comestible.
❧ *Hierbas arborescentes, 4–7 metros de alto, tronco verdecito, sin manchas;* ***hojas*** *con láminas 1.5–3 metros de largo;* ***flores*** *en una inflorescencia larga, tallo sin pelos a escasamente peludo, brácteas de la inflorescencia por lo general anchamente ovadas, márgenes sin enrizarse hacia atrás, de color morado-café claro por fuera, rojo carmesí lustroso por dentro, flores masculinas de color blanco cremoso o parcialmente manchadas de rosado;* ***fruto*** *12–25 cm de largo, amarillo o verde-amarillo cuando maduro, pulpa de color amarillo pálido o intenso; semillas ausentes o rara vez pocas.*
HÁBITAT: Se cultiva con frecuencia en el país; 0–800 metros.
USOS: Alimento, se come cocido; se exporta a los Estados Unidos; sombra en cafetales.
NOTAS: Este nombre incluye todos los híbridos entre *Musa acuminata* y *Musa balbisiana*. La clasificación de los cultivares ha sido difícil, debido al gran número de raíces locales y la frecuente presencia de mutaciones.

DISTRIBUTION: Undoubtedly found in all departments. Cultivated throughout the tropics for its edible fruit.
❧ *Tree-like herbs, 4–7 meters tall, trunk greenish, not blotched;* ***leaves*** *with blades 1.5–3 meters long;* ***flowers*** *in a long inflorescence, stalk hairless to sparsely hairy, bracts of the inflorescence usually widely ovate, edges not curling back, light brown-purple outside, shiny crimson within, masculine flowers creamy white or partially pink-spotted;* ***fruit*** *12–25 cm long, yellow or yellow-green when mature, pulp pale or intense yellow; seeds lacking or rarely few.*
HABITAT: Commonly cultivated in the country; 0–800 meters.
USES: Food, eaten cooked; exported to the United States; coffee shade.
NOTES: This name includes all the hybrids between *Musa acuminata* and *Musa balbisiana*. The classification of the cultivars has proven difficult due to the large number of local races and the frequent occurrence of mutations.

Español: **Calistemo, Calistemo Flor Roja**
English: Weeping Red Bottlebrush

DISTRIBUCIÓN: **Chimaltenango**, **Guatemala**, **Sacatepéquez**, sin duda otros departamentos también. Nativo de Australia; ampliamente cultivado en los trópicos y subtrópicos.
❧ *Árboles o arbustos, hasta 10 metros de alto, ramas péndulas, con pelos finos cuando jóvenes;* ***hojas*** *alternas, angostas, hasta 6.5 cm de largo, menos de 1 cm de ancho, rígidas, aromáticas cuando se machacan;* ***flores*** *en una espiga cilíndrica, hasta 12 cm de largo, con una masa de estambres color rojo vivo, inicialmente al final de la rama, que continúa creciendo como un vástago folioso;* ***fruto*** *una cápsula leñosa, retenida en el tallo por varios años, hemisférica, 4–6 mm de largo.*
HÁBITAT: De cultivo.
USOS: Ornamental.
NOTAS: Florece en febrero, agosto y diciembre; fructifica en diciembre, con fruto que persiste en las ramas.

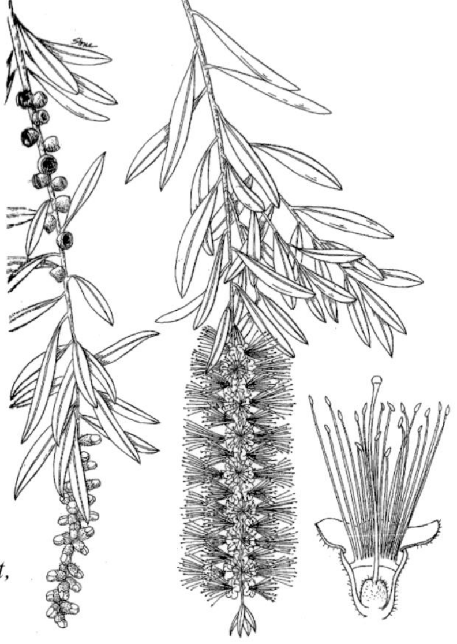

DISTRIBUTION: **Chimaltenango**, **Guatemala**, **Sacatepéquez**, undoubtedly other departments too. Native of Australia; widely cultivated in the tropics and subtropics.
❧ *Trees or shrubs, to 10 meters tall, branches pendent, when young with fine hairs;* ***leaves*** *alternate, narrow, to 6.5 cm long, less than 1 cm wide, rigid, aromatic when crushed;* ***flowers*** *in a cylindrical spike, to about 12 cm long, with a vivid mass of red stamens, initially at the end of the branch, which continues to grow as a leafy sprout;* ***fruit*** *a woody capsule, retained on the stem for several years, hemispheric, 4–6 mm long.*
HABITAT: Cultivated.
USES: Ornamental.
NOTES: Flowering in February, August and December; fruiting in December, with fruit persistent on the branches.

SERENISIMA

Español: **Eucalipto, Eucalipto Camaldulensis**
English: Eucalyptus; River Redgum, Redgum, Murray Redgum, River Gum (Australia)

DISTRIBUCIÓN: Originario de Australia; ampliamente plantado en zonas áridas de todo el mundo.
❧ *Árboles, hasta 12 (–45) metros de alto, corteza lisa, con manchas blancas, grises, pardas o rojas;* ***hojas*** *de dos tipos: las juveniles no son frecuentes, algo aovadas, las adultas alternas, angostamente lanceoladas, 9–22 cm de largo, 1–2.5 cm de ancho, por lo general curvadas;* ***flores*** *en una umbela axilar, 6–11 flores por umbela, con numerosos estambres largos y blancos;* ***fruto*** *una cápsula acopada, 5 (–8) mm de largo, con 3–4 valvas triangulares prominentemente levantadas, curvadas hacia adentro.*
HÁBITAT: De cultivo, por todo el país. Ampliamente distribuido en Australia, sobre todo a lo largo de ríos y en llanuras aluviales; a menudo forma bosques puros. Crece bien en condiciones forestales muy húmedas, y en otras partes se utiliza de manera extensa en sitios semiáridos.
USOS: Leña; ornamenal; en Australia, la madera densa se utiliza como madera estructural en donde se requiere fuerza y durabilidad, incluso como traviesas de ferrocarril.
NOTAS: Este árbol se caracteriza por su corteza blanquecina y parda, algo lisa, y por su tronco corto y torcido. Las hojas machacadas tienen el olor distintivo del eucalipto. Florece y fructifica en febrero.

DISTRIBUTION: Native to Australia; extensively planted in arid areas throughout the world.
❧ *Trees, to 12 (–45) meters tall, bark smooth, with patches of white, gray, brown or red;* ***leaves*** *of two types: juvenile leaves not common, somewhat ovate, adult leaves alternate, narrowly lanceolate, 9–22 cm long, 1–2.5 cm wide, commonly curved;* ***flowers*** *in an axillary umbel, 6–11 flowers per umbel, with numerous long white stamens;* ***fruit*** *a cup-shaped capsule, 5 (–8) mm long, with 3–4 prominently raised triangular valves, curved inward.*
HABITAT: Cultivated, throughout the country. Widespread in Australia, mainly along streams and in flood plains; it often forms pure forests. The tree will grow well in wet forest conditions, and is used extensively elsewhere on semi-arid sites.
USES: Fuelwood; ornamental; in Australia the dense wood is used for structural timbers where strength and durability are required, including railroad crossties.
NOTES: This tree is characterized by its whitish and brown, somewhat smooth bark and short crooked trunk. Crushed leaves have the distinctive smell of eucalyptus. Flowering and fruiting in February.

Español: **Eucalipto Plateado**
English: Gum Tree, Silver Dollar Tree, Argyle Apple, Eucalyptus

DISTRIBUCIÓN: Nativo en las llanuras y sabanas de Australia; cultivado en todo el mundo como árbol ornamental. Ampliamente plantado en Guatemala (**Guatemala, Sololá, Sacatepéquez** y otros departamentos).
❧ *Árboles, hasta 10 metros de alto, corteza áspera, fibrosa, de color rojo-café en el tronco y ramas más grandes, lisa y de color marrón rojizo o gris por arriba, o a veces áspera en su totalidad;* ***hojas*** *de color azul-verde blanquecino, con una cubierta cerosa blanca (glaucas), hojas juveniles opuestas, orbiculares a ampliamente lanceoladas, 20–45 mm de largo, hojas intermedias opuestas, ampliamente ovadas a lanceoladas, 48–90 mm de largo, hojas adultas lanceoladas a ligeramente curvadas, 35–120 mm de largo, ápice agudo;* ***flores*** *blancas, en grupos de 3, capullos sésiles, el capullo central rara vez con tallo corto, glaucas, 6–8 mm de largo, 3–4 mm de ancho;* ***fruto*** *obcónico a hemisférico, sésil, 4.5–6.5 mm de largo, 6–8 mm de ancho, disco ancho, nivelado o ascendente, valvas 3–5, ligeramente exsertas.*
HÁBITAT: Jardines; por lo general en climas soleados y secos.
USOS: Las hojas aromaticas, de color azul-verde blanquecino, y las ramas son ampliamente utilizadas en florales y coronas florales; en Australia son importantes como plantas productoras de miel, y las hojas producen un tinte rojo.
NOTAS: El árbol es de crecimiento rápido y tolerante a la sequía, con un maravilloso aroma fresco.

DISTRIBUTION: Native on the plains and savannas of Australia; cultivated worldwide as an ornamental tree. Widely planted in Guatemala (**Guatemala, Sololá, Sacatepéquez** and other departments).
❧ *Trees, to 10 meters tall, bark rough, fibrous, red-brown on trunk and larger branches, smooth and brown-red or gray above, or sometimes rough throughout;* ***leaves*** *whitish blue-green, with a waxy white covering (glaucous), juvenile leaves opposite, orbicular to broadly lanceolate, 20–45 mm long, intermediate leaves opposite, broadly ovate to lanceolate, 48–90 mm long, adult leaves lanceolate to slightly curved, 35–120 mm long, apex acute;* ***flowers*** *white, in groups of 3, flower buds sessile, the central bud rarely short stalked, glaucous, 6–8 mm long, 3–4 mm wide;* ***fruit*** *obconical to hemispherical, sessile, 4.5–6.5 mm long, 6–8 mm wide; disc wide, level or ascending, valves 3–5, slightly exserted.*
HABITAT: Gardens; generally in sunny, dry climates.
USES: The aromatic whitish blue-green leaves and branches are widely used in flower arrangements and wreaths; in Australia they are important honey-producing plants, and the leaves produce a red dye.
NOTES: The tree is drought tolerant and fast growing, with a wonderful fresh scent.

Español: **Cadaga**, **Cadaghi**
English: Cadaga, Cadagi Tree, Torell's Eucalyptus

DISTRIBUCIÓN: Nativo de Australia; cultivado en los trópicos. **Guatemala**, **Sacatepéquez**, sin duda se puede encontrar en la mayoría de los departamentos, si no en todos.
❧ *Árboles, hasta 30 metros de alto, corteza lisa, verde por encima, base del tronco escamoso y de color gris oscuro con la edad, ramas jóvenes cubiertas de pelos rojos rígidos;* ***hojas*** *juveniles a adultas, hojas juveniles alternas, ampliamente lanceoladas, aproximadamente 2 veces más largas que anchas, 10–14.5 cm de largo, cubiertas de pequeños pelos rígidos, peciolo no retorcido, hojas adultas alternas, estrecha a ampliamente lanceoladas;* ***flores*** *en un grupo de umbelas, terminales y axilares, 3 o 4 (–7) flores por umbela, capullos 8–10 mm de largo, cáliz con una tapa;* ***fruto*** *una cápsula leñosa, redondeada o en forma de urna, 8–13 mm de largo, disco deprimido, valvas 3, insertadas.*
HÁBITAT: De cultivo. En Australia se puede encontrar al borde de los bosques tropicales, en suelos volcánicos, y requiere subsuelos permeables o con buen drenaje superficial; precipitación 1,000–1,500 mm o más; elevación 100–800 metros.
USOS: Ornamental, árbol de calle, sombra.
NOTAS: Es un árbol de crecimiento rápido con una copa densa, que produce mucha sombra (inusual para un eucalipto), y a menudo se planta como árbol de calle en la Ciudad de Guatemala. Los pelos han sido reportados como irritantes.

DISTRIBUTION: Native to Australia; cultivated in the tropics. **Guatemala**, **Sacatepéquez**, no doubt found in most or all departments.
❧ *Trees, to 30 meters tall, bark smooth, green above, trunk base scaly and dark gray with age, young branches covered with stiff red hairs;* ***leaves*** *juvenile to adult, juvenile leaves alternate, widely lanceolate, about 2 times longer than wide, 10–14.5 cm long, covered with small stiff hairs, petiole not twisted, adult leaves alternate, narrow to widely lanceolate;* ***flowers*** *in a group of umbels, terminal and axillary, 3 or 4 (–7) flowers per umbel, buds 8–10 mm long, calyx with a lid;* ***fruit*** *a woody capsule, rounded or urn-shaped, 8–13 mm long, disc depressed, valves 3, inserted.*
HABITAT: Cultivated. In Australia found at the edge of rain forests, on volcanic soils, requiring permeable subsoils or good surface drainage; rainfall 1,000–1,500 mm or more; elevation 100–800 meters.
USES: Ornamental, street tree, shade.
NOTES: This is a fast-growing tree with a dense crown, producing heavy shade (unusual for a eucalypt), and is often planted as a street tree in Guatemala City. The hairs have been reported as irritating.

Español: **Cerecín Pitanga, Cereza de Surinam, Pitanga**
English: Surinam Cherry

DISTRIBUCIÓN: Plantado ocasionalmente en Guatemala, en especial alrededor de la Ciudad de Guatemala, Cobán y en la costa norte. Es probable que sea nativo de Sudamérica y en la actualidad se planta en muchas regiones tropicales. México; Guatemala; Belice; El Salvador; Nicaragua; Costa Rica; Panamá; Sudamérica.
❧ *Árboles o arbustos pequeños, a veces hasta 9 metros de alto;* ***hojas*** *ovadas, 2.5–7 cm de largo, 1.5–2 veces más largas que anchas, pecíolo 3–4 mm de largo, 1–1.3 mm de ancho, nervio central cóncavo o ranurado por arriba venas laterales 5–6 pares, algo prominente por abajo, hojas de color verde oscuro, brillantes por arriba, más pálidas por debajo, por lo general con numerosas glándulas translúcidas y pálidas visibles en ambas superficies;* ***flores*** *en un racimo axilar muy corto con 1–3 pares de flores, éstas subtendidas por brácteas, capullos de unos 5 mm de largo, hipanto corto y cónico 1 mm de largo, estambres alrededor de 60, hasta 7 mm de largo, pétalos blancos, 7–8 mm de largo;* ***fruto*** *8-acanalado, de color rojo tomate, muy jugoso, deprimido-globoso, 2–3 cm de diámetro.*
HÁBITAT: De cultivo; desde el nivel del mar hasta 1,800 metros de elevación.
USOS: El fruto se come y al parecer sirve para hacer un excelente helado, sorbete o jugo.
NOTAS: Cerecín pitanga es por lo general una planta de seto hermosa y densamente ramificada, que se convierte en un árbol extenso si se le permite crecer. El fruto es jugoso, con un sabor picante agradable, identificado por sus ocho costillas poco profundas.

DISTRIBUTION: Planted occasionally in Guatemala, especially around Guatemala City, Cobán, and on the North Coast. Probably native to South America, and now planted in many tropical regions. Mexico; Guatemala; Belize; El Salvador; Nicaragua; Costa Rica; Panama; South America.
❧ *Small trees or shrubs, sometimes to 9 meters tall;* ***leaves*** *ovate, 2.5–7 cm long, 1.5–2 times as long as broad, petiole 3–4 mm long, 1–1.3 mm wide, midvein concave or grooved above, lateral veins 5–6 pairs, fairly prominent beneath, leaves dark green, glossy above, paler beneath, usually with numerous pale translucent glands apparent on both surfaces;* ***flowers*** *in a very short axillary cluster with 1–3 pairs of flowers, these subtended by bracts, buds about 5 mm long, hypanthium short and conical, 1 mm long, stamens about 60, to 7 mm long, petals white, 7–8 mm long;* ***fruit*** *tomato red, very juicy, depressed-globose, 2–3 cm in diameter, 8-ribbed.*
HABITAT: Cultivated; from sea level to 1,800 meters in elevation.
USES: The fruit is eaten, and reportedly makes excellent ice cream, sherbet and juice drinks.
NOTES: Surinam cherry is usually a handsome, densely branched hedge plant, becoming a straggling tree if allowed to grow. The fruit is juicy, with a pleasant spicy flavor, identified by its eight shallow ribs.

Español: **Calistemon Blanco**
English: Cajeput Tree, Weeping Paperbark

DISTRIBUCIÓN: **Guatemala**, **Sololá**, sin duda ampliamente cultivado. El árbol es nativo de Myanmar (Birmania), las islas malayas y Australia; ampliamente cultivado en los trópicos. ❧ *Árboles medianos, perennifolios, tronco recto, corteza muy gruesa y esponjosa, blanquecina, se desprende en escamas papiráceas, ramas cortas, delgadas y péndulas;* ***hojas*** *opuestas cuando jóvenes, después alternas, de color azul-verde plateado, oblicuas, coriáceas, la extremidad en punta, la base disminuye en un tallo corto, lámina 5–13 cm de largo, con 3–7 nervios longitudinales;* ***flores*** *de color blanco cremoso, sésiles, en espigas axilares 5–15 cm de largo, el tallo a menudo es prolongado y da hojas, estambres numerosos, exertos, más o menos 8–13 mm de largo, pétalos 5, 8–13 mm de largo, cáliz alrededor de 4 mm de diámetro, cilíndrico;* ***fruto*** *una pequeña cápsula verdosa, cilíndrica, con una profunda depresión en la parte de arriba, estas cápsulas espaciadas a lo largo de la longitud de la ramita; muchas semillas diminutas.*

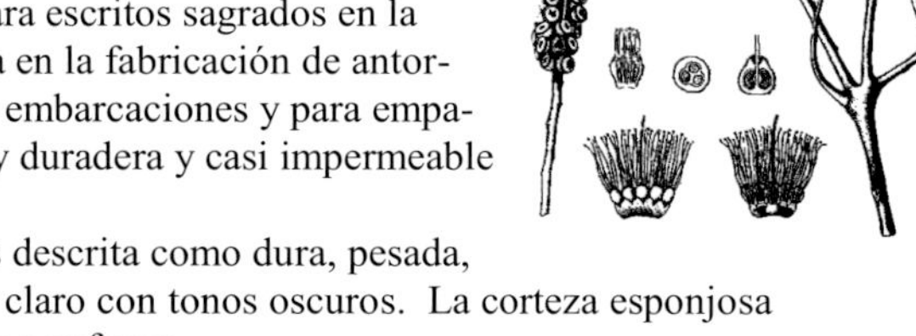

HÁBITAT: En Australia se puede encontrar cerca de o en agua, riberas de ríos y lagunas; en otras partes se cultiva; a menudo elevaciones medias y bajas.

USOS: Se planta con frecuencia en parques guatemaltecos. Las ramitas y hojas son la fuente del aceite de cajaput, que se utiliza con fines medicinales y para repeler zancudos. La madera, en algunos países, es utilizada para la construcción naval y para postes de cercas, ya que soporta suelos húmedos. La corteza papirácea es utilizada para escritos sagrados en la India, también empleada en la fabricación de antorchas, la construcción de embarcaciones y para empacar frutas, ya que es muy duradera y casi impermeable al agua.

NOTAS: La madera es descrita como dura, pesada, de grano fino y de color claro con tonos oscuros. La corteza esponjosa protege al árbol del daño por fuego.

DISTRIBUTION: **Guatemala**, **Sololá**, no doubt widely planted. The tree is a native of Myanmar (Burma), the Malay Islands and Australia; widely cultivated in the tropics. ❧ *Medium trees, evergreen, trunk straight, bark very thick and spongy, whitish, peeling off in papery flakes, branches short, slender and pendulous;* ***leaves*** *opposite when juvenile, later alternate, silvery blue-green, oblique, leathery, tip pointed, base tapering to a short stalk, leaf blade 5–13 cm long, with 3–7 longitudinal nerves;* ***flowers*** *creamy white, sessile, in axillary spikes 5–15 cm long, the stalk often prolonged and leaf-bearing, stamens numerous, exserted, about 8–13 mm long, petals 5, 8–13 mm long, calyx about 4 mm in diameter, cylindric;* ***fruit*** *a small greenish capsule, cylindrical with a deep depression on top, these capsules spaced out along the length of the twig; many minute seeds.*

HABITAT: In Australia found near or in water, riversides and lagoons; elsewhere in cultivation; mainly at mid and low elevations.

USES: Planted frequently in Guatemalan parks. The twigs and leaves are the source of cajeput oil, used medicinally and to repel mosquitoes. The wood, in some countries, is used for shipbuilding and for fence posts since it withstands moist soils. The papery bark is used for sacred writings in India, also employed for making torches, boat-building and packing fruit, since it is very durable and almost impervious to water.

NOTES: The wood is described as hard, heavy, close grained and light in color with dark shades. The spongy bark protects the tree from fire damage.

Español: **Pimiento, Pimienta Gorda, Pimienta, Pimienta de Jamaica, Pimienta de Chiapas**
English: Allspice
Otros: **Peensia** (Cobán, Q'eqchi'), **Pens** (Q'eqchi'), **Ixnabacuc** (Petén, Maya)

DISTRIBUCIÓN: **Alta Verapaz, Guatemala, Petén, San Marcos, Santa Rosa**; comúnmente cultivado en fincas. Sur de México; Guatemala; Belice; El Salvador; Honduras; Nicaragua; Costa Rica; las Antillas.
❧ *Árboles, hasta 25 metros de alto, ramitas cuadrangulares;* ***hojas*** *simples, alternas, lustrosas, elípticas a ovado-oblongas, 7–22 cm de largo, aromáticas cuando se machacan;* ***flores*** *en una panícula, 6–12 cm de largo, con muchas flores, base de la flor campanulada, pétalos 4;* ***fruto*** *una baya, 4–10 mm de diámetro, coronada en el ápice por los viejos lóbulos del cáliz.*
HÁBITAT: Frecuente en bosques maduros viejos, húmedos o mojados, por lo general en piedra caliza; 350 metros o menos. A veces se planta para ornamento o fruto en jardines, parques o calles a elevaciones bajas y medias.
USOS: Produce la conocida pimienta de Jamaica, que se utiliza como condimento, el cual consiste de bayas inmaduras secas; medicina doméstica.
NOTAS: Es un árbol maravilloso debido a su aroma intenso y agradable. Se le llama *allspice* ('toda especia') en inglés porque parece combinar los sabores del clavo de olor, la canela y la nuez moscada. El fruto se utiliza ampliamente como una especia en muchos países americanos y europeos, y por lo general está a la venta en los mercados guatemaltecos. El árbol se reconoce por su olor característico y distintiva corteza lisa que se desprende, similar a la del guayabo. La madera es resistente, de grano fino, el duramen es café rojizo. Florece de marzo a mayo y agosto a diciembre; fructifica de agosto a septiembre.

DISTRIBUTION: **Alta Verapaz, Guatemala, Petén, San Marcos, Santa Rosa**; commonly cultivated on ranches and farms. Southern Mexico; Guatemala; Belize; El Salvador; Honduras; Nicaragua; Costa Rica; West Indies.
❧ *Trees, to 25 meters tall, branchlets quadrangular;* ***leaves*** *simple, opposite, glossy, elliptical to ovate-oblong, 7–22 cm long, aromatic when crushed;* ***flowers*** *in a panicle, 6–12 cm long, with many flowers, flower base bell-shaped, petals 4;* ***fruit*** *a berry, 4–10 mm in diameter, crowned at the apex by the old calyx lobes.*
HABITAT: Common in moist or wet climax forests, usually on limestone; 350 meters or less. Sometimes planted for ornament or fruit in gardens, parks or streets at low and mid elevations.
USES: Produces the well-known allspice, which is the dried, unripe berries used in cooking; domestic medicine.
NOTES: This is a delightful tree due to its intense and agreeable scent. The name "allspice" is used because the fruit is thought to combine the flavors of clove, cinnamon and nutmeg. The fruit is widely used as a spice in most American and European countries, and is commonly sold in Guatemalan markets. The tree is recognizable by its characteristic odor and distinctive smooth and peeling bark, much like that of guava. The wood is tough, close-grained, the heartwood is reddish brown. Flowering from March to May, August to December; fruiting from August to September.

Español: **Guayabo** (planta), **Guayaba** (fruta)
English: Guava, Common Guava
Otros: **Pataj**, **Patá** (Q'eqchi'); **Cac** (Poqomchi'); **Ch'amaxuy** (Ixil); **Piac** (Kaqchilkel, Antigua); **Ikiec** (Kaqchikel, Tecpan)

DISTRIBUCIÓN: **Alta Verapaz**, **Baja Verapaz**, **Chimaltenango**, **Petén**, **Santa Rosa**, es probable que se pueda encontrar en todos los departamentos de Guatemala. México; Guatemala; Belice; El Salvador; Honduras; Nicaragua; Costa Rica; Panamá; Sudamérica tropical; las Antillas; Florida; naturalizado en el paleotrópico.

❧ *Árboles pequeños, hasta 10 metros de alto, ramitas cuadrangulares, cada ángulo con una ala pequeña;* ***hojas*** *opuestas, 6–14 cm de largo, con nervadura paralela visible, densamente pubescentes por debajo;* ***flores*** *blancas, 2.5 cm de ancho, por lo general solitarias o en ocasiones varias, con 4–5 pétalos y muchos estambres blancos;* ***fruto*** *con una piel color amarillo claro cuando maduro, distintivo olor dulce, 2–6 cm de largo, lleno de semillas duras y redondas en el centro, jugoso, dulce o ácido, pulpa de color amarillo pálido a anaranjado oscuro, dependiendo de la variedad.*

HÁBITAT: Sobre todo en matorrales húmedos o secos, en especial en pastizales, a menudo forma rodales casi puros de considerable extensión, también en cultivos; hasta 1,800 metros (más frecuente a 1,000 metros o menos).

USOS: El fruto se come fresco y también en jalea o pasta de guayaba como postre; alimento para la vida silvestre; madera de construcción, leña; la corteza se utiliza para curtir cuero (en México); hojas medicinales.

NOTAS: El árbol es frecuente en tierras bajas, a menudo forma rodales puros llamados *guayabales*. Muchos animales comen el fruto y lo distribuyen ampliamente, a menudo se puede encontrar de manera abundante en pastizales de ganado. Variedades mejoradas del fruto se cultivan a nivel mundial, con gran diferencia de color, forma, tamaño y sabor. Florece y fructifica durante todo el año.

DISTRIBUTION: **Alta Verapaz**, **Baja Verapaz**, **Chimaltenango**, **Petén**, **Santa Rosa**, probably found in every department of Guatemala. Mexico; Guatemala; Belize; El Salvador; Honduras; Nicaragua; Costa Rica; Panama; tropical South America; West Indies; Florida; naturalized in the Paleotropics.

❧ *Small trees, to 10 meters tall, twigs quadrangular, each angle with a small wing;* ***leaves*** *opposite, 6–14 cm long, with conspicuous parallel veins, densely pubescent beneath;* ***flowers*** *white, 2.5 cm wide, generally solitary or occasionally several, with 4–5 petals and many white stamens;* ***fruit*** *with a light yellow skin when ripe, distinctive sweet odor, 2–6 cm long, full of hard, round seeds in the center, juicy, sweet or acidic, flesh pale yellow to dark orange, depending on the variety.*

HABITAT: Mostly in moist or dry thickets, especially in pastures, frequently forming almost pure stands of considerable extent, also in cultivation; to 1,800 meters (most common at 1,000 meters or lower).

USES: Fruit eaten fresh and also in thick jelly or guava paste as a dessert; wildlife food; construction wood, firewood; bark used for tanning leather (in Mexico); leaves medicinal.

NOTES: The tree is common in lowlands, often forming pure stands called *guayabales*. The fruit is eaten and widely spread by many animals, often found in abundance in cattle pastures. Improved varieties of the fruit are cultivated worldwide, with a great range in color, shape, size and flavor. Flowering and fruiting throughout the year.

Español: **Manzana Rosa**, **Pomarrosa**, **Manzana**, **Manzanita**
English: Rose Apple, Jambos
Otro: **Ros** (Cobán, Q'eqchi')

DISTRIBUCIÓN: Se puede encontrar en casi todas partes de Guatemala, en especial en **Alta Verapaz**, **Izabal** y a lo largo de la bocacosta del Pacífico. Nativa de la región indomalaya; ahora pantropical en cultivos y dispersa.

❧ *Árboles o arbustos, hasta 20 (–30) metros de alto, copa densa, el ancho total a menudo mayor que la altura;* ***hojas*** *perennes, opuestas, 11–22 cm de largo, coriáceas, lustrosas, de color verde oscuro cuando maduras, rojo rosáceo cuando jóvenes;* ***flores*** *en grupos de 5–9, blancas o amarillentas, 5–10 cm de ancho, con 4 pétalos cóncavos de color blanco verdoso y numerosos estambres largos;* ***fruto*** *en forma de pera o subgloboso, 3–5 cm de largo, piel lisa, rosada o amarilla, cubre una capa de pulpa crujiente, farinosa, el sabor como el perfume de una rosa, hueco por dentro; semillas 1–4, pardas, ásperas, algo redondeadas.*

HÁBITAT: A menudo naturalizada de manera abundante en bosques, pastos, setos; por lo general se cultiva a elevaciones bajas y medias.

USOS: Ornamental; sombra, debido a su denso y persistente follaje verde oscuro; el fruto es comestible, con sabor a agua de rosa, consumido por la vida silvestre, el ganado y los niños; se planta como postes vivos y setos; la corteza puede producir un tinte café, y en algunas partes del mundo es utilizada para curtir cuero.

NOTAS: La madera es descrita como gris rojiza, de grano fino y duradera. Florece de manera esporádica durante el año; fructifica de enero a julio.

DISTRIBUTION: Found almost everywhere in Guatemala, especially in **Alta Verapaz**, **Izabal**, and along the Pacific *bocacosta*; native of the Indo-Malaysian region, now pantropical in cultivation and escaped.

❧ *Trees or shrubs, to 20 (–30) meters tall, crown dense, often the overall width exceeding the height;* ***leaves*** *evergreen, opposite, 11–22 cm long, leathery, glossy, dark green when mature, pinkish red when young;* ***flowers*** *in groups of 5–9, white or yellowish, 5–10 cm wide, with 4 greenish white concave petals and numerous long stamens;* ***fruit*** *pear-shaped or subglobose, 3–5 cm long, with smooth, pink or yellow skin, covering a crisp, mealy layer of flesh, the flavor like the scent of a rose, center hollow; seeds 1–4, brown, rough-coated, somewhat rounded.*

HABITAT: Often abundantly naturalized in forests, pastures, hedges; commonly cultivated at low and mid elevations.

USES: Ornamental; shade, due to its dense, persistent, dark green foliage; the edible fruit, with the flavor of rose water, is eaten by wildlife, livestock and children; planted as living fence posts and hedges; the bark can yield a brown dye, and in some parts of the world is used for tanning leather.

NOTES: The wood is described as reddish gray, close-grained, durable. Flowering sporadically during the year; fruiting from January to July.

Español: **Manzana Malaya, Perote**
English: Malay Apple, Rose Apple; Ohtahiti (Jamaica)

DISTRIBUCIÓN: **Guatemala**, **Izabal**, y sin duda en muchos otros departamentos. Guatemala; Belice; El Salvador; Honduras; Nicaragua; Costa Rica; Panamá; Sudamérica tropical; las Antillas. Nativa de la región indomalaya; ahora pantropical en cultivos.

❧ *Árboles, hasta 20 metros de alto, de crecimiento bastante rápido, con una copa piramidal o cilíndrica;* ***hojas*** *opuestas, de color verde oscuro y bastante lustrosas, 23–36 cm de largo, el nuevo crecimiento es de color rojo vino al principio, y cambia a café rosáceo claro;* ***flores*** *abundantes, nacen del tronco superior y a lo largo de porciones de ramas maduras sin hojas, en grupos de 2–8, 5–7.5 cm de ancho, con 4 pétalos por lo general de color rosa-púrpura a rojo oscuro y numerosos estambres largos;* ***fruto*** *4–8 cm de largo, piel delgada, lisa, cerosa, de color rojo rosáceo o carmesí, por dentro la pulpa es blanca, crujiente o esponjosa, jugosa, con un sabor muy suave y dulzón; 1–2 semillas grandes.*

HÁBITAT: Rara vez se planta, pero a veces se puede encontrar en los alrededores de la ciudad de Guatemala, sin duda también en las tierras bajas del Atlántico.

USOS: El fruto se come fresco o cocido; ornamental, ya que los árboles cuando florecen son muy atractivos.

NOTAS: Las flores llamativas están ocultas por el follaje, hasta que caen y forman una alfombra colorida en el suelo. Florece de octubre a enero; fructifica de febrero a julio.

DISTRIBUTION: **Guatemala**, **Izabal**, and no doubt in many other departments. Guatemala; Belize; El Salvador; Honduras; Nicaragua; Costa Rica; Panama; tropical South America; West Indies. Native of the Indo-Malaysian region, now pantropical in cultivation.

❧ *Trees, to 20 meters tall, fairly fast-growing, with a pyramidal or cylindrical crown;* ***leaves*** *opposite, dark green and fairly glossy, 23–36 cm long, new growth is wine red at first, changing to buff pink;* ***flowers*** *abundant, borne on the upper trunk and along leafless portions of mature branches, in clusters of 2–8, 5–7.5 cm wide, with 4 usually pinkish purple to dark red petals and numerous long stamens;* ***fruit*** *4–8 cm long, skin thin, smooth, waxy, rose-red or crimson, inside white, crisp or spongy, juicy flesh of very mild, sweetish flavor; 1–2 large seeds.*

HABITAT: Planted rarely, but sometimes around Guatemala City, doubtless also in the Atlantic lowlands.

USES: The fruit is eaten fresh or cooked; ornamental, as the trees in flower are very attractive.

NOTES: The showy flowers are hidden by the foliage until they fall and form a colorful carpet on the ground. Flowering from October to January; fruiting from February to July.

Español: **Eugenia**
English: Magenta Lilly Pilly, Magenta Cherry

DISTRIBUCIÓN: **Escuintla**, **Guatemala**, **Sacatepéquez**, sin duda se puede encontrar en otros departamentos. Nativa de Australia; ampliamente plantada.
❧ *Árboles pequeños o arbustos podados, con corteza escamosa;* ***hojas*** *4.5–10 cm de largo, 1.5–3 cm de ancho, lisas y sin pelo, superficie superior verde y brillante, superficie inferior más pálida, venas laterales numerosas, las glándulas de aceite pequeñas, dispersas, definidas pero no fuertemente translúcidas, tallo de hoja 2–10 mm de largo;* ***flores*** *en una inflorescencia ramificada, terminales o en las axilas de las hojas superiores, pétalos 4–5 mm de largo, estambres llamativos blancos, 6–15 mm de largo;* ***fruto*** *globoso a ovoide, 15–25 mm de ancho, magenta; semilla 1.*
HÁBITAT: En cultivos; bonsái.
USOS: Esta especie a menudo se planta en macetas como ejemplar de la topiaria y como árbol bonsái; los setos se recortan, lo que incluye franjas de amortiguación alrededor de estacionamientos, pantallas; el fruto se puede consumir fresco o para hacer mermelada.
NOTAS: *Syzygium paniculatum* es una planta de jardín bien conocida y tiene muchos usos. Dado que su follaje perenne es denso, resulta ser un seto de protección eficaz y se puede formar en una poda artística interesante. A menudo se poda en forma de paleta, con un solo tallo, en jardines formales y en macetas. Su tamaño compacto resulta práctico en jardines pequeños. Esta especie a menudo ha sido confundida con *Syzygium australe* (sinónimo *Eugenia myrtifolia*), la cual se dice que tiene ramitas cuadradas y un pequeño "bolsillo", donde los bordes de las hojas se unen en la base de las hojas opuestas.

DISTRIBUTION: **Escuintla**, **Guatemala**, **Sacatepéquez**, no doubt found in other departments. Native to Australia; widely planted.
❧ *Small trees or pruned shrubs, with flaky bark;* ***leaves*** *4.5–10 cm long, 1.5–3 cm wide, hairless and smooth, upper surface green and glossy, lower surface paler, lateral veins numerous, oil glands small, scattered, distinct but not strongly translucent, leaf stalk 2–10 mm long;* ***flowers*** *in a branched inflorescence, terminal or in upper leaf axils, petals 4–5 mm long, showy stamens white, 6–15 mm long;* ***fruit*** *globose to ovoid, 15–25 mm wide, magenta; seed 1.*
HABITAT: In cultivation; bonsai.
USES: This species is often potted for topiary specimens and as bonsai trees; trimmed hedges, including buffer strips around parking lots, screens; the fruit can be eaten fresh or made into jam.
NOTES: *Syzygium paniculatum* is a well-known garden plant with many uses. Since its evergreen foliage is dense, it makes an effective screening hedge, and can be shaped into interesting topiaries. It is often pruned as a single-stemmed lollipop form in formal gardens and in pots. Their compact size makes them useful in small gardens. This species often has been confused with *Syzygium australe* (synonym *Eugenia myrtifolia*), which is said to have squared twigs and a small "pocket" where the leaf edges join at the base of the opposite leaves.

Español: **Madre de Agua**
English: Evergreen Ash, Shamel Ash, Mexican Ash, Tropical Ash

DISTRIBUCIÓN: **Guatemala**, **Huehuetenango**, **Quiché** (Nebaj), **Sacatepéquez**. México; Guatemala; Honduras; Costa Rica.

❧ *Árboles pequeños o grandes, hasta 23 metros de alto, ramitas gruesas, al principio finamente velludas (puberulentas), pronto sin vellos (glabras), de color café negruzco, lleva lenticelas grandes, escasas y pálidas;* ***hojas*** *grandes, opuestas, pinnado-compuestas, 5–9 folíolos, todas con tallos, estos tallos a menudo muy alargados, láminas por lo general 8–15 cm de largo, 3–7 cm de ancho, membranosas, verdes por arriba y algo brillantes, algo más pálidas en la parte de abajo;* ***flores*** *en racimos axilares, flores pequeñas, de color blanco cremoso verdoso, flores masculinas y femeninas sobre diferentes árboles (dioicas), con 4 lóbulos de cáliz y 4 lóbulos de corola;* ***fruto*** *con una sola semilla, alado (samara), 1.5–5 cm de largo, porción que da semillas hasta 1.5 cm de largo, con una sola ala larga 5–7 mm de ancho, los frutos en grupos grandes, más o menos 22 cm de largo, laxos.*

HÁBITAT: Por lo general a orillas de arroyos, a veces en bosques mixtos húmedos; 800–2,000 metros. A veces se planta en jardines.

USOS: Nativo, se planta como árbol de calle en Guatemala; se utiliza en plantaciones forestales en otras partes del mundo.

NOTAS: Es un árbol de crecimiento rápido, plantado en proyectos forestales en otros países, incluso en Nepal y Hawái. Se le considera una maleza seria, que influye en la vegetación nativa de Hawái, en parte debido a su abundante producción de semillas.

DISTRIBUTION: **Guatemala**, **Huehuetenango**, **Quiché** (Nebaj), **Sacatepéquez**. Mexico; Guatemala; Honduras; Costa Rica.

❧ *Small or large trees, to 23 meters tall, twigs thick, at first finely hairy (puberulent), soon hairless (glabrate), blackish brown, bearing sparse, large, pale lenticels;* ***leaves*** *large, opposite, pinnately compound, 5–9 leaflets, all stalked, these stalks often very elongate, blades mostly 8–15 cm long, 3–7 cm wide, membranous, green above and somewhat lustrous, somewhat paler beneath;* ***flowers*** *in axillary clusters, small, creamy greenish white, male and female flowers on different trees (dioecious), with 4 calyx lobes and 4 corolla lobes;* ***fruit*** *with a single seed, winged (samara), 1.5–5 cm long, seed-bearing portion to 1.5 cm long, with a single long wing 5–7 mm wide, fruit in large clusters, about 22 cm long, lax.*

HABITAT: Usually along stream banks, sometimes in moist mixed forests; 800–2,000 meters. Sometimes planted in gardens.

USES: Native, planted as a street tree in Guatemala; used in forestry plantations elsewhere in the world.

NOTES: This is a fast-growing tree, planted in forestry projects in other countries, including Nepal and Hawaii. It is considered a serious weed, impacting native vegetation in Hawaii, in part because of copious seed production.

Español: **Trueno**
English: Glossy Privet

DISTRIBUCIÓN: **Chimaltenango, Guatemala** y en otros lugares. Comúnmente plantado en Guatemala; nativo de Asia Oriental.
❧ *Árboles pequeños, hasta 12 metros de alto o más, tronco corto y grueso, copa ancha y redondeada, muy densa, ramas más bajas a menudo algo pendientes;* ***hojas*** *en pecíolos robustos, coriáceas, 7–13 cm de largo, punta puntiaguda, base redondeada, márgenes y costa a menudo rojizos, nervios laterales indistintos, 4–5 pares;* ***flores*** *de color blanco cremoso, apenas 4 mm de largo, en racimos densos y ramificados 6–15 cm de largo, tubo de la corola más largo que el cáliz, estambres exsertos;* ***fruto*** *ovalado o subgloboso, 6–8 mm de largo, negro azulado.*
HÁBITAT: En cultivos; desde el nivel del mar hasta 2,500 metros o más.
USOS: *Ligustrum lucidum* a menudo se utiliza como árbol ornamental, a veces en sus formas variegadas (verde y blanco). En China, la madera se ha utilizado para la fabricación de bastones y armas de palo.
NOTAS: La madera se llama *white wax wood* (madera de cera blanca) en inglés. El árbol es considerado una maleza invasiva en algunas áreas, lo que incluye el sudeste de los Estados Unidos, Australia y Nueva Zelanda.

DISTRIBUTION: **Chimaltenango, Guatemala** and elsewhere. Commonly planted in Guatemala; native of eastern Asia.
❧ *Small trees, to 12 meters tall or more, trunk short and thick, crown wide and rounded, very dense, lower branches often somewhat pendent;* ***leaves*** *on stout petioles, leathery, 7–13 cm long, tip pointed, base rounded, margins and costa often reddish, lateral nerves indistinct, 4–5 pairs;* ***flowers*** *creamy white, scarcely 4 mm long, in dense, branched clusters 6–15 cm long, tube of corolla longer than calyx, stamens exserted;* ***fruit*** *oval or subglobose, 6–8 mm long, bluish black.*
HABITAT: In cultivation; from sea level to 2,500 meters or higher.
USES: *Ligustrum lucidum* is often used as an ornamental tree, sometimes in variegated forms (green and white). In China the wood has been used to manufacture walking sticks and pole weapons.
NOTES: The wood is called "white wax wood." The tree is considered an invasive weed in some areas, including the southeastern United States, Australia and New Zealand.

Español: **Carambola, Carambola Dulce**
English: Starfruit, Carambola

DISTRIBUCIÓN: **Izabal**, frequente en los departamentos del Pacífico y otras partes. Probablemente originaria del sudeste de Asia; ampliamente plantada en las tierras bajas de Centroamérica.
❧ *Árboles, hasta 5 metros de alto o más, con una copa ancha y redondeada;* ***hojas*** *deciduas, pinnado-compuestas, alternas, 7.5–18 cm de largo, folíolos 5–11, 2–8.5 cm de largo;* ***flores*** *pequeñas, pétalos 5, rosado-púrpuras, pálidos en los márgenes, en grupos de 1–11;* ***fruto*** *con piel amarilla y cerosa cuando maduro y pulpa fresca y jugosa, alrededor de 13 cm de largo, marcadamente 5-angular, con forma de estrella en el corte transversal.* 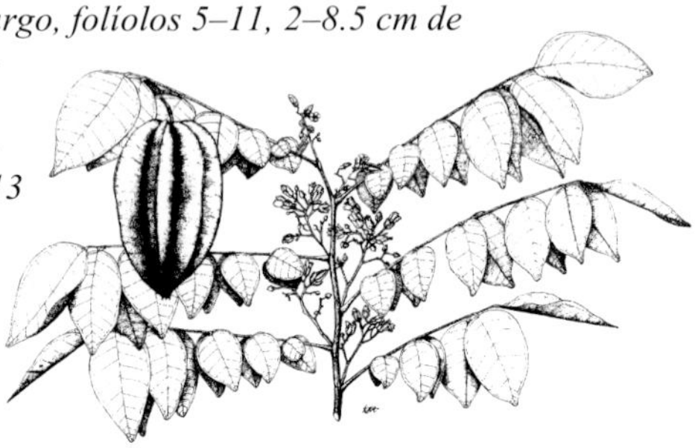
HÁBITAT: Ampliamente cultivada en áreas tropicales; 0–600 metros.
USOS: El fruto es comestible, por lo general de sabor agrio o a veces ligeramente dulce; se come fresco o rebanado en ensaladas y se utiliza en algunas regiones para encurtidos y mermeladas, a menudo para refrescos; el fruto es una fuente de vitaminas C y A, utilizado como medicamento contra la fiebre. Las flores se utilizan en ensaladas en la isla de Java. Debido al alto contenido de ácido oxálico, el jugo se utiliza para eliminar manchas en la ropa y manos, también para limpiar y pulir metal. Numerosos usos medicinales se mencionan en la literatura. Se planta como ornamental, debido a sus flores y frutos atractivos.
NOTAS: Los folíolos del árbol se pliegan juntos por la noche o cuando se sacuden. Florece y fructifica de febrero a octubre.

DISTRIBUTION: **Izabal**, common in Pacific coast departments and elsewhere. Probably originally from Southeast Asia; widely planted in the lowlands of Central America.
❧ *Trees, to 5 meters tall or more, with a broad, rounded crown;* ***leaves*** *deciduous, pinnately compound, alternate, 7.5–18 cm long, leaflets 5–11, 2–8.5 cm long;* ***flowers*** *small, petals 5, pinkish purple, pale on the margins, in groups of 1–11;* ***fruit*** *with a yellow waxy skin when ripe and crisp juicy flesh, about 13 cm long, distinctly 5-angulate, star-shaped in cross section.*
HABITAT: Widely cultivated in tropical areas; 0–600 meters.
USES: The fruit is edible, usually sour or sometimes slightly sweet; eaten out of hand or sliced in salads, used in some regions for pickles and marmalades, often in a fruit drink (*refresco*); fruit a source of vitamins C and A, used medicinally to counteract fevers. Flowers are used in salads in Java. Due to the high content of oxalic acid, the juice is used to remove stains on clothes and hands, also to clean and polish metal. Numerous medicinal uses are mentioned in the literature. Planted as an ornamental for its attractive flowers and fruit.
NOTES: The tree's leaflets fold together at night or when shaken. Flowering and fruiting from February to October.

Español: **Pandano, Pandanus, Pinotornillo**
English: Thatch Screwpine

DISTRIBUCIÓN: Nativo a lo largo de una extensa zona del Pacífico tropical; cultivado en muchos países tropicales. **Guatemala** (Ciudad de Guatemala), **Suchitepéquez**, **Retalhuleu**, **Quetzaltenango**. Con frecuencia se planta en setos y para ornamento en la bocacosta del Pacífico, en ocasiones se puede encontrar en parques y propiedades de las tierras bajas.
❧ *Árboles pequeños o arbustos, hasta 6 metros de alto, ramificados, troncos con numerosas raíces zancudas;* ***hojas*** *60–150 cm de largo, 5–7 cm de ancho, sésiles, rígidas, ápice alargado, márgenes con espinas agudas, verdes, amarillentas o rojas;* ***flores*** *masculinas o femeninas, en diferentes plantas, flores masculinas en espigas, 5–18 cm de largo, fragantes, flores femeninas en cabezas redondeadas;* ***fruto*** *globoso, 8–30 cm de largo, 4–20 cm de ancho, con unas 50–80 drupas por cabeza, cada drupa 4–10 cm de largo, 2–6 cm de ancho, por lo general con matices de rojo cuando madura.*
HÁBITAT: Cultivado, por lo general en tierras bajas; se adapta a playas y hábitats costeros, tolera la sal del mar; nivel del mar hasta 610 (1,500) metros.
USOS: Ornamental; cortavientos cerca del mar; las hojas se utilizan para esteras; las fibras se utilizan para hacer cuerdas; el fruto produce un jugo dulce y las semillas se pueden tostar.
NOTAS: Parte del nombre común en inglés (*screwpine*) hace referencia a la disposición de las hojas en forma de espiral, como un tornillo (*screw*). Las drupas individuales del fruto flotan y las semillas que se encuentran en el interior pueden permanecer vivas durante varios meses, mientras son transportadas por las corrientes oceánicas. Es una especie polimorfa y ampliamente distribuida. Un tipo que a menudo se planta posee hojas con bordes de color crema.

DISTRIBUTION: Native across a wide area of the tropical Pacific; cultivated in many tropical countries. **Guatemala** (Guatemala City), **Suchitepéquez**, **Retalhuleu**, **Quetzaltenango**. Planted frequently in hedges and for ornament in the Pacific *bocacosta*, found occasionally in lowland parks and properties.
❧ *Small trees or shrubs, to 6 meters tall, branched, trunks with numerous prop roots;* ***leaves*** *60–150 cm long, 5–7 cm wide, sessile, stiff, apex elongated, margins with sharp spines, their color green, yellowish or red;* ***flowers*** *either male or female, on different plants, male flowers in spikes 5–18 cm long, fragrant, female flowers in rounded heads;* ***fruit*** *globose, 8–30 cm long, 4–20 cm wide, with about 50–80 drupes per head, each drupe 4–10 cm long, 2–6 cm wide, usually tinged red when ripe.*
HABITAT: Cultivated, generally in lowlands; adapted to beaches and coastal habitats, salt-tolerant; sea level to 610 (1,500) meters.
USES: Ornamental; windbreaks near the sea; leaves used for matting; fibers used to make rope; the fruit produces a sweet juice and the seeds can be roasted.
NOTES: The English common name (screwpine) refers to the arrangement of the spiraled leaves. The individual drupes of the fruit are buoyant, and the seeds can remain viable for many months while being transported by ocean currents. This is a polymorphic and widespread species. A form sometimes planted has cream-colored leaf margins.

Español: **Quiebra-muelas, Palo de Matates, Llora-sangre, Sangre de Chucho, Sangre de Toro, Camotillo, Saupé de Chucho**
English: Tree Bocconia, Tree Poppy
Sinónimo: *Bocconia arborea*

DISTRIBUCIÓN: **Alta Verapaz, Chimaltenango, Chiquimula, El Progreso, Escuintla, Guatemala, Huehuetenango, Jalapa, Jutiapa, Petén, Quetzaltenango, Quiché, Sacatepéquez, San Marcos, Santa Rosa, Suchitepéquez**. Centro y sur de México; Guatemala; Belice, El Salvador; Honduras; Nicaragua; Costa Rica; Panamá; las Antillas.

❧ *Árboles, hasta 6 metros de alto, con pocas ramas gruesas;* ***hojas*** *simples, alternas, hasta 45 cm de largo, 30 cm de ancho, pero por lo general más pequeñas, pinnado-lobuladas, suaves en la parte de arriba, grisáceas o marrónes en la parte de abajo con pelos lanosos y densos, con la edad a veces sin pelos, lóbulos angostos, dentados;* ***flores*** *en un grupo ramificado grande, a menudo 20 cm de largo o más (hasta 40 cm), por lo general encorvado, al menos con la edad, las flores en un tallo, 1 cm de largo o menos, sépalos puntiagudos, normalmente 10–12 mm de largo, estambres aproximadamente 12–16;* ***fruto*** *de unos 7 mm de largo, encorvado, elipsoide, el estilo persistente y alargado.*

HÁBITAT: Matorrales o bosques húmedos o mojados, con frecuencia en bosques de encino, a veces en crecimiento secundario; desde apenas por encima del nivel del mar, hasta unos 2,800 metros.

USOS: Ornamental; tintura; remedio para el dolor de muelas, anestesia; la madera se utiliza para curtir cueros.

NOTAS: Es una planta abundante y llamativa, se puede encontrar en muchos lugares de occidente y en la bocacosta del Pacífico. A veces se planta para ornamento en parques, como en Huehuetenango.

DISTRIBUTION: **Alta Verapaz, Chimaltenango, Chiquimula, El Progreso, Escuintla, Guatemala, Huehuetenango, Jalapa, Jutiapa, Petén, Quetzaltenango, Quiché, Sacatepéquez, San Marcos, Santa Rosa, Suchitepéquez**. Central and southern Mexico; Guatemala; Belize; El Salvador; Honduras; Nicaragua; Costa Rica; Panama; West Indies.

❧ *Trees, to 6 meters tall with few thick branches;* ***leaves*** *simple, alternate, to 45 cm long, 30 cm wide, but usually smaller, pinnate-lobed, smooth above, grayish or brownish beneath with dense wooly hairs, in age sometimes hairless, lobes narrow, with teeth;* ***flowers*** *in a large branched group, often 20 cm long or more (to 40 cm), usually recurved, at least in age, flowers on a stalk, 1 cm long or less, sepals pointed, usually 10–12 mm long, stamens about 12–16;* ***fruit*** *about 7 mm long, recurved, ellipsoid, style persistent and elongate.*

HABITAT: Damp or wet thickets or forests, frequently in oak forests, sometimes in secondary growth; from a little above sea level to about 2,800 meters.

USES: Ornamental; dye; toothache remedy, anesthesia; wood used for tanning leather.

NOTES: This is an abundant and showy plant, found many places in the *occidente* and the Pacific *bocacosta*. It sometimes is planted for ornament in parks, as in Huehuetenango.

Español: **Grosella**
English: Gooseberry Tree, Wild Plum (Belize), Otaheite Gooseberry

DISTRIBUCIÓN: Se recolecta en **Escuintla**, **Jutiapa**, sin duda se puede encontrar en la mayoría de los departamentos. Quizás nativa de Madagascar, en la actualidad se encuentra extendida en otras regiones tropicales y completamente naturalizada en algunas partes de Centroamérica (por la mayor parte, a lo largo de las tierras bajas del Pacífico) y en otras partes de América tropical.

❧ *Árboles, hasta 9 metros de alto, corteza pálida, ramas más viejas gruesas, las jóvenes muy delgadas;* ***hojas*** *simples, la mayoría de 3–6 cm de largo, pálidas por debajo, con 6–9 pares de nervios laterales, ramillas parecidas a hojas pinnadas;* ***flores*** *de color rosado oscuro, masculinas o femeninas, partidas en 4, por lo general en grupos multifloros que cuelgan de las ramas principales;* ***fruto*** *1–2 cm de diámetro, verde o amarillento, profundamente 6–8-acanalado, carnoso, jugoso, muy ácido; en el centro tiene un hueso duro y acanalado que contiene 4–6 semillas.*

HÁBITAT: Matorrales húmedos o secos, a veces en crecimiento secundario; 500 metros o menos.

USOS: Fruto comestible; ornamental.

NOTAS: El fruto es intensamente ácido y algo astringente; en algunas regiones se convierte en mermeladas o encurtidos. La madera se describe como bastante dura y de grano fino, pero los árboles rara vez son cortados. En algunas partes de Centroamérica, este pequeño árbol se ha vuelto naturalizado, especialmente en terreno alrededor de estanques y lagos que se inundan durante los meses lluviosos, pero que son muy secos durante la estación seca.

DISTRIBUTION: Collected in **Escuintla**, **Jutiapa**, undoubtedly found in most departments. Perhaps native to Madagascar, now widespread in other tropical regions and thoroughly naturalized in some parts of Central America (mostly along the Pacific lowlands) and elsewhere in tropical America.

❧ *Trees, to 9 meters tall, bark pale, older branches stout, young ones very slender;* ***leaves*** *simple, mostly 3–6 cm long, pale beneath, with 6–9 pairs of lateral nerves, branchlets resembling pinnate leaves;* ***flowers*** *dark pink, male or female, 4-parted, usually in many-flowered clusters hanging from main branches;* ***fruit*** *1–2 cm in diameter, green or yellowish, deeply 6–8-ribbed, fleshy, juicy, very acidic; in the center is a hard, ribbed stone containing 4–6 seeds.*

HABITAT: Moist or dry thickets, sometimes in second growth; 500 meters or less.

USES: Edible fruit; ornamental.

NOTES: The fruit is intensely acidic and somewhat astringent; in some regions it is made into preserves or pickles. The wood is described as fairly hard and fine-grained, but the trees are rarely cut. In some parts of Central America this small tree has become naturalized, especially on land around ponds and lakes that is inundated during the rainy months, but very dry in the dry season.

Español: **Pinabete, Abeto**
English: Guatemalan Fir

DISTRIBUCIÓN: **Chimaltenango, Huehuetenango, Jalapa, Quetzaltenango, Quiché, San Marcos, Totonicapán**. México; Guatemala; Honduras.

❧ *Árboles, hasta 45 metros de alto, tronco casi 1 metro de diámetro, tal vez más grande, ramas de color café oscuro o grisáceo, ramitas jóvenes café rojizo;* ***hojas*** *lineales, aparecen en 2 filas y se extienden, 1–4.5 cm de largo, 1–2 mm de ancho, ápice generalmente muescado, lustrosas, de color verde oscuro o bastante claro por arriba, por lo general plateadas por abajo, superficie superior ranurada en su totalidad o a lo largo de gran parte de su longitud, nervadura media elevada por abajo;* ***conos*** *en posición vertical, en las ramas superiores del árbol, subsésiles, 8.5–11.5 cm de largo, 4.5–5 cm de diámetro, escamas del cono 2.7–3 cm de ancho, 1.5–2.2 cm de largo; semilla 8–10 mm de largo, de color café claro, alas obovadas, 1–1.5 cm de largo.*

HÁBITAT: Bosques húmedos o mojados de las montañas altas; en su mayoría a 2,700–3,500 metros.

USOS: *Abies guatemalensis* es extremadamente popular como árbol de Navidad y para decoraciones navideñas; madera.

NOTAS: El rico perfume de las ramas de *Abies* es simbólico de la Navidad en Guatemala. Como consecuencia de una exhaustiva recolección, el árbol se está volviendo escaso y corre un alto riesgo de extinción en estado silvestre. Aunque es ilegal cosechar árboles en la naturaleza, las ramas se encuentran a la venta durante la temporada navideña. Las plantaciones de pinabete se han establecido en las tierras altas para satisfacer la demanda de decoraciones navideñas.

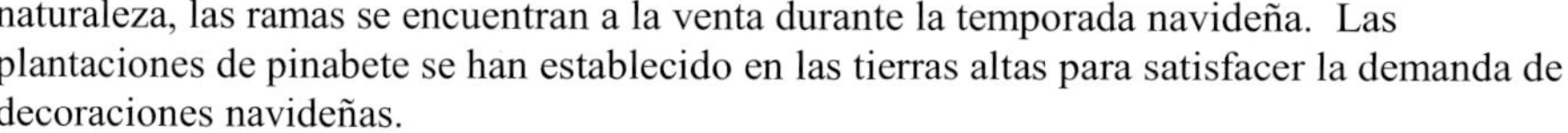

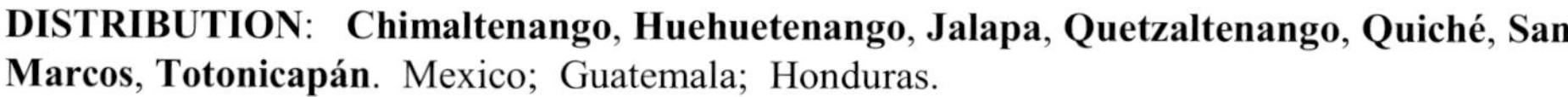

DISTRIBUTION: **Chimaltenango, Huehuetenango, Jalapa, Quetzaltenango, Quiché, San Marcos, Totonicapán**. Mexico; Guatemala; Honduras.

❧ *Trees, to 45 meters tall, trunk to almost 1 meter in diameter, perhaps more, branches dark or grayish brown, young twigs reddish brown;* ***leaves*** *linear, appearing 2-ranked, spreading, 1–4.5 cm long, 1–2 mm wide, apex usually notched, lustrous, dark or fairly light green above, usually silvery beneath, upper surface grooved for all or most of its length, midrib elevated beneath;* ***cones*** *upright, in the upper branches of the tree, subsessile, 8.5–11.5 cm long, 4.5–5 cm in diameter, cone scales 2.7–3 cm wide, 1.5–2.2 cm long; seed 8–10 mm long, pale brown, wings obovate, 1–1.5 cm long.*

HABITAT: Moist or wet forests of high mountains; mostly at 2,700–3,500 meters.

USES: *Abies guatemalensis* is extremely popular for Christmas trees and holiday decorations; timber.

NOTES: The rich smell of *Abies* branches is symbolic of Christmas in Guatemala. As a result of extensive harvesting, the tree is becoming rare and faces a high risk of extinction in the wild. Although it is illegal to harvest trees in the wild, branches are found for sale during the holiday season. Plantations of Guatemalan fir have been established in the highlands to satisfy the demand for holiday decorations.

Español: **Pino**, **Pino Blanco**, **Pino Colorado**, **Pino de Ocote**, **Ocote**, **Pino de Costa**
English: Caribbean Pine
Otro: **Sachaj** (Alta Verapaz)

DISTRIBUCIÓN: **Alta Verapaz** (Sabana de Sachaj, entre Sachaj y Sacacae), **Izabal** (tierras bajas y en las laderas de Sierra del Mico), **Petén**. México; Guatemala; Belice; El Salvador; Honduras; Nicaragua (hacia el sur hasta la región de Bluefields, la cual es la ocurrencia natural más meridional de *Pinus* en las Américas).
❧ *Árboles, hasta 35 metros de alto (rara vez más de 40 metros), tronco hasta 60–100 cm de diámetro, copa cónica e irregular, corteza áspera, fisurada, parda;* ***hojas*** *acículas rígidas y erguidas, de color verde pálido, generalmente 3 por fascículo (a veces 4 o 5), 12–28 cm de largo;* ***conos*** *oblongo-alargados (con forma de barril), 6–13 cm de largo, 4–7.5 cm de ancho, deciduos desde temprano, escamas delgadas y flexibles o a veces curvadas, con una espina terminal persistente.*
HÁBITAT: Abundante en las laderas y llanuras, a menudo asociado con los incendios recurrentes; 600 metros o menos.
USOS: Los árboles se aprovechan a nivel comercial para la resina; se talan y se sierran en maderas y tablas comerciales para la exportación; la madera también se utiliza localmente para la construcción de casas, postes y como leña.
NOTAS: Este pino se ha plantado de manera exitosa a nivel mundial en muchos países con similares climas tropicales cálidos, con la atención puesta en selecciones de crecimiento rápido. Hibrida por naturaleza con *Pinus oocarpa*. La madera se describe como bastante dura y pesada, la albura es color café pálido, el duramen un café más oscuro y resinoso. Los conos maduran de mayo a julio.

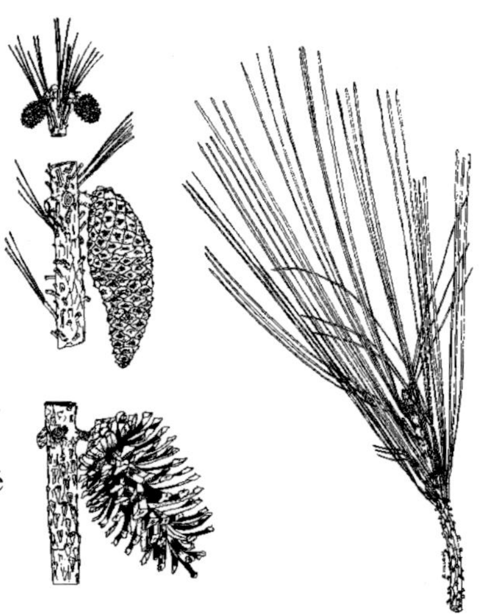

DISTRIBUTION: **Alta Verapaz** (Savanna Sachaj, between Sachaj and Sacacae), **Izabal** (lowlands and on the slopes of Sierra del Mico), **Petén**. Mexico; Guatemala; Belize; El Salvador; Honduras; Nicaragua (to the region of Bluefields, which is the southernmost natural occurrence of *Pinus* in the Americas).
❧ *Trees, to 35 meters tall (rarely more than 40 meters), trunk to 60–100 cm in diameter, crown conical and irregular, bark rough, fissured, grayish brown;* ***leaves*** *needles, stiff and erect, pale green, generally 3 per fascicle (at times 4 or 5), 12–28 cm long;* ***cones*** *oblong-elongated (barrel-shaped), 6–13 cm long, 4–7.5 cm wide, early deciduous, scales thin and flexible or at times curved, with a persistent terminal spine.*
HABITAT: Abundant on hillsides and plains, often associated with recurring fires; 600 meters or lower.
USES: The trees are tapped commercially for resin; logged and sawn into commercial timbers and boards for export; wood is also used locally for home construction, posts and firewood.
NOTES: This pine has been planted successfully worldwide in many countries with similar warm tropical climates, with attention focused on rapid-growing selections. It hybridizes naturally with *Pinus oocarpa*. The wood is described as fairly hard and heavy, the sapwood is pale brown, the heartwood darker brown and resinous. Cones maturing from May to July.

Español: **Pino Candelillo, Pino, Pino Caniz**
English: Thinleaf Pine
Sinónimo: *Pinus tenuifolia*

DISTRIBUCIÓN: **Alta Verapaz, Baja Verapaz, Chimaltenango, Chiquimula, El Progreso, Guatemala, Jalapa, Quiché, Sacatepéquez, Sololá, Zacapa**. México; Guatemala; El Salvador; Honduras; Nicaragua.

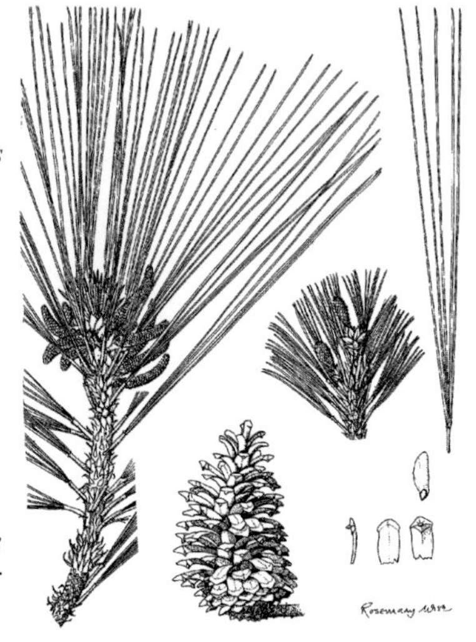

❧ *Pinos, hasta 35 metros de alto, con un tronco recto, hasta 1 metro de diámetro, corteza áspera en la parte baja de los troncos de los árboles viejos, dividida por fisuras profundas horizontales y longitudinales en placas grandes, en la parte superior del tronco la corteza es lisa, de color café grisáceo, corteza de árboles jóvenes lisa, grisácea durante varios años, ramillas largas, delgadas, flexibles, algo pendientes, lisas en vez de ásperas y escamosas;* ***hojas*** *agujas en grupos de 5, 15–28 cm de largo, muy delgadas, caídas, vainas de los fascículos en la base de las agujas persistentes, 12–18 mm de largo, de color café pálido;* ***conos*** *en la madurez largo-ovados, asimétricos, oblicuos, 5–8 cm de largo, café rojizos, los conos maduran durante el invierno y caen con un tallo oblicuo que permanece unido a la base del cono, escamas del cono delgadas y flexibles, débiles; semillas color café oscuro, casi negro, pequeñas, 5–7 mm de largo, el ala de la semilla café amarillento pálido.*

HABITAT: Semitropical, en suelos bien drenados, también en pendientes pronunciadas y secas; la precipitación anual oscila entre 1,000–2,000 mm; a menudo se asocia con *Pinus pseudostrobus*, *Pinus oocarpa* y *Pinus devoniana*; 600–2,400 metros.

USOS: Leña; madera cortada para soportes de techos y puertas; los árboles se cultivan en plantaciones en países tropicales y semitropicales, fuera de su área de distribución natural.

NOTAS: La madera se describe como bastante blanda, liviana pero fuerte, la albura color blanco amarillento pálido, el duramen un poco más oscuro.

DISTRIBUTION: **Alta Verapaz, Baja Verapaz, Chimaltenango, Chiquimula, El Progreso, Guatemala, Jalapa, Quiché, Sacatepéquez, Sololá, Zacapa**. Mexico; Guatemala; El Salvador; Honduras; Nicaragua.

❧ *Pines, to 35 meters tall, with a straight trunk, to 1 meter in diameter, bark on lower trunk of old trees rough, divided by deep horizontal and longitudinal fissures into large plates, on upper trunk the bark is smooth, grayish brown, bark on young trees smooth, grayish for several years, branchlets long, slender, flexible, somewhat pendent, smooth instead of rough and scaly;* ***leaves*** *needles in groups of 5, 15–28 cm long, very slender, drooping, fascicle sheaths at the base of needles persistent, 12–18 mm long, pale brown;* ***cones*** *when mature long-ovate, asymmetrical, oblique, 5–8 cm long, reddish brown, cones mature during winter, falling with an oblique stalk still attached to cone base, cone scales thin, flexible, weak; seeds dark brown, almost black, small, 5–7 mm long, seed wing pale yellowish brown.*

HABITAT: Semi-tropical, on well-drained soils, also on dry, steep slopes; annual rainfall ranging from 1,000–2,000 mm; often associated with *Pinus pseudostrobus*, *Pinus oocarpa* and *Pinus devoniana*; 600–2,400 meters.

USES: Firewood; hewn timbers for roof supports and doorways; trees are grown in plantations in tropical and semi-tropical countries outside their natural range.

NOTES: The wood is described as fairly soft, light but strong, sapwood pale yellowish white, heartwood slightly darker.

Español: **Pino, Pino de Ocote, Pino Colorado**
English: Ocote Pine
Otro: **Chaj** (Cobán, Q'eqchi')

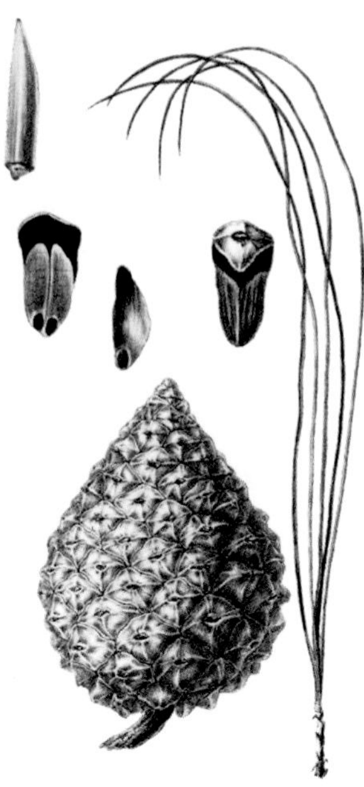

DISTRIBUCIÓN: **Alta Verapaz, Baja Verapaz, Chimaltenango, Chiquimula, El Progreso, Guatemala, Huehuetenango, Jalapa, Jutiapa, Quetzaltenango, Quiché, Sacatepéquez, San Marcos, Santa Rosa, Sololá, Totonicapán, Zacapa**. México; Guatemala; Belice; El Salvador; Honduras; Nicaragua. La distribución de *Pinus oocarpa* es la más amplia de todos los pinos de México y Centroamérica (3,000 km), con solamente un pino, *Pinus caribaea,* que crece de forma natural a una latitud más meridional en las Américas.
❧ *Árboles, hasta 35 metros de alto, 40–70 cm de diámetro, copa cónica e irregular en árboles viejos, con ramas más o menos péndulas, corteza áspera, café oscura o negruzca, profundamente fisurada, se descascara en placas irregulares, de color rojo-anaranjado en las fisuras;* ***hojas*** *grupos de acículas, de color verde oscuro, (3–) 5 por grupo, 20–28 cm de largo;* ***conos*** *femeninos ampliamente ovoides, y se abren en forma de roseta, muy variables en tamaño, (3–) 5–8 (–10) cm de largo, 4–7.5 cm de ancho, persistentes en la rama, en un tallo rígido hasta 3 cm de largo; semillas con un ala.*
HÁBITAT: Templado seco a subtropical húmedo; es el pino más abundante de Guatemala, ampliamente distribuído en laderas de montañas y llanuras; 1,000–2,700 metros.
USOS: Los árboles son utilizados para vigas de construcción, leña; sangrados para resina; ornamental.
NOTAS: Los conos maduran de enero a marzo. Los árboles maduros son bastante resistentes a incendios; el calor de los incendios y las altas temperaturas de la estación seca pueden provocar la apertura de los conos, liberando las semillas. Otra característica relacionada con incendios es la capacidad de los árboles jóvenes de brotar desde las raíces o tallo.

DISTRIBUTION: **Alta Verapaz, Baja Verapaz, Chimaltenango, Chiquimula, El Progreso, Guatemala, Huehuetenango, Jalapa, Jutiapa, Quetzaltenango, Quiché, Sacatepéquez, San Marcos, Santa Rosa, Sololá, Totonicapán, Zacapa**. Mexico; Guatemala; Belize; El Salvador; Honduras; Nicaragua. The range of *Pinus oocarpa* is the longest of all the Mexican and Central American pines (3,000 km), with only one pine, *Pinus caribaea,* growing naturally at a more southerly latitude in the Americas.
❧ *Trees, to 35 meters tall, 40–70 cm in diameter, crown conical and irregular in old trees, with branches more or less pendulous, bark rough, dark brown or blackish, deeply fissured, exfoliating in irregular plates, red-orange in the fissures;* ***leaves*** *clusters of needles, dark green, (3–) 5 per group, 20–28 cm long; female* ***cones*** *widely ovoid, opening in the form of a rosette, very variable in size, (3–) 5–8 (–10) cm long, 4–7.5 cm wide, persistent on the branch, on a stiff stalk to 3 cm long; seeds with a wing.*
HABITAT: Dry temperate to humid subtropical; this is the most abundant pine in Guatemala, broadly distributed on mountain slopes and plains; 1,000–2,700 meters.
USES: Trees are used for construction timbers, firewood; tapped for resin; ornamental.
NOTES: Cones maturing from January to March. Mature trees are fairly fire-resistant; heat from fires and high temperatures in the dry season can cause the cones to open, releasing their seeds. Another fire-related characteristic is the ability of young trees to sprout from the roots or stem.

Español: **Falso Pinabete**, **Pinabete** (Chiapas), **Pino Blanco**
English: White Pine, Chiapas Pine
Sinónimo: *Pinus chiapensis*

DISTRIBUCIÓN: **Huehuetenango**, **Quiché**. México; Guatemala. Ampliamente plantado como ornmental en Guatemala.

❧ *Pinos, hasta 30 metros de alto, tronco 1 metro o más de diámetro, corteza áspera, gris clara a pardusca, dividida en surcos poco profundos y crestas, ramas jóvenes lisas, grisáceas a gris verdoso;* ***hojas*** *acículas de pino, 5 por grupo, de color verde claro o verde amarillento, plateado o blanquecino por debajo, 5.5–12.5 cm de largo, delgadas, flexibles, serruladas, dientes muy pequeños, vaina en la base de las acículas pronto caduca;* ***conos*** *anchamente cilíndricos, 10–13 cm de largo, 4.5–6 cm de ancho, amarillentos a cafés, escamas de los conos redondeadas, no prolongadas en el ápice, el cuerpo café rojizo, umbo terminal; semillas color café oscuro, con un ala café 2.5 cm de largo, 8–9 mm de ancho.*

HÁBITAT: Laderas de montañas, con alta precipitación y cobertura de niebla frecuente, en rodales de pino y madera noble; generalmente a elevaciones entre 800–2,000 metros. Plantado como árbol de jardín y de calle en muchas partes de Guatemala.

USOS: Ampliamente utilizado en muebles, puertas, marcos de ventana, carpintería interior; ornamental.

NOTAS: La madera es liviana, blanda, de color blanco cremoso. *Pinus strobus* var. *strobus* es un pino blanco bien conocido que crece en las montañas del este de Canadá y de los Estados Unidos. *Pinus strobus* var. *chiapensis* está desapareciendo rápidamente a lo largo de toda su zona de distribución, con árboles que se vuelven poco frecuentes y solo se encuentra en zonas muy aisladas y difíciles de acceder.

DISTRIBUTION: **Huehuetenango**, **Quiché**. Mexico; Guatemala. Widely planted as an ornamental in Guatemala.

❧ *Pines, to 30 meters tall, trunk to 1 meter or more in diameter, bark rough, light gray to brownish, broken into shallow furrows and ridges, younger branches smooth, grayish to greenish gray;* ***leaves*** *pine needles, 5 in a group, light green or yellowish green, silvery or whitish beneath, 5.5–12.5 cm long, slender, flexible, serrulate, teeth very small, leaf sheath at base of needles soon deciduous;* ***cones*** *widely cylindrical, 10–13 cm long, 4.5–6 cm wide, yellowish to brown, cone scales rounded, not prolonged at apex, body reddish brown, umbo terminal; seeds dark brown, with a brown wing 2.5 cm long, 8–9 mm wide.*

HABITAT: Mountain slopes with high rainfall and frequent fog cover, in stands of pine and hardwoods; generally at elevations between 800–2,000 meters. Planted as a garden and street tree in many parts of Guatemala.

USES: Widely used for furniture, doors, window frames, interior woodwork; ornamental.

NOTES: The wood is light, soft, creamy white. *Pinus strobus* var. *strobus* is a well-known white pine that grows in the mountains of eastern Canada and the United States. *Pinus strobus* var. *chiapensis* is rapidly disappearing throughout its entire range, with trees becoming rare and found only in very isolated and inaccessible areas.

Español: **Santa María** (el nombre usual), **Cordoncillo**, **Hoja de Jute**, **Juniapra**, **Caña de Oro** (Quetzaltenango)
English: Mexican Pepperleaf, Hoja Santa, Root Beer Plant; Bullhoof (Belize)
Otros: **Xaclipur** (reportado como nombre Q'eqchi'), **Obet** (Cobán, Q'eqchi')

DISTRIBUCIÓN: **Alta Verapaz**, **Chimaltenango**, **Escuintla**, **Guatemala**, **Izabal**, **Petén**, **Quetzaltenango**, **Retalhuleu**, **Sacatepéquez** (probablemente solo introducida), **San Marcos**, **Santa Rosa**, **Sololá**, **Suchitepéquez**, **Zacapa**. México; Guatemala; Belice; El Salvador; Honduras; Nicaragua; Costa Rica; Panamá; Sudamérica; Cuba; Jamaica.
❧ *Árboles pequeños o arbustos, hasta 5 metros de alto, amantes del sol, aromáticos (con perfume a anís), tallos de color verde brillante, entrenudos generalmente 6–10 cm de largo;* ***hojas*** *asimétricas, por lo general 15–27 cm de largo, 12–21 cm de ancho, base inequilátera, con un lóbulo largo y uno corto, de color verde brillante en ambas superficies, pecíolos 4–7 (–8.5) cm de largo, con una estípula desarrollada de manera prominente, 3–4 mm de largo, persistente;* ***flores*** *pequeñas, densamente agrupadas en una espiga erguida y curvada, péndulas en el fruto, blancas a verde pálidas;* ***fruto*** *obovoide, 0.8–1 mm de largo, verde pálido.*
HÁBITAT: Matorrales o bosques húmedos o mojados, a menudo en crecimiento secundario; 1,800 metros o menos (más frecuente a 900 metros o menos).
USOS: Cuando se machacan, las hojas y los tallos tienen un fuerte perfume a anís o zarzaparrilla; las hojas se utilizan en muchas partes de Centroamérica, picadas como saborizante y enteras para envolver carne y tamales; utilizadas a nivel local como un diurético.
NOTAS: Reportada como una de las especies más comunes y difundidas del género *Piper*, se encuentra a lo largo de las tierras bajas de Centroamérica. Esta planta se destaca por sus hojas grandes, que se vuelven flácidas inmediatamente cuando se arrancan. Florece y fructifica durante todo el año.

DISTRIBUTION: **Alta Verapaz**, **Chimaltenango**, **Escuintla**, **Guatemala**, **Izabal**, **Petén**, **Quetzaltenango**, **Retalhuleu**, **Sacatepéquez** (probably only introduced), **San Marcos**, **Santa Rosa**, **Sololá**, **Suchitepéquez**, **Zacapa**. Mexico; Guatemala; Belize; El Salvador; Honduras; Nicaragua; Costa Rica; Panama; South America; Cuba; Jamaica.
❧ *Small trees or shrubs, to 5 meters tall, sun-loving, aromatic (with the fragrance of anise), stems bright green, internodes generally 6–10 cm long;* ***leaves*** *asymmetric, generally 15–27 cm long, 12–21 cm wide, base inequilateral, with one long and one short lobe, bright green on both surfaces, petioles 4–7 (–8.5) cm long, with one prominent developed stipule, 3–4 mm long, persistent;* ***flowers*** *tiny, densely grouped on an erect and curved spike, pendulous in fruit, white to pale green;* ***fruit*** *obovoid, 0.8–1 mm long, pale green.*
HABITAT: Moist or wet thickets or forests, often in second growth; 1,800 meters or lower (most common at or below 900 meters).
USES: When crushed, the leaves and stems smell strongly of anise or root beer; the leaves are used in many parts of Central America, chopped for flavoring and used whole as wrappings for meats and tamales; locally used as a diuretic.
NOTES: Reported as one of the most common and widespread species of the genus *Piper*, found throughout the lowlands of Central America. This plant is notable for its large leaves, which become limp immediately if broken from a branch. Flowering and fruiting throughout the year.

Español: **Fitosporo**
English: Japanese Pittosporum, Australian Laurel, Mock Orange

DISTRIBUCIÓN: Originario de China y Japón; ampliamente cultivado y encontrado en gran parte de Guatemala.

❧ *Árboles pequeños o arbustos, hasta 6 metros de alto, tronco delgado, con frecuencia torcido, hasta 20 cm de diámetro, corteza gris oscura y escamosa, copa perennifolia, densa y aplanada;* ***hojas*** *alternas, oblongo-obovadas, coriáceas, de color verde oscuro por arriba, más pálido por abajo, hasta 10 cm de largo, 3 cm de ancho, enteras, las márgenes enrollados hacia abajo;* ***flores*** *blancas a amarillo claro, fragantes, 13 mm de largo, en umbelíferos multiflores, terminales;* ***fruto*** *una cápsula, con 3 valvas, globosa, hasta 1.5 cm de largo, finamente pubescente, estilo persistente; semillas pequeñas, algo pegajosas, rojizas.*

HÁBITAT: Jardines; se utiliza en plantaciones costeras.

USOS: Setos; ornamental; follaje cortado.

NOTAS: Los racimos de flores blancas tienen un olor dulce y son bastante duraderos. La planta es tolerante a la sal y la sequía. Existe una forma frecuente con hojas blancas y verdes (el cultivar *variegata*).

DISTRIBUTION: Native to China and Japan; widely cultivated and found throughout much of Guatemala.

❧ *Shrubs or small trees, to 6 meters tall, trunk slender, frequently twisted, to 20 cm in diameter, bark dark gray, scaly, crown dense and flattened, evergreen;* ***leaves*** *alternate, oblong-obovate, leathery, dark green above, paler beneath, to 10 cm long, 3 cm wide, entire, margins curled under;* ***flowers*** *white to light yellow, fragrant, 13 mm long, in many-flowered, umbellate terminal clusters;* ***fruit*** *a capsule, 3-valved, globose, to 1.5 cm long, finely pubescent, style persistent; seeds small, somewhat sticky, reddish.*

HABITAT: Gardens; used in seaside plantings.

USES: Hedges; ornamental; cut foliage.

NOTES: The clusters of white flowers are sweet smelling and fairly long lived. The plant is salt and drought tolerant. There is a common form with white and green leaves (the cultivar *variegata*).

Español: **Bambú**
English: Common Bamboo, Feathery Bamboo

DISTRIBUCIÓN: Este bambú probablemente se encuentra en todos los departamentos de Guatemala. Tiene un origen dudoso, probablemente sea nativo de Madagascar, también es posible que sea de la India; ahora pantropical en cultivación.

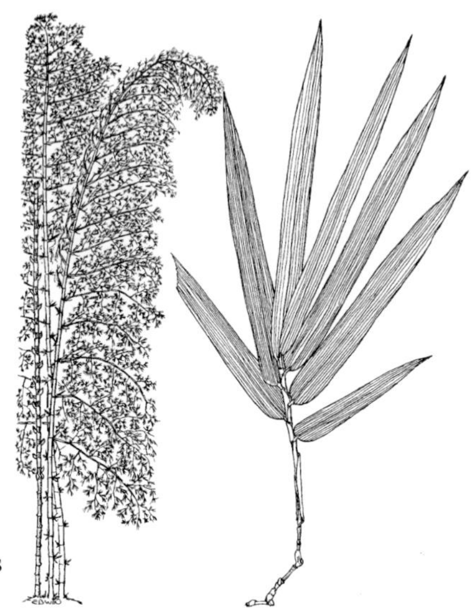

❧ *Un bambú en matas abiertas, rara vez florece;* ***tallos*** *erguidos o por lo general más o menos se extienden, anchamente arqueados por arriba, hasta 10 (–20) metros de alto, rayados de amarillo y verde (a veces solamente verdes), diámetro del tallo 5–10 cm, entrenudos 45 cm de largo, huecos, nudos inflados, la cubierta de la caña cae de manera temprana, con pelos densos color café, caedizos, ramas frondosas brotando de los nudos del tallo;* ***hojas*** *son láminas lineal-lanceoladas, 9–30 cm de largo, 1–4 cm de ancho.*
HÁBITAT: Cultivado; por lo general en elevaciones bajas y medias; ocasionalmente, reportado a elevaciones de más de 1,400 metros.
USOS: Ornamental; las cañas se utilizan con fines estructurales, incluso como puntales para banano y plátano; se utilizan para tejer canastas; los vástagos jóvenes son comestibles; forraje.
NOTAS: Esta especie es la más común de los bambúes asiáticos, introducida y ampliamente cultivada como ornamental o para leña a elevaciones bajas. La variedad comúnmente cultivada es la *Bambusa vulgaris* var. *vittata*, la cual tiene cañas rayadas de verde y amarillo. Al igual que otros bambúes, esta especie no florece por décadas (aproximadamente cada 80 años), y luego muere.

DISTRIBUTION: This bamboo is likely to be found in every department of Guatemala. It is of doubtful origin, probably a native of Madagascar, possibly also of India; now pantropical in cultivation.
❧ *A bamboo in open clumps, rarely flowering;* ***stems*** *erect or usually more or less spreading, broadly arched above, to 10 (–20) meters tall, stems striped yellow and green (sometimes only green), stem diameter 5–10 cm, internodes to 45 cm long, hollow, nodes inflated, culm sheaths promptly deciduous, densely covered with brown deciduous hairs, leafy branches sprouting from stem nodes;* ***leaves*** *with linear-lanceolate blades, 9–30 cm long, 1–4 cm wide.*
HABITAT: Cultivated; widespread at lower and middle elevations, occasionally reported at elevations over 1,400 meters.
USES: Ornamental; stems used for structural purposes, including banana props; woven into baskets; the young shoots are eaten; fodder.
NOTES: This species is the most common of the Asian bamboos, introduced and widely cultivated for ornament or fuelwood at lower elevations. The form commonly cultivated is *Bambusa vulgaris* var. *vittata*, which has green- and yellow-striped stems. Like other bamboos, this species does not flower for decades (about every 80 years), after which it dies.

Español: **Podocarpo**
English: Kusamaki, Yew Podocarpus, Japanese Yew, Buddhist Pine

DISTRIBUCIÓN: Es la especie más septentrional del género *Podocarpus*, nativa del sur de Japón y de China meridional y oriental. Plantada en muchas partes del mundo como planta ornamental; ampliamente plantada en Guatemala.
❧ *Árboles pequeños a medianos, perennifolios, alcanzan los 20 metros de alto, las plantas pueden ser masculinas o femeninas;* ***hojas*** *planas, de color verde oscuro, 6–12 cm de largo y cerca de 1 cm de ancho, con un nervio central;* ***conos*** *producen polen en las plantas masculinas dentro de estructuras parecidas a un amento, conos femeninos nacen en un tallo corto y tienen 2–4 escamas, por lo general solo una (a veces dos) fértiles, cada escama fértil da una sola semilla apical, 10–15 mm de largo en la madurez, las escamas se hinchan y se vuelven púpura rojizas y carnosas, como una baya, 10–20 mm de largo.*
HÁBITAT: Jardines y calles; ampliamente cultivado por todo el mundo.
USOS: Como ornamental, la planta puede ser recortada o podada en columnas redondas, cuadradas o en conos; casas de madera de calidad en Japón; árboles de feng shui en Hong Kong; las aves se comen las escamas, que se parecen a una baya.
NOTAS: Es un arbusto grande o árbol pequeño, popular en jardines y contenedores. Tolera condiciones de poca luz y espacios reducidos si se recorta. Aunque su crecimiento es de moderado a lento, puede llegar a crecer mucho. En Hong Kong el árbol es tan estimado como árbol de feng shui que se han robado grandes especímenes.

DISTRIBUTION: This is the northernmost species of the genus *Podocarpus*, native to southern Japan and southern and eastern China. Planted in many areas of the world as an ornamental; widely planted in Guatemala.
❧ *Small to medium evergreen trees, reaching 20 meters tall, plants are either male or female;* ***leaves*** *flat, dark green, 6–12 cm long and about 1 cm wide, with a central midrib;* ***cones*** *produce pollen on male plants in catkin-like structures, female cones are borne on a short stem, and have 2–4 scales, usually only one (sometimes two) fertile, each fertile scale bearing a single apical seed, 10–15 mm long when mature, the scales swell and become reddish purple and fleshy, berry-like, 10–20 mm long.*
HABITAT: Gardens and streets; widely cultivated around the world.
USES: As an ornamental, the plant may be trimmed or shaped into round or square columns or cones; quality wood houses in Japan; feng shui trees in Hong Kong; the berry-like scales are eaten by birds.
NOTES: This is a popular large shrub or small tree in gardens and containers. It tolerates low light conditions, and small spaces if trimmed. Although moderate to slow growing, it can become very large. The tree is held in such high esteem as a feng shui tree in Hong Kong that large specimens have been stolen.

Español: **Papaturro, Papaturro Común**
English: Sea-grape, Grape (Belize)

DISTRIBUCIÓN: **Izabal**. México; Guatemala; Belice; Honduras; Nicaragua; Costa Rica; Panamá; norte de Sudamérica; las Antillas; Florida.
❧ *Árboles, hasta 17 metros de alto, frecuentemente con ramificación baja desde la base, tronco nudoso y retorcido, corteza lisa, con parches de color;* ***hojas*** *simples, alternas, casi circulares en contorno, rígidas y coriáceas, nervio central rojizo, 7–14 cm de largo, 10–18 cm de ancho, con una vaina café rojiza donde la hoja se conecta a la rama (ócrea);* ***flores*** *en una inflorescencia delgada 15–30 cm de largo, pequeñas, blancas, con un perfume dulce, flores masculinas o femeninas, en diferentes árboles;* ***fruto*** *1–2 cm de largo, de color rosado-púrpura cuando maduro; 1 semilla negra.*
HÁBITAT: Áreas costeras marinas, matorrales en los bordes de las playas.
USOS: Una savia roja y astringente se extrae de la corteza, la cual es la fuente de la goma kino, anteriormente un artículo comercial que se utilizaba para curtir cuero. La madera se utiliza localmente para la ebanistería, postes y leña. El fruto morado comestible madura en racimos largos, el cual se asemeja a uvas y es dulce y jugoso cuando está maduro; el fruto se fermenta con azúcar en las Antillas para producir una bebida alcohólica, y en Florida se utiliza para hacer jalea. Las hojas grandes se utilizaron históricamente como un sustituto del papel de escribir. Es un árbol ornamental importante, en especial cerca de la costa, donde tolera condiciones saladas y secas.
NOTAS: La madera es dura, pesada y compacta, descrita como roja o café oscuro matizada de rojo, a veces violeta o rayada, con albura rosada. Las hojas jóvenes con frecuencia son de color rojo brillante y lustrosas. Florece y fructifica todo el año.

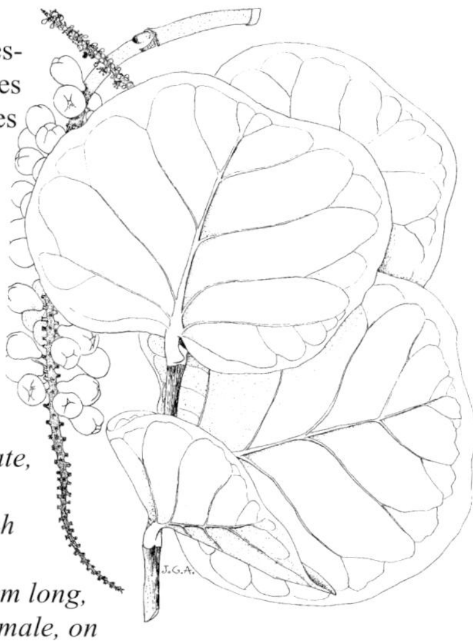

DISTRIBUTION: **Izabal**. Mexico; Guatemala; Belize; Honduras; Nicaragua; Costa Rica; Panama; northern South America; West Indies; Florida.
❧ *Trees, to 17 meters tall, frequently low branching from the base, trunk gnarled and twisted, bark smooth, with patches of color;* ***leaves*** *simple, alternate, almost circular in outline, stiff and leathery, midvein reddish, 7–14 cm long, 10–18 cm wide, with a reddish brown sheath where the leaf attaches to the branch (ochrea);* ***flowers*** *in a narrow inflorescence 15–30 cm long, small, white, sweet-scented, flowers either male or female, on separate trees;* ***fruit*** *1–2 cm long, pink-purple when mature; 1 black seed.*
HABITAT: Coastal marine areas, thickets along edges of beaches.
USES: An astringent red sap is taken from the bark, which is the source of West Indian kino, used for tanning leather and formerly an article of trade. The wood is used locally for cabinetwork, posts and fuel. The edible purple fruit ripens in long clusters, resembling grapes, and is sweet and juicy when mature; fruit fermented with sugar in the West Indies to produce an alcoholic drink, and in Florida it is used for jelly. The large leaves historically were used as a substitute for writing paper. This is an important ornamental tree, especially near the coast, where it tolerates salty, dry conditions.
NOTES: The wood is hard, heavy and compact, described as red or dark brown tinged with red, sometimes violet or streaked, with pinkish sapwood. The young leaves are frequently bright red and glossy. Flowering and fruiting all year.

Español: **Mulato**, **Palo Mulato**, **Hormigo** (Santa Rosa)
English: Long John, Holy Tree

DISTRIBUCIÓN: **Escuintla**, **Retalhuleu**, **San Marcos**, **Santa Rosa**, **Suchitepéquez** (Mazatenango). México; Guatemala; El Salvador; Nicaragua; Costa Rica; Panamá.
❧ *Árboles, con corteza escamosa manchada, ramas jóvenes generalmente huecas, con hormigas picadoras que viven dentro de los tallos huecos o en las bases de las hojas, ramitas jóvenes café rojizas;* ***hojas*** *simples, alternas, 15–35 cm de largo, 6–25 cm de ancho, base con frecuencia desigual;* ***flores*** *masculinas o femeninas: inflorescencia masculina una espiga larga, 10–25 cm de largo, flores 5 mm de largo, en fascículos con pelos densos color café amarillento, con 3 tépalos lineales y 3 angostamente deltoides, todos unidos por abajo, flores femeninas rojas, 10–15 mm de largo, en un grupo compacto y delgado;* ***fruto*** *un aquenio seco, 3-angulado, con 3 alas, 3–5 cm de largo.* 
HÁBITAT: Matorrales o bosques de las llanuras y estribaciones del Pacífico; hasta 750 metros.
USOS: Construcción.
NOTAS: La madera se describe como amarillenta, liviana y blanda, y aparentemente no duradera; se utiliza a nivel local para la construcción. Las ramas huecas son casi siempre habitadas por hormigas salvajes que causan picaduras dolorosas cuando se disturba al árbol. En muchas partes de las llanuras del Pacífico, el árbol es abundante y a menudo muestra color cuando florece, en especial a finales de enero y febrero. Se considera una de las especies más características de la costa pacífica de Centroamérica. La corteza escamosa, moteada y pálida es notable. Florece y fructifica de enero a marzo.

DISTRIBUTION: **Escuintla**, **Retalhuleu**, **San Marcos**, **Santa Rosa**, **Suchitepéquez** (Mazatenango). Mexico; Guatemala; El Salvador; Nicaragua; Costa Rica; Panama.
❧ *Trees, with mottled, flaky bark, young branches mostly hollow, with stinging ants living in the hollow stems or at the base of the leaves, young twigs reddish brown;* ***leaves*** *simple, alternate, 15–35 cm long, 6–25 cm wide, base frequently unequal;* ***flowers*** *either male or female: male inflorescence a long spike, 10–25 cm long, flowers 5 mm long, in fascicles with dense yellow-brown hairs, with 3 linear and 3 narrowly deltoid tepals, all united below, female flowers red, 10–15 mm long, in a compact narrow group;* ***fruit*** *a dry, 3-angulate achene, with 3 wings, 3–5 cm long.*
HABITAT: Thickets or forests of the Pacific plains and foothills; to 750 meters.
USES: Construction.
NOTES: The wood is described as yellowish, light and soft, and apparently not durable; it is used locally for construction. The hollow branches are almost invariably inhabited by savage ants that inflict painful bites when the tree is disturbed. In many parts of the Pacific plains, the tree is abundant and often displays color when in bloom, especially in late January and February. It is considered one of the most characteristic species of the Pacific coast of Central America. The flaky, mottled, pale bark is notable. Flowering and fruiting from January to March.

Español: **Gravilea**, **Peineta**, **Talnete** (flores)
English: Australian Silk Oak, Silky Oak

DISTRIBUCIÓN: **Guatemala**, **Huehuetenango**, **Sacatepéquez**. Nativa de Australia oriental; plantada ampliamente.
❧ *Árboles, hasta 20 metros de alto, semi-caducifolios, de crecimiento rápido, corteza gris oscura, acanalada;* ***hojas*** *20 cm de largo o más, divididas hasta la nervadura media en lóbulos angostos, parece una fronda, de color gris sedoso por abajo;* ***flores*** *de color amarillo dorado brillante, en grupos alargados hasta 15 cm de largo, alineadas y barridas hacia arriba;* ***fruto*** *un folículo oscuro, alrededor de 1.5 cm de largo, leñoso, dehiscente, con un pico delgado; semillas 2, aladas.*
HÁBITAT: Cultivado para adorno o como árbol de sombra en casi todas partes de Guatemala, en especial en las regiones más frías; plantado en abundancia para sombra en cafetales de las tierras altas centrales (hasta 1,800 metros); a menudo se esparce y se naturaliza a lo largo de carreteras y en matorrales.
USOS: Un árbol frecuente de sombra ornamental; sombra en cafetales de Guatemala; la madera resistente se utiliza para la construcción, y se conoce como elástica y duradera, utilizada en Australia para muebles y duelas de barriles; las hojas se utilizan como forraje en África.
NOTAS: Fructifica en septiembre.

DISTRIBUTION: **Guatemala**, **Huehuetenango**, **Sacatepéquez**. Native of eastern Australia; planted widely.
❧ *Trees, to 20 meters tall, semi-deciduous, fast growing, bark dark gray, furrowed;* ***leaves*** *20 cm long or more, divided to the midrib into narrow lobes, appearing fern-like, silky gray beneath;* ***flowers*** *bright golden yellow, in an elongate cluster to 15 cm long, aligned and swept upward;* ***fruit*** *a dark follicle, about 1.5 cm long, woody, dehiscent, with a slender beak; seeds 2, winged.*
HABITAT: Cultivated for ornament or as a shade tree in almost all parts of Guatemala, especially in cooler regions; abundantly planted for coffee shade in the central highlands (up to 1,800 meters); often escaping and naturalized along roadsides and in thickets.
USES: A common ornamental shade tree; coffee shade in Guatemala; tough wood is used for timber, reported as elastic and durable, used in Australia for furniture and barrel staves; leaves are used as animal fodder in Africa.
NOTES: Fruiting in September.

Español: **Macadamia Lisa**
English: Macadamia, Queensland Nut
Sinónimo: *Macadamia ternifolia* var. *integrifolia*

DISTRIBUCIÓN: **Huehuetenango**, **Sacatepéquez**, probablemente otros departamentos. Nativa de Australia; cultivada en muchas partes del mundo por su valiosa cosecha de nueces.
❧ *Árboles, hasta 18 metros de alto, perennifolios, copa densa, ancha;* ***hojas*** *principalmente en verticilos de 3, láminas 5–15 cm de largo, coriáceas, lustrosas, márgenes irregularmente espinoso-dentados;* ***flores*** *en una inflorescencia alargada, sin ramificación, 8.5–25 cm de largo, flores blancas o amarillentas, 5–11 mm de largo;* ***fruto*** *globoso, 2–4.5 cm de ancho, cáscara dura, 2–6 mm de grosor; por lo general tiene 1 semilla.*
HÁBITAT: Requiere un clima húmedo tropical o subtropical; elevaciones entre 200 y 1,400 metros. Condiciones muy brumosas, nubladas o ventosas se consideran desfavorables para la producción de nueces.
USOS: Nueces comestibles, muy nutritivas; el aceite se utiliza en cosméticos; un ornamental agradable.
NOTAS: Hawái fue uno de los primeros lugares en establecer plantaciones comerciales de macadamia, y fue el líder mundial en exportación durante muchos años. Los árboles no producen una cosecha comercial durante los primeros 7 a 10 años, pero pueden producir hasta cumplir los 100 años de edad. A las plantaciones comerciales por lo general se les injerta material superior para mayor producción.

DISTRIBUTION: **Huehuetenango**, **Sacatepéquez**, likely other departments. Native of Australia; grown in many parts of the world for its valuable nut crop.
❧ *Trees, to 18 meters tall, evergreen, crown dense, wide;* ***leaves*** *mostly in whorls of 3, leaf blades 5–15 cm long, leathery, glossy, margins irregularly spiny-toothed;* ***flowers*** *in an elongate inflorescence, unbranched, 8.5–25 cm long, flowers white or yellowish, 5–11 mm long;* ***fruit*** *globose, 2–4.5 cm wide, shell hard, 2–6 mm thick; seed usually 1.*
HABITAT: Requires a tropical or subtropical humid climate; elevations between 200 and 1,400 meters. Very foggy, cloudy or windy conditions are considered unfavorable for nut production.
USES: Edible nuts, highly nutritious; oil used in cosmetics; a pleasant ornamental.
NOTES: Hawaii was early in establishing commercial macadamia plantations, and led the world in exports for many years. The trees do not produce a commercial crop for the first 7 to 10 years, but may produce until they are 100 years old. Commercial plantations are normally grafted with superior stock for greater production.

Español: **Mangle, Mangle Colorado**
English: Red Mangrove

DISTRIBUCIÓN: **Escuintla, Izabal, San Marcos, Santa Rosa**, potencialmente a lo largo de toda la costa del Pacífico. México; Guatemala; Belice; El Salvador; Honduras; Nicaragua; Costa Rica; Panamá; Sudamérica; las Antillas; Florida; África Occidental; Oceanía.
❧ *Árboles, hasta 15 metros de alto, con raíces zancudas grandes y arqueadas que se extienden desde el tronco y las ramas;* ***hojas*** *simples, opuestas, 8–14 cm de largo, gruesas, por abajo con puntos negros;* ***flores*** *en grupos 2–6 cm de largo, con 2–4 flores alrededor de 2 cm de ancho, 4 sépalos amarillos y 4 pétalos lanosos color crema, estambres 8;* ***fruto*** *2–3 cm de largo; 1 semilla, que germina en el árbol, donde la raíz crece hasta 30 cm de largo.*
HÁBITAT: Común en pantanos costeros salinos (manglares) en ambas costas, confinado a agua salada o salobre, a menudo forma rodales muy densas y extensivas; 0–5 metros.
USOS: La madera se utiliza para marcos de barcos, construcción, postes y traviesas de ferrocarril; carbón vegetal; la corteza contiene 20–30 por ciento de tanino, el cual se utiliza para curtir pieles; los vástagos jóvenes se utilizan en la tintorería y produce colores rojos, verde olivas, cafés o grices; las raíces a veces se comen.
NOTAS: Este árbol es una parte importante de la asociación manglar que caracteriza la mayor parte de las costas tropicales americanas. Su maraña de raíces construye tierra al recoger sedimentos y escombros y es valiosa en la protección de costas durante tormentas y maremotos. Ofrece una zona de vivero para mucha vida marina, y filtra y limpia el agua de los ríos de tierra adentro. Las plántulas con raíces largas pueden flotar y sobrevivir hasta 12 meses y luego se establecen en el lodo salobre. La madera es café rojiza, muy dura, pesada, fuerte y duradera. Florece y fructifica de febrero a septiembre.

DISTRIBUTION: **Escuintla, Izabal, San Marcos, Santa Rosa**, potentially all along the Pacific coast. Mexico; Guatemala; Belize; El Salvador; Honduras; Nicaragua; Costa Rica; Panama; South America; West Indies; Florida; West Africa; Oceania.
❧ *Trees, to 15 meters tall, with large arching stilt roots extending from the trunk and branches;* ***leaves*** *simple, opposite, 8–14 cm long, thick, with black dots beneath;* ***flowers*** *in clusters 2–6 cm long, with 2–4 flowers, each about 2 cm wide, 4 yellow sepals and 4 cream-colored wooly petals, stamens 8;* ***fruit*** *2–3 cm long; 1 seed, germinating on the tree, where the root grows to about 30 cm long.*
HABITAT: Common in saline coastal swamps (mangroves) on both coasts, confined to salt or brackish water, often forming very dense and extensive stands; 0–5 meters.
USES: The timber is used for boat frames, construction, posts and railroad ties; charcoal; bark contains 20–30 percent tannin, used for tanning skins; young shoots are used for dyeing, producing red, olive, brown or slate colors; roots are sometimes eaten.
NOTES: This tree is an important part of the mangrove swamp association that characterizes much of tropical American shorelines. Its thicket of roots builds land by collecting sediment and debris, and is valuable in protecting shores during storms and tidal waves. They provide nursery areas for much ocean life, and filter and clean river water from inland. The long-rooted seedlings can float and stay alive for up to 12 months, eventually becoming established in the brackish mud. The wood is reddish brown, very hard, heavy, strong and durable. Flowering and fruiting from February to September.

Español: **Manzanilla**, **Manzanita**
English: Mexican Hawthorn
Otro: **Cainúm** (Kaqchikel)
Sínonimo: *Crataegus pubescens*

DISTRIBUCIÓN: **Chimaltenango**, **Chiquimula**, **El Progreso**, **Guatemala**, **Jalapa**, **Quetzaltenango**, **Quiché**, **Sacatepéquez**, **San Marcos**, **Santa Rosa**. Sur de México; cultivada en Guatemala, El Salvador, Costa Rica y Ecuador, donde probablemente fue introducida.
❧ *Árboles, hasta 9 metros de alto, muy espinosos, copa redondeada, tronco bajo y grueso, a veces arbustivo y forma matorrales densos;* ***hojas*** *con pecíolos cortos, por lo general 4–7 cm de largo, verdes por arriba, más pálidas por abajo, escasamente o densamente tomentosas o peludas, dentadas en los márgenes, a menudo más o menos lobuladas;* ***flores*** *blancas, en grupos con pocas flores, sépalos lanceolados, verdes, tomentosos, unos 5 mm de largo, pétalos blancos, 1 cm de largo o menos;* ***fruto*** *parecido a una manzana pequeña, en su mayoría 2–3 cm de ancho, de color anaranjado-amarillo pálido cuando está maduro; el centro con 3 semillas o más, duras y marrones.*
HÁBITAT: Común en cultivación de montañas; a menudo silvestre en bosques abiertos, húmedos o secos, con frecuencia en bosques de pino-encino o en matorrales; principalmente 1,500–2,700 metros.
USOS: Fruto comestible, utilizado para mermeladas y jaleas en México (donde hay huertas grandes), se cuelga como decoración durante la epoca navideña; el fruto tiene un alto contenido de pectina, la cual se procesa para ser utilizada en industrias como la de alimentos, cosméticos, farmacéuticos, textiles y metales. Las hojas y el fruto se utilizan como alimento para ganado; tanto las raíces como el fruto tienen usos medicinales. Las raíces de manzanilla se utilizan para injertar perales y manzanos. La madera es densa y dura, útil para mangos de herramientas, leña.
NOTAS: Aunque se encuentra expandida en Guatemala, algunos botánicos piensan que podría no ser nativa.

DISTRIBUTION: **Chimaltenango**, **Chiquimula**, **El Progreso**, **Guatemala**, **Jalapa**, **Quetzaltenango**, **Quiché**, **Sacatepéquez**, **San Marcos**, **Santa Rosa**. Southern Mexico; cultivated in Guatemala, El Salvador, Costa Rica and Ecuador, where probably introduced.
❧ *Trees, to 9 meters tall, very thorny, crown rounded, trunk low and thick, sometimes shrubby and forming dense thickets;* ***leaves*** *short-stalked, mostly 4–7 cm long, green above, paler beneath, sparsely or densely tomentose or pilose, with teeth on the margins, often more or less lobed;* ***flowers*** *white, in few-flowered clusters, sepals lanceolate, green, tomentose, about 5 mm long, petals white, 1 cm long or less;* ***fruit*** *resembling a small apple, mostly 2–3 cm wide, pale orange-yellow when ripe; the center with 3 or more hard brown seeds.*
HABITAT: Common in cultivation in the mountains; often wild in moist or fairly dry, open forests, frequently in pine-oak forests or in thickets; mainly 1,500–2,700 meters.
USES: Fruit edible, used for jams and jellies in Mexico (where there are large orchards), strung for decoration at Christmas time; the fruit has a high pectin content, processed for use in industries such as food, cosmetic, pharmaceutical, textile and metal. The leaves and fruit are used as livestock feed; both the root and fruit have medicinal uses. Hawthorn root stock is used to graft pear and apple trees. The hard dense wood is used for tool handles, firewood.
NOTES: Though widespread in Guatemala, some botanists think it is not native.

Español: **Níspero, Níspero Loquat**
English: Loquat

DISTRIBUCIÓN: **Alta Verapaz, Baja Verapaz, Sacatepéquez**. Nativo de China central, pero se cultiva en muchas regiones tropicales y subtropicales; naturalizado en algunos lugares. ❧ *Árboles perennifolios, hasta 10 metros de alto, copa densa, ramas jóvenes peludas;* ***hojas*** *simples, alternas, 12–30 cm de largo, someramente dentadas, lustrosas por arriba y rojizo-tomentosas por abajo, subsésiles;* ***flores*** *en grupos grandes, terminales y lanosos, capullos cubiertos de pelos café-dorados, fragantes, pétalos blancos, 1 cm de ancho, estambres 20;* ***fruto*** *un pomo, con forma de pera, 3–4 cm de largo, amarillo, jugoso; semillas 1–2, 1–1.5 cm de largo.*
HÁBITAT: Se cultiva en muchas partes del país; sobre todo a 900–2,100 metros, pero a veces más arriba o más abajo.
USOS: El fruto comestible es dulce y ácido, se come crudo y sirve para elaborar una deliciosa mermelada, también vino artesanal en San Juan del Obispo; la madera se utiliza para leña, postes y palos; un ornamental atractivo.
NOTAS: Fructifica de octubre a noviembre.

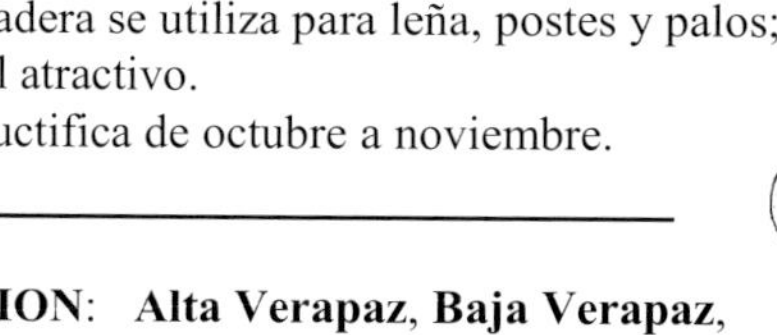

DISTRIBUTION: **Alta Verapaz, Baja Verapaz, Sacatepéquez**. Native to central China, but cultivated in many tropical and subtropical regions; naturalized in some places.
❧ *Evergreen trees, to 10 meters tall, crown dense, young branches hairy;* ***leaves*** *simple, alternate, 12–30 cm long, shallowly dentate, shiny above and rusty-tomentose beneath, subsessile;* ***flowers*** *in large, wooly, terminal clusters, buds covered with golden brown hairs, fragrant, petals white, 1 cm wide, stamens 20;* ***fruit*** *a pome, pear-shaped, 3–4 cm long, yellow, juicy; seeds 1–2, 1–1.5 cm long.*
HABITAT: Cultivated in many parts of the country; mainly from 900–2,100 meters, but sometimes higher or lower.
USES: Edible fruit is sweet and tart, eaten raw, makes a wonderful jam, also wine in San Juan del Obispo; wood is used for fuel, posts and poles; attractive ornamental.
NOTES: Fruiting from October to November.

Español: **Duraznal** (àrbol), **Durazno** (fruta), **Melocotón**
English: Peach
Otro: **Doraz** (Q'eqchi')

DISTRIBUCIÓN: Originario de China; cultivado en regiones templadas. En general se planta en casi todas las regiones montañosas de Guatemala y abundantemente naturalizado en algunas áreas.

❧ *Árboles pequeños, hasta 8 metros de alto o más, ramitas lisas, sin pelos;* ***hojas*** *en tallos 1–1.5 cm de largo, con glándulas en los tallos, lanceoladas, más anchas cerca o ligeramente por encima del medio, 8–15 cm de largo, ápice largo en punta, con pequeños dientes puntiagudos en los márgenes, lisas, sin pelos;* ***flores*** *por lo general solitarias, rosadas, 2.5–3.5 cm de ancho, casi sésiles, sépalos pubescentes por fuera;* ***fruto*** *subgloboso, tomentoso, se torna amarillo con rojo cuando maduro; semilla muy dura y gruesa, profundamente picada y surcada.*

HÁBITAT: Plantado; en su mayoría 1,400–2,700 metros.

USOS: Fruto comestible.

NOTAS: El nombre prisco se utiliza para los melocotones que tienen pulpa que no se pega a la semilla. La *Flora de China* (2003) acepta el nombre botánico *Amygdalus persica* L. como correcto.

DISTRIBUTION: Native to China; cultivated in temperate regions. Commonly planted in almost all mountain regions of Guatemala, and abundantly naturalized in some areas.

❧ *Trees small, to 8 meters tall or more, twigs smooth, without hairs;* ***leaves*** *on stalks 1–1.5 cm long, with glands on the stalks, lanceolate, widest near or slightly above middle, 8–15 cm long, apex long-pointed, with small pointed teeth on the margins, smooth, without hairs;* ***flowers*** *usually solitary, pink, 2.5–3.5 cm wide, almost sessile, sepals pubescent outside;* ***fruit*** *subglobose, tomentose, turning yellow with red when ripe; stone very hard and thick, deeply pitted and furrowed.*

HABITAT: Planted; mainly 1,400–2,700 meters.

USES: Edible fruit.

NOTES: The name *prisco* is used for freestone peaches. The *Flora of China* (2003) accepts the botanical name *Amygdalus persica* L. as correct.

Español: **Cerezo**, **Capulín**
English: Cherry
Otro: **Tup** (K'ichi')
Sinónimo: *Prunus capuli*

DISTRIBUCIÓN: **Alta Verapaz** (plantado alrededor de Cobán), **Chimaltenango**, **Guatemala**, **Quetzaltenango**, **Quiché**, **Sacatepéquez**, **San Marcos**, **Sololá**, **Totonicapán**. Mexico; El Salvador; Nicaragua; naturalizado en Sudamérica.

❧ *Árboles, pequeños a medianos, hasta 15 metros de alto, tronco hasta 1 metro de diámetro, corteza de color café rojizo o grisáceo;* ***hojas*** *bastante delgadas, color verde claro, sobre pecíolos angostos, éstos por lo general tienen 2 glándulas grandes cerca del ápice, láminas 6–18 cm de largo, largo-acuminadas, estrechamente serradas;* ***flores*** *con pétalos blancos, en grupos no ramificados, en general alargados, tienen 1 hoja o más cerca de la base, multifloros, flojos;* ***fruto*** *rojo o casi negro, dulce, 1 cm o más de diámetro.*
HÁBITAT: Común en muchos lugares de las montañas en bosques de pino o mixtos, a menudo plantado cerca de fincas, a veces tiene aspecto de árbol nativo; sobre todo desde 1,500–3,000 metros, rara vez se planta a elevaciones más bajas.
USOS: Fruto comestible; injertos de raíces utilizados para cerezas hortícolas; la madera puede utilizarse para carpintería general y ebanistería; la corteza y las hojas se utilizan en medicina doméstica; saborizante de bebidas y licores.
NOTAS: El árbol tiene importancia económica en Guatemala debido a su fruto, el cual se presenta en los mercados a finales de abril. No se sabe con seguridad si el árbol es nativo de Guatemala; puede haber sido introducido desde México siglos atrás.

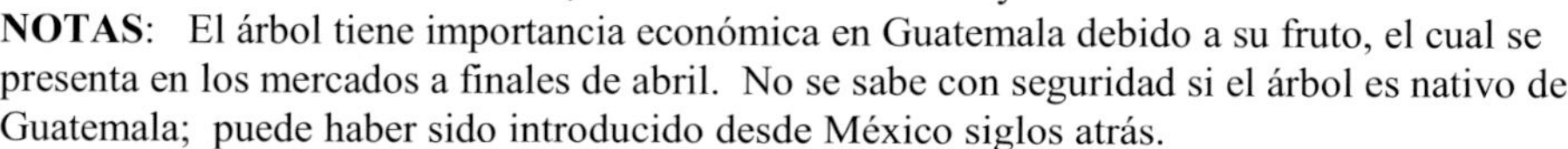

DISTRIBUTION: **Alta Verapaz** (planted around Cobán), **Chimaltenango**, **Guatemala**, **Quetzaltenango**, **Quiché**, **Sacatepéquez**, **San Marcos**, **Sololá**, **Totonicapán**. Mexico; El Salvador; Nicaragua; naturalized in South America.
❧ *Trees, small to medium, to 15 meters tall, trunk to 1 meter in diameter, bark reddish brown or grayish;* ***leaves*** *fairly thin, bright green, on slender petioles, these bearing usually 2 glands near the apex, blades 6–18 cm long, long-acuminate, closely serrate;* ***flowers*** *with white petals, in unbranched groups, usually elongate, bearing 1 or more leaves near the base, many-flowered, lax;* ***fruit*** *red or almost black, sweet, 1 cm or more in diameter.*
HABITAT: Common many places in the mountains in pine or mixed forests, often planted near country houses, sometimes appearing to be a native tree; mainly from 1,500–3,000 meters, rarely planted at lower elevations.
USES: Fruit edible; root stock used for grafted horticultural cherries; wood can be used for general carpentry and cabinet work; bark and leaves are used in domestic medicine; beverage and liquor flavoring.
NOTES: The tree is of economic importance in Guatemala because of its fruit, which appears in markets in late April. It is not certain if the tree is native to Guatemala; it may have been introduced from Mexico centuries ago.

Español: **Sálamo**, **Cáscara de Sálamo**, **Guayabillo**, **Canela**, **Palo de Peine**, **Calán** (Izabal), **Madroño** (Izabal), **Ucá**
English: Lancewood

DISTRIBUCIÓN: **Chiquimula**, **El Progreso**, **Escuintla**, **Huehuetenango**, **Izabal**, **Jutiapa**, **Retalhuleu**, **Santa Rosa**, **Zacapa**. México; Guatemala; El Salvador; Honduras; Nicaragua; Costa Rica; Panamá; Sudamérica; Cuba.
❧ *Árboles, hasta 20 metros de alto, corteza se descascara y deja un tronco color café castaño, blanco y verde, torcido e irregular;* ***hojas*** *simples, opuestas, 4–13 cm de largo, papiráceas, nervaduras secundarias 4–7 pares, con domacios en las axilas en la superficie inferior;* ***flores*** *en grupos terminales de hasta 3 cm de ancho, flores fragantes, 1–3 flores en cada grupo, con 1 lóbulo alargado similar a un pétalo blanco, 2–4 cm de largo, 1–3 cm de ancho, pétalos verdaderos pequeños, unidos en un tubo 2–3.5 mm de largo;* ***fruto*** *una cápsula leñosa cilíndrica, 6–12 mm de largo; semillas aladas.*
HÁBITAT: Común en las llanuras costeras del Pacífico, en bosques o campos abiertos, y reportado en los bosques de tierras bajas del oeste de Guatemala; en elevaciones de hasta unos 900 metros.
USOS: En Centroamérica, el sálamo se utiliza para hacer artículos que requieren de una madera fuerte, dura y de grano fino, lo cual incluye arcos, mangos de herramientas, artículos de madera torneada y muebles; leña y carbón vegetal; ornamental.

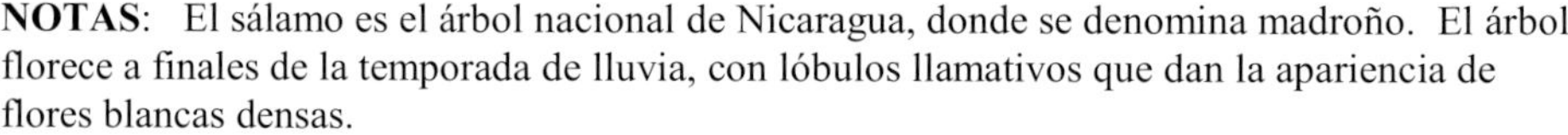

NOTAS: El sálamo es el árbol nacional de Nicaragua, donde se denomina madroño. El árbol florece a finales de la temporada de lluvia, con lóbulos llamativos que dan la apariencia de flores blancas densas.

DISTRIBUTION: **Chiquimula**, **El Progreso**, **Escuintla**, **Huehuetenango**, **Izabal**, **Jutiapa**, **Retalhuleu**, **Santa Rosa**, **Zacapa**. Mexico; Guatemala; El Salvador; Honduras; Nicaragua; Costa Rica; Panama; South America; Cuba.
❧ *Trees, to 20 meters tall, bark peeling, leaving a chestnut brown, white and green trunk, twisted and irregular;* ***leaves*** *simple, opposite, 4–13 cm long, papery, secondary veins 4–7 pairs, with domatia in the axils on the lower surface;* ***flowers*** *in terminal groups up to 3 cm wide, flowers fragrant, 1–3 flowers in each group, with 1 elongated, white, petal-like lobe, 2–4 cm long, 1–3 cm wide, true petals small, united in a tube 2–3.5 mm long;* ***fruit*** *a woody cylindrical capsule, 6–12 mm long; seeds winged.*
HABITAT: Common on the Pacific coastal plains, in forests or open fields, and reported in lowland forests of western Guatemala; at elevations up to about 900 meters.
USES: In Central America lancewood is used to make items that require a strong, fine-grained, hard wood, including archery bows, tool handles, turned articles and furniture; firewood and charcoal; ornamental.
NOTES: Lancewood is the national tree of Nicaragua, where it is called madroño. The tree flowers at the end of the rainy season, with showy lobes that give the appearance of dense, white flowers.

Español: **Café, Cafeto Arábigo**
English: Coffee, Arabica Coffee

DISTRIBUCIÓN: **Alta Verapaz, Chiquimula, Guatemala, Huehuetenango, Sacatepéquez, San Marcos, Sololá**, probablemente se siembre en todos los departamentos de Guatemala. Nativo de las zonas tropicales de África Oriental (Etiopía y Sudán), pero se cultiva en áreas tropicales húmedas.

❧ *Árboles pequeños o arbustos, hasta 8 metros de alto (podados más bajos en cultivación), glabrescentes;* ***hojas*** *opuestas, simples, verde oscuras, 8–15 (–25) cm de largo, por arriba lustrosas, estípulas 3–12 mm de largo;* ***flores*** *blancas, fragantes, 5-lobuladas, subsésiles, 1–2 cm de largo, inflorescencia con bractéolas hasta 2 mm de largo;* ***fruto*** *rojo, carnoso, hasta 2 cm de largo; 2 semillas.*

HÁBITAT: Cultivado, rara vez espontáneo en bosques vírgenes, principalmente en laderas de montañas más bajas o medias (no se cultiva en las elevaciones más altas de la sierra); nivel del mar hasta 2,500 metros (crecimiento óptimo reportado a 1,000–2,000 metros).

USOS: Las semillas se secan y tuestan para producir café; la cafeína se extrae de las semillas para hacer bebidas; medicinal; saborizante de café, se utiliza en helados, moca y licores.

NOTAS: En Guatemala, el café es un cultivo de exportación muy importante; introducido a mediados del siglo XVIII, Guatemala se ha vuelto muy conocida internacionalmente por su calidad de café. La mayor parte se cultiva en la sombra de un dosel de árboles, por lo tanto se considera menos destructivo para el ambiente que otros cultivos. Esta especie produce el café de más alta calidad, de preferencia para la comercialización. Florece de febrero a mayo; fructifica de junio a enero.

DISTRIBUTION: **Alta Verapaz, Chiquimula, Guatemala, Huehuetenango, Sacatepéquez, San Marcos, Sololá**, planted in probably all Guatemalan departments. Native to tropical East Africa (Ethiopia and Sudan), but grown in humid tropical areas.

❧ *Small trees or shrubs, to 8 meters tall (trimmed lower in cultivation), glabrescent;* ***leaves*** *opposite, simple, dark green, 8–15 (–25) cm long, glossy above, stipules 3–12 mm long;* ***flowers*** *white, fragrant, 5-lobed, subsessile, 1–2 cm long, inflorescence with bractlets to 2 mm long;* ***fruit*** *red, fleshy, to 2 cm long; 2 seeds.*

HABITAT: Cultivated, rarely spontaneous in virgin forests, mainly in lower or middle mountain slopes (not grown in the highest elevations of the highlands); sea level to 2,500 meters (reported optimum growth at 1,000–2,000 meters).

USES: Seeds are dried and roasted to produce coffee; caffeine is extracted from the seeds to make soft drinks; medicinal; coffee flavoring is used in ice cream, mocha and liqueurs.

NOTES: In Guatemala coffee is a very important export crop; introduced in the middle of the 18th century, Guatemala has become well known internationally for quality coffee. The majority is grown in the shade of a tree overstory, therefore it is considered environmentally less destructive than other agricultural crops. This species produces the highest-quality coffee, preferred in commerce. Flowering from February to May; in fruit from June to January.

Español: **Noni, Morinda**
English: Noni, Indian Mulberry, Painkiller

DISTRIBUCIÓN: Nativo de la India, Malasia, las Indias Orientales y Australia tropical; introducido y naturalizado en muchas otras zonas tropicales, especialmente a lo largo de las costas marinas.

❧ *Árboles, a menudo 2–3 (–12) metros de alto, glabrescentes;* ***hojas*** *simples, opuestas, 12–40 cm de largo, con nervadura lateral prominente, 5–8 pares;* ***flores*** *en cabezuelas verdes parecidas a conos, 1–2 cm de largo, en las axilas de las hojas, flores 5-lobuladas, blancas, tubo hasta 1 cm de largo;* ***fruto*** *5–12 cm de largo, compuesto, con forma de papa, translúcido, blanco verdoso a amarillento, cada sección con un 'ojo' verde a café, cuando maduro, tiene olor a queso fétido; semillas pequeñas en la pulpa.*

HÁBITAT: Plantado como un árbol ornamental, naturalizado en costas arenosas.

USOS: Ornamental. Tintes rojos, morados y amarillos se extraen de la corteza. El fruto es comestible, pero no muy apetecible y se sirve crudo o cocinado; el fruto se utiliza para producir el "milagroso" jugo de noni, comercializado para muchos usos medicinales; el fruto a veces sirve de alimento para cerdos. Las hojas jóvenes son comestibles y se aplican a la superficie de la piel para aliviar el dolor. La madera es considerada atractiva y se utiliza en algunas regiones.

NOTAS: El fruto es comestible, aunque no muy sabroso. Florece en mayo; fructifica de septiembre a febrero.

DISTRIBUTION: Native to India, Malaysia, the East Indies and tropical Australia; introduced and naturalized in many other tropical areas, especially along seacoasts.

❧ *Trees, often 2–3 (–12) meters tall, glabrescent;* ***leaves*** *simple, opposite, 12–40 cm long, with prominent lateral veins, 5–8 pairs;* ***flowers*** *in green, cone-like heads, 1–2 cm long, in leaf axils, flowers 5-lobed, white, tube to 1 cm long;* ***fruit*** *5–12 cm long, compound, potato-shaped, translucent, greenish white to yellowish, each section with a green to brown "eye," when ripe with a foul cheese odor; small seeds in the pulp.*

HABITAT: Planted as an ornamental tree, naturalized on sandy coasts.

USES: Ornamental. Red, purple and yellow dyes are obtained from the bark. Fruit edible, but not appealing, served raw or cooked; fruit used to produce the "miracle cure" noni juice, marketed with many medicinal uses; fruit sometimes fed to pigs. Young leaves edible, and used on skin surface for pain relief. The wood is considered attractive and used in some regions.

NOTES: The fruit is edible, although not very tasty. Flowering in May; fruiting from September to February.

Español: **Pascua Argentina**
English: Tropical Dogwood, Pink Mussaenda, Pink Flag Bush

DISTRIBUCIÓN: Nativa de los trópicos del Viejo Mundo; ampliamente plantada.
❧ *Árboles pequeños o arbustos, hasta 3 metros de alto;* ***hojas*** *opuestas, elípticas o aovadas, hasta 15 cm de largo, 8 cm de ancho, superficie suave, prominentemente nervada;* ***flores*** *en grupos terminales, cada una es pequeña, tubular, con 5 pétalos amarillos, las partes llamativas de la flor son los 5 sépalos grandes, parecidos a hojas, hasta 10 cm de largo, rosados;* ***fruto*** *una baya pequeña, rara vez vista.*
HÁBITAT: Se cultiva en jardines y como plantas de maceta.
USOS: Ornamental; paisajismo.
NOTAS: Este pequeño árbol es un híbrido hortícola, cultivado por sus flores llamativas. A menudo, esta planta está mal etiquetada como *Mussaenda erythrophylla*, uno de los parientes del híbrido. Propagada mediante recortes arraigados que florecen de inmediato. Florece durante todo el año.

DISTRIBUTION: Native to the Old World tropics; widely planted.
❧ *Small trees or shrubs, to 3 meters tall;* ***leaves*** *opposite, elliptic or ovate, to 15 cm long, 8 cm wide, surface soft, prominently veined;* ***flowers*** *in terminal clusters, each is small, tubular, with 5 yellow petals, showy parts of the flower are the 5 large, leaf-like sepals, to 10 cm long, pink;* ***fruit*** *a small berry, rarely seen.*
HABITAT: In cultivation in gardens and as potted plants.
USES: Ornamental; landscaping.
NOTES: This small tree is a horticultural hybrid, bred for its showy flowers. It is often mislabeled as *Mussaenda erythrophylla*, one of the parents of the hybrid. Propagated by rooted cuttings and soon flowering. Flowering throughout the year.

Español: **Matasano**, **Matasán**
English: White Sapote
Otros: **Ajachel** (Kaqchikel), **Ahache** (Poqomchi')

DISTRIBUCIÓN: **Alta Verapaz**, **Baja Verapaz**, **Chimaltenango**, **Chiquimula**, **El Progreso**, **Guatemala**, **Huehuetenango**, **Jalapa**, **Jutiapa**, **Quetzaltenango**, **Quiché**, **Sacatepéquez**, **San Marcos**, **Santa Rosa**, **Totonicapán**, **Zacapa**. Distribuido ampliamente en México; Centroamerica y Sudamérica; plantado en Asia, Europa, África, Nueva Zelanda y Estados Unidos.

❧ *Árboles medianos a grandes, tronco a menudo grueso, pálido, copa ancha;* ***hojas*** *casi siempre con 5 hojuelas, generalmente 10–18 cm de largo;* ***flores*** *fragantes, de color amarillo verdoso o blanquecino, pétalos 3.5–4 mm de largo;* ***fruto*** *variable en tamaño y forma, más o menos 6–10 cm de ancho, generalmente verde o amarillo pálido.*

HÁBITAT: A menudo cultivado en fincas, también crece de manera silvestre o se escapa del cultivo en lugares, en bosques o matorrales húmedos a secos, a menudo a lo largo de carreteras; 600–2,700 metros.

USOS: Fruto comestible. Madera utilizada para maderos, carpintería, mobiliario doméstico. Semillas fatalmente tóxicas si se comen crudas, y un extracto de la semilla se utiliza para cebar y matar cucarachas. El fruto produce somnolencia; los extractos de las hojas, corteza y semillas se utilizan en México como sedantes, somníferos, tranquilizantes y otros remedios. Ornamental; sombra en cafetales.

NOTAS: El fruto se asemeja a una manzana inmadura en forma, tamaño y color. Su carne es suave, de color crema, jugosa, con un agradable sabor dulce; si se ingiere en grandes cantidades, se cree que induce el sueño (contiene la sustancia química *casimirin*). El fruto se ha reportado como disponible en gran cantidad de mercados a finales de abril. Los árboles son abundantes en muchas regiones, que incluye la región inferior del valle de Motagua, Quetzaltenango y San Marcos.

DISTRIBUTION: **Alta Verapaz**, **Baja Verapaz**, **Chimaltenango**, **Chiquimula**, **El Progreso**, **Guatemala**, **Huehuetenango**, **Jalapa**, **Jutiapa**, **Quetzaltenango**, **Quiché**, **Sacatepéquez**, **San Marcos**, **Santa Rosa**, **Totonicapán**, **Zacapa**. Broadly distributed in Mexico; Central and South America; planted in Asia, Europe, Africa, New Zealand and the United States.

❧ *Trees, medium to large, trunk often thick, pale, crown wide;* ***leaves*** *mostly with 5 leaflets, mostly 10–18 cm long;* ***flowers*** *fragrant, greenish yellow or whitish, petals 3.5–4 mm long;* ***fruit*** *variable in size and shape, more or less 6–10 cm wide, usually green or pale yellow.*

HABITAT: Often cultivated in the countryside, also growing wild or escaped from cultivation in places, in wet to dry forests or thickets, often along roadsides; 600–2,700 meters.

USES: Edible fruit. Wood used for timber, carpentry, domestic furniture. Seeds fatally toxic if eaten raw, and a seed extract is used to bait and kill cockroaches. Fruit produces drowsiness; extracts of the leaves, bark and seeds used in Mexico as sedatives, soporifics, tranquilizers and other remedies. Ornamental; shade in coffee plantations.

NOTES: The fruit resembles an immature apple in shape, size and color; its flesh is soft, cream-colored, juicy, with a pleasant sweet flavor. If eaten in large amounts, thought to induce sleep (containing the chemical casimirin). The fruit has been reported as available in quantity in markets in late April. The trees are abundant in many regions, including the lower Motagua Valley, and in Quetzaltenango and San Marcos.

Español: **Limón Verde**
English: Lime

DISTRIBUCIÓN: Por todo el país; cultivado mundialmente en áreas tropicales y subtropicales. Este híbrido tiene su origen en el archipiélago malayo o en el norte de la India; se introdujo en Europa en el siglo XIII y fue traído al Nuevo Mundo por los españoles.

❧ *Árboles pequeños, 3–5 metros de alto, con numerosas espinas robustas 5–13 mm de largo;* ***hojas*** *simples, alternas, 4.5–9 cm de largo, ápice a menudo redondeado-muescado, márgenes con dientes redondeados, pecíolo 0.7–2.5 cm de largo, obviamente articulado en la base de la lámina, angostamente alado;* ***flores*** *solitarias o en grupos cortos con pocas flores, pétalos 4 o 5, 8–12 mm de largo, blancos, estambres 20–25;* ***fruto*** *subgloboso y con frecuencia tiene una pequeña protuberancia apical, 1.7–3 cm de ancho, verde, cáscara con menos de 1 mm de grosor, pulpa agria.*

HÁBITAT: Comúnmente cultivado; 0–1,400 metros.

USOS: Se utiliza para preparar y adornar bebidas, para cocinar y como medicina.

NOTAS: Árbol popular en patios, especialmente apreciado por el cocinero de la casa. Las glándulas sebáceas de la cáscara y hojas desprenden un olor aromático cuando se machacan. Florece de diciembre a abril; fructifica de abril a octubre.

DISTRIBUTION: Throughout the country; cultivated worldwide in tropical and subtropical areas. This hybrid originated in the Malay Archipelago or northern India; introduced to Europe in the 13th century and brought to the New World by the Spanish.

❧ *Small trees, 3–5 meters tall, with numerous stout thorns 5–13 mm long;* ***leaves*** *simple, alternate, 4.5–9 cm long, apex often rounded-notched, margins with rounded teeth, petiole 0.7–2.5 cm long, obviously jointed at the base of the blade, narrowly winged;* ***flowers*** *solitary or in short, few-flowered groups, petals 4 or 5, 8–12 mm long, white, stamens 20–25;* ***fruit*** *subglobose and frequently with a small apical bump, 1.7–3 cm wide, green, peel less than 1 mm thick, pulp acidic.*

HABITAT: Commonly cultivated; 0–1,400 meters.

USES: Used to make and garnish drinks, in cooking and as medicine.

NOTES: A popular garden tree, especially appreciated by the household cook. Oil glands in the peel and leaves release an aromatic odor when crushed. Flowering from December to April; fruiting from April to October.

Español: **Naranja**
English: Sweet Orange
Sinónimo: *Citrus sinensis*

DISTRIBUCIÓN: Por todo el país; ampliamente cultivada en los trópicos y subtrópicos. ❧ *Árboles pequeños, hasta 5 metros de alto, espinas ausentes a pocas, 2–3 mm de largo;* ***hojas*** *simples, alternas, 6–11 cm de largo, márgenes ondulados, serrulados o enteros, pecíolo 1–1.2 cm de largo, obviamente articulado en la base de la lámina, angostamente alado, alas uniformes o disminuyendo gradualmente desde el ápice;* ***flores*** *solitarias o en grupos con pocas flores, pétalos (3–) 5, blancos, estambres 20–25;* ***fruto*** *subgloboso, 2.5–5 cm de ancho, verde tornándose anaranjado-amarillo, cáscara 5–9 mm de grosor, pulpa dulce.*
HÁBITAT: Comúnmente cultivada por todo el país; 300–600 metros.
USOS: El fruto es nutritivo, rico en vitamina C, y se toma como jugo puro y en refrescos; las flores, hojas y cáscara proporcionan un aceite aromático; la madera se utiliza como leña.
NOTAS: Las naranjas dulces son un grupo de híbridos entre la pampelmusa (*Citrus maxima*) y la mandarina (*Citrus reticulata*). Estos híbridos probablemente provinieron del sudeste de Asia, de la India o de China, y fueron introducidos en jardines romanos en el siglo I d.C. Otros grupos resultan de esta hibridación: el grupo de la naranja agria y el grupo de la toronja. Fructifica en marzo, mayo y septiembre.

DISTRIBUTION: Throughout the country; widely cultivated in the tropics and subtropics. ❧ *Small trees, to 5 meters tall, thorns lacking to few, 2–3 mm long;* ***leaves*** *simple, alternate, 6–11 cm long, margins undulate, serrulate or entire, petiole 1–1.2 cm long, obviously jointed at the base of the blade, narrowly winged, wings uniform or gradually narrowing from the apex;* ***flowers*** *solitary or in few-flowered groups, petals (3–) 5, white, stamens 20–25;* ***fruit*** *subglobose, 2.5–5 cm wide, green becoming yellow-orange, peel 5–9 mm thick, pulp sweet.*
HABITAT: Commonly cultivated throughout the country; 300–600 meters.
USES: The fruit is nutritious, high in vitamin C, and consumed as pure juice and in cold drinks; the flowers, leaves and peel provide an aromatic oil; the wood is used as firewood.
NOTES: Sweet oranges are a group of hybrids between pomelo (*Citrus maxima*) and tangerine (*Citrus reticulata*). These hybrids probably originated in southeastern Asia, India or China, and were introduced into Roman gardens in the first century A.D. Other groups resulting from this hybridization: the Sour Orange Group and the Grapefruit Group. Fruiting in March, May and September.

Español: **Toronja**
English: Grapefruit
Sinónimo: *Citrus* x *paradisi*

DISTRIBUCIÓN: Comúnmente cultivada en todo el país; se puede encontrar en los trópicos y subtrópicos del mundo.
❧ *Árboles, 10–15 metros de alto, espinas generalmente ausentes o pocas y pequeñas;* ***hojas*** *simples, alternas, 5–6 cm de ancho, ápice obtuso, base redondeada, margen entero o con dientes redondeados, pecíolo obviamente articulado en la base de la lámina, anchamente alado, anchamente redondeado en el ápice;* ***flores*** *solitarias o en grupos cortos con pocas flores, cáliz 5-lobulado, pétalos (4) 5, blancos, estambres 20–25;* ***fruto*** *generalmente globoso, 8–15 cm de ancho, verdoso a amarillo pálido, pulpa algo agria.*
HÁBITAT: Cultivada.
USOS: El jugo de la fruta es una combinación de dulce y amargo, lo que lo hace una bebida refrescante; en algunos países, la toronja se sirve cortada por la mitad para el desayuno. La cáscara y la pulpa se utilizan para preparar compotas y mermeladas, y la cáscara en conserva se utiliza en muchas recetas.
NOTAS: Algunos botánicos consideran que la toronja proviene de un cruce realizado en Barbados en el siglo XVIII entre la naranja y la pampelmusa (*Citrus maxima*); en el comercio existen cruces adicionales entre este híbrido y *Citrus maxima*.

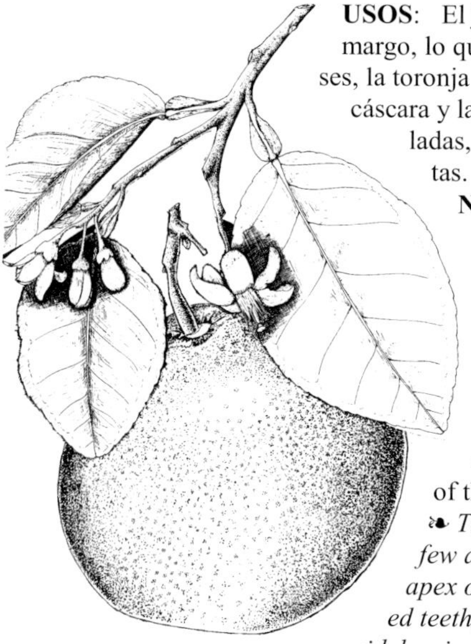

DISTRIBUTION: Commonly cultivated throughout the country; found in the tropics and subtropics of the world.
❧ *Trees, 10–15 meters tall, thorns generally lacking or few and small;* ***leaves*** *simple, alternate, 5–6 cm wide, apex obtuse, base rounded, margins entire or with rounded teeth, petiole obviously jointed at the base of the blade, widely winged, widely rounded at the apex;* ***flowers*** *solitary or in short, few-flowered groups, calyx 5-lobed, petals (4) 5, white, stamens 20–25;* ***fruit*** *generally globose, 8–15 cm wide, greenish to pale yellow, pulp somewhat sour.*
HABITAT: Cultivated.
USES: The fruit's juice is a combination of sweet and sour, which results in a refreshing drink; in some countries the fruit is served cut in half for breakfast. The peel and pulp are used to make preserves and marmalades, and the conserved peel is used in many dishes.
NOTES: Some botanists consider the grapefruit to have originated from a cross made in Barbados in the 18th century between an orange and the pomelo (*Citrus maxima*); additional crosses between this hybrid and *Citrus maxima* occur in commerce.

Español: **Mandarina**
English: Tangerine, Mandarin

DISTRIBUCIÓN: Muchos departamentos, si no todos; cultivada alrededor del mundo en áreas tropicales y subtropicales.
❧ *Árboles pequeños, hasta 5 metros de alto, espinas ausentes a pocas, 1–2 mm de largo; **hojas** simples, alternas, 3–7 cm de largo, márgenes con dientes redondeados, pecíolo 0.5–2 cm de largo, articulado de forma notoria en la base de la lámina, angostamente alado o marginado, 0.1–0.3 cm de ancho; **flores** solitarias o en grupos cortos con pocas flores, pétalos 5, blancos, 7–8 mm de largo, estambres 18–23; **fruto** deprimido-globoso, a veces con una protuberancia apical, fruto 2.8–4 cm de largo, 3–5 cm de ancho, verde a amarillo o a veces anaranjado pálido o rojo-anaranjado, cáscara 1 mm de grosor y fácilmente desprendible de la pulpa, pulpa dulce y jugosa.*
HÁBITAT: Comúnmente cultivada; 20–100 metros.
USOS: Fruto comestible; refrescos; ornamental con flores fragantes.
NOTAS: Se cultiva en Guatemala como árbol ornamental y por su fruto, que se utiliza para hacer una bebida muy popular. Probablemente tuvo origen en el sudeste de Asia y en las Filipinas, se cultivó en China y Japón, y llegó a Europa en 1805. Se conocen varios híbridos, incluido uno con un fruto más pequeño (2.5 cm de diámetro cuando fresco) y pulpa sumamente agria. Fructifica en agosto, septiembre, diciembre.

DISTRIBUTION: Many departments, if not all; grown around the world in tropical and subtropical areas.
❧ *Small trees, to 5 meters tall, thorns lacking to few, 1–2 mm long; **leaves** simple, alternate, 3–7 cm long, margins with rounded teeth, petiole 0.5–2 cm long, obviously jointed at the base of the blade, narrowly winged or marginate, 0.1–0.3 cm wide; **flowers** solitary or in short, few-flowered groups, petals 5, white, 7–8 mm long, stamens 18–23; **fruit** depressed-globose, at times with an apical bump, fruit 2.8–4 cm long, 3–5 cm wide, green to yellow or at times pale orange or red-orange, peel 1 mm thick and easily detachable from the pulp, pulp sweet and juicy.*
HÁBITAT: Commonly cultivated; 20–100 meters.
USES: Fruit edible; juice drinks; ornamental with fragrant flowers.
NOTES: The tree is cultivated in Guatemala as an ornamental tree and for its fruit, which is used to make a very popular drink. The species probably originated in southeastern Asia and the Philippines, was cultivated in China and Japan, and reached Europe in 1805. Several hybrids are known, including one with smaller fruit (2.5 cm in diameter when fresh) and extremely acidic pulp. Fruiting in August, September, December.

Español: **Limonaria, Mirto, Limoncillo**
English: Orange Jasmine, Orange Jessamine

DISTRIBUCIÓN: **Petén, Zacapa**, probablemente se encuentra en todos los departamentos, pero rara vez se recolecta. Nativa del sudeste de Asia y Malasia.
❧ *Árboles o arbustos, hasta 6 metros de alto, perennifolios, inermes;* ***hojas*** *alternas, pinnadas, 6–14 cm de largo, con 5–8 folíolos lustrosos, alternos (rara vez subopuestos), 3–5.5 cm de largo, márgenes enteros;* ***flores*** *en un grupo terminal denso, 3–5 cm de ancho, con numerosas flores blancas, pétalos 5, separados, 14 mm de largo, estambres 10;* ***fruto*** *una baya subglobosa, 0.6–1 cm de ancho, glandular, roja; semillas 1 o 2.*
HÁBITAT: Se planta con frecuencia como adorno en jardines en tierras bajas; por lo general hasta 1,500 metros en la región central.
USOS: Podada en setos vivos, ornamental; fruto consumido por los pájaros; se utiliza para dolor de muelas.
NOTAS: La planta es apreciada por sus flores dulcemente perfumadas; cuando está cubierta de bayas rojas, se considera hermosa. Florece en agosto; fructifica de agosto a abril.

DISTRIBUTION: **Petén, Zacapa**, probably found in all departments, but rarely collected. Native of southeastern Asia and Malaysia.
❧ *Trees or shrubs, to 6 meters tall, evergreen, unarmed;* ***leaves*** *alternate, pinnate, 6–14 cm long, with 5–8 glossy alternate leaflets (rarely subopposite), 3–5.5 cm long, margins entire;* ***flowers*** *in a dense terminal group 3–5 cm wide, with numerous white flowers, petals 5, separate, 14 mm long, stamens 10;* ***fruit*** *a subglobose berry, 0.6–1 cm wide, glandular, red; seeds 1 or 2.*
HABITAT: Frequently planted for ornament in lowland gardens; occasionally up to 1,500 meters in the central region.
USES: Trimmed as hedges, ornamental; fruit consumed by birds; used for toothache pain.
NOTES: The plant is appreciated for its sweet-scented flowers; when covered with red berries it is considered handsome. Flowering in August; fruiting from August to April.

Español: **Manzanote, Manzana, Semito, Roble de Montaña**
English: Guatemalan Holly

DISTRIBUCIÓN: **Alta Verapaz, Chimaltenango, Chiquimula, El Progreso, Guatemala, Huehuetenango, Jalapa, Quetzaltenango, Sacatepéquez, San Marcos, Sololá, Suchitepéquez, Zacapa**. México (Chiapas); Guatemala; El Salvador; Honduras; Nicaragua. Cultivado en Europa y la costa oeste de los Estados Unidos.

❧ *Árboles, hasta 15 metros de alto o más, glabros, copa densa o abierta, tronco bajo o alto, hasta 35 cm o más de diámetro;* ***hojas*** *coriáceas, de color verde intenso, en tallos cortos o bastante largos, 8–15 cm de largo, lustrosas, ligeramente más pálidas por debajo, ápice agudo y espinoso en punta, nervios laterales 6–9 pares, margen engrosado, ásperamente sinuoso-dentado, con dientes rígidos y espinosos en la punta, u hojas en las ramas de floración a menudo enteras;* ***flores*** *verdes y amarillas, pocas en una inflorescencia, estaminadas (masculinas) en racimos cortos, tallos 7–14 mm de largo, sépalos 1.5–2 mm de largo, receptáculo 4–6 mm de ancho, estambres 60–85, anteras 1 mm de largo;* ***fruto*** *globoso-deprimido, 5–6 cm de ancho, verde, casi liso, ápice aplanado; semillas aplanadas y volviéndose negras, menos de 1 cm de largo.*

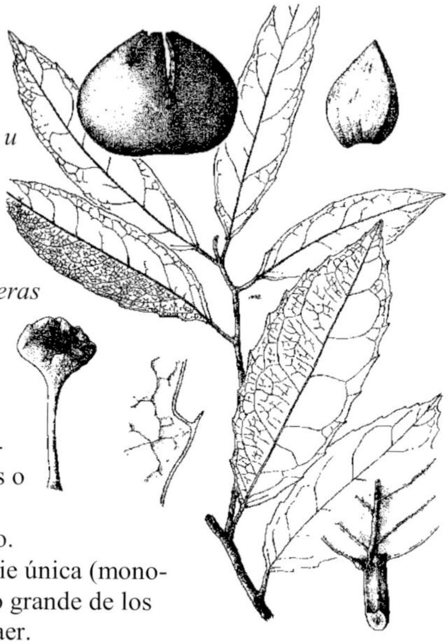

HÁBITAT: Cultivado en parques y calles de Guatemala; nativo en bosques de montaña densos, mojados o húmedos; 1,500–2,700 metros.

USOS: Ornamental, a menudo recortado y moldeado.

NOTAS: El género *Olmediella* tiene solo esta especie única (monotípico); se aprecia por su sombra espesa, pero el fruto grande de los árboles femeninos puede causar daños o lesiones al caer.

DISTRIBUTION: **Alta Verapaz, Chimaltenango, Chiquimula, El Progreso, Guatemala, Huehuetenango, Jalapa, Quetzaltenango, Sacatepéquez, San Marcos, Sololá, Suchitepéquez, Zacapa**. Mexico (Chiapas); El Salvador; Honduras; Nicaragua. Grown in Europe and the west coast of the United States.

❧ *Trees, to 15 meters tall or more, glabrous, crown dense or open, trunk low or tall, to 35 cm or more in diameter;* ***leaves*** *leathery, a rich green, on short or fairly long stalks, 8–15 cm long, lustrous, slightly paler beneath, apex pointed and spine-tipped, lateral nerves 6–9 pairs, margin thickened, coarsely sinuate-dentate, with stiff spine-tipped teeth, or leaves on flowering branches often entire;* ***flowers*** *green and yellow, few in inflorescence, staminate (male) in short racemes, stalks 7–14 mm long, sepals 1.5–2 mm long, receptacle 4–6 mm wide, stamens about 60–85, anthers 1 mm long;* ***fruit*** *depressed-globose, 5–6 cm wide, green, almost smooth, apex flattened; seeds flattened and turning black, less than 1 cm long.*

HABITAT: Cultivated in parks and on streets in Guatemala; native in dense, wet or moist, mountain forests; 1,500–2,700 meters.

USES: Ornamental, often trimmed and shaped.

NOTES: The genus *Olmediella* has only this single species (monotypic); it is appreciated for its dense shade, but large fruit from the female trees might cause damage or injury when it falls.

Español: **Sauce Llorón**, **Sauce**
English: Humboldt's Willow
Otros: **C'os** (Poqomchi'), **Saccos** (Quiché, Totonicapán), **Chicaj** (Huehuetenango)

DISTRIBUCIÓN: **Alta Verapaz**, **Baja Verapaz**, **El Progreso**, **Escuintla**, **Guatemala**, **Huehuetenango**, **Izabal**, **Jalapa**, **Jutiapa**, **Petén**, **Quetzaltenango**, **Quiché**, **Retalhuleu**, **Sacatepéquez**, **San Marcos**, **Santa Rosa**, **Zacapa**, probablemente en todos los departamentos, excepto quizás Totonicapán. México; Guatemala; Belice; El Salvador; Honduras; Nicaragua; Costa Rica; Panamá; hacia el sur hasta Argentina.
❧ *Árboles o arbustos, hasta 15 metros de alto, corteza profundamente fisurada, ramas delgadas, flexibles, ramitas jóvenes amarillentas cuando secas, plantas masculinas o femeninas (dioicas);* ***hojas*** *largas y angostas, 4–15 cm de largo, márgenes serrulados, pecíolo ranurado por arriba, estípulas caducas;* ***flores*** *pequeñas, en amentos largos y delgados, 2–5.5 cm de largo, con flores masculinas o femeninas, flores masculinas con 3–5 (–7) estambres, flores femeninas con un ovario delgado;* ***fruto*** *una cápsula con 2 valvas, alrededor de 3 mm de largo; numerosas semillas pequeñas, cada una con un mechón de pelos.*
HÁBITAT: A lo largo de arroyos o en pantanos y marismas, abundante en muchas regiones; asciende desde el nivel del mar hasta 1,900 metros.
USOS: Estabilización de suelos, protección para orillas de ríos; a veces ornamental; las ramas flexibles se utilizan en la cestería; las hojas y la corteza del género *Salix* son la fuente natural de la aspirina.
NOTAS: Las semillas blancas y velludas son distribuidas por las corrientes de agua y por el viento. Una forma columnar de *Salix humboldtiana* se encuentra en Guatemala, nativa de México. Se ve en cultivación alrededor de Jalapa, Chichicastenango, y en la región de Cobán. Florece y fructifica todo el año.

DISTRIBUTION: **Alta Verapaz**, **Baja Verapaz**, **El Progreso**, **Escuintla**, **Guatemala**, **Huehuetenango**, **Izabal**, **Jalapa**, **Jutiapa**, **Petén**, **Quetzaltenango**, **Retalhuleu**, **Sacatepéquez**, **San Marcos**, **Santa Rosa**, **Zacapa**, probably in all departments, except perhaps Totonicapán. Mexico; Guatemala; Belize; El Salvador; Honduras; Nicaragua; Costa Rica; Panama; south to Argentina.
❧ *Trees or shrubs, to 15 meters tall, bark deeply fissured, branches thin, flexible, young twigs yellowish when dry, plants male or female (dioecious);* ***leaves*** *long and narrow, 4–15 cm long, margins serrulate, petiole grooved above, stipules caducous;* ***flowers*** *small, in long slender aments, 2–5.5 cm long, with either male or female flowers, male flowers with 3–5 (–7) stamens, female flowers with a narrow ovary;* ***fruit*** *a capsule with 2 valves, about 3 mm long; numerous small seeds, each with a tuft of hair.*
HABITAT: Along streams or in swamps and marshes, abundant in many regions; ascending from sea level to about 1,900 meters.
USES: Soil stabilization, river bank protection; sometimes an ornamental; flexible branches used in basketry; the leaves and bark of the genus *Salix* are the natural source of aspirin.
NOTES: The fuzzy white seeds are distributed by flowing water and wind. A columnar form of *Salix humboldtiana* is found in Guatemala, native to Mexico. It is seen in cultivation around Jalapa, Chichicastenango, and in the Cobán region. Flowering and fruiting all year.

Español: **Huevo Vegetal**, **Árbol de Huevo**, **Seso Vegetal**, **Palo de Huevo**, **Huevo de Gallina** (Zacapa)
English: Ackee

DISTRIBUCIÓN: Reportado común en **Chiquimula**, frecuentemente plantado en **Izabal**, y reportado de **Jalapa**, **Zacapa**. Nativo de África Occidental, aunque se cultiva en muchas regiones tropicales.

❧ *Árboles, hasta 20 (–50) metros de alto, ramitas con pequeños pelos amarillentos, sin pelos con la edad;* ***hojas*** *alternas, pinnadas, generalmente 4 (2–5) pares de folíolos, folíolos 4–20 cm de largo, lustrosos por arriba;* ***flores*** *en una inflorescencia larga y angosta, alrededor de 20 cm de largo, flores fragantes, 3.5–4.5 mm de largo, de color crema, pétalos 5, estambres exsertos en flores masculinas;* ***fruto*** *una cápsula carnosa, roja, obtusamente 3-lobulada, hasta 10 cm de largo, con 3 valvas, lisa por fuera, densamente lanosa por dentro, se resquebraja; semillas por lo general 3, globosas, casi 2 cm de ancho, negras, brillantes, café oscuras cuando secas, con un arilo carnoso color blanco cremoso.*

HÁBITAT: Ocasionalmente se cultiva en Guatemala.

USOS: Los arilos correctamente limpiados y cocinados son comestibles; de lo contrario, son mortalmente venenosos. Árbol atractivo de jardín y calle. El exterior de la cápsula contiene saponinas que se utilizan para envenenar peces en algunas partes del mundo.

NOTAS: El huevo vegetal se cultiva principalmente a lo largo de la costa Atlántica de Centroamérica. Se cree que el árbol fue introducido en Centroamérica hace más de un siglo, probablemente traído de las Antillas por inmigrantes africanos y anteriormente traído de África Occidental a las Antillas por los primeros esclavos. El fruto, cuando crudo, contiene un veneno peligroso y, si no se limpia y cocina por completo, incluso puede ser venenoso. La parte comestible es el arilo, normalmente sofrito. Florece y fructifica todo el año.

DISTRIBUTION: Reportedly common in **Chiquimula**, frequently planted in **Izabal**, and reported from **Jalapa**, **Zacapa**. Native to West Africa, though cultivated in many tropical regions.

❧ *Trees, to 20 (–50) meters tall, twigs with small yellowish hairs, hairless with age;* ***leaves*** *alternate, pinnate, generally 4 (2–5) pairs of leaflets, leaflets 4–20 cm long, glossy above;* ***flowers*** *on a long, narrow inflorescence, about 20 cm long, flowers fragrant, 3.5–4.5 mm long, cream-colored, petals 5, stamens exserted in male flowers;* ***fruit*** *a fleshy red capsule, bluntly 3-lobed, to 10 cm long, 3-valvate, smooth outside, densely wooly within, splitting open; seeds generally 3, globose, almost 2 cm wide, black, glossy, dark brown when dry, with a fleshy, creamy white aril.*

HABITAT: Occasionally cultivated in Guatemala.

USES: The properly cleaned and cooked arils are edible; otherwise, they are deadly poisonous. An attractive garden and street tree. The outer capsule has saponins that are used as fish poison in some parts of the world.

NOTES: Ackee is cultivated mostly along the Atlantic Coast of Central America. It is thought the tree was introduced into Central America over a century ago, probably brought from the West Indies by African immigrants, and prior to that brought to the West Indies from West Africa by early slaves. The fruit in the raw state contains a dangerous poison, and if not thoroughly cleaned and cooked may still be poisonous. The edible portion is the aril, which is usually sautéed. Flowering and fruiting all year.

Español: **Lluvia de Oro, Koelreuteria**
English: Flamegold

DISTRIBUCIÓN: **Guatemala, Sacatepéquez**, probablemente encontrada en la mayoría de los departamentos. Originaria de Taiwán y Fiji; plantada en gran parte del mundo como ornamental.

❧ *Árboles caducifolios, hasta 20 metros de alto, corteza de los árboles jóvenes con lenticelas, suberosas, de color canela, la corteza más vieja se desprende en placas cuadradas, ásperas, algo suberosas, surcadas longitudinalmente;* ***hojas*** *alternas, 2-pinnadas, hasta 50 cm de largo, hojuelas 9–18, por lo general angostamente ovadas, hasta 9 cm de largo, 3 cm de ancho, casi enteras hasta desigualmente serradas, lustrosas;* ***flores*** *amarillas, en una inflorescencia 30–50 cm de largo, 20–25 cm de ancho, flores con un olor ligeramente dulce, pétalos por lo general 4 o 5, rara vez 6;* ***fruto*** *una cápsula papirácea de unos 4 cm de largo, rosada cuando está joven, café en la madurez, persistente, en racimos; semillas en forma de pera a casi esféricas, alrededor de 5 mm de diámetro, negras.*

HÁBITAT: Plantada como árbol de jardín y de calle en Guatemala.

USOS: Ornamental, sombra.

NOTAS: Cultivada en Guatemala por sus flores atractivas y sombra agradable.

DISTRIBUTION: **Guatemala, Sacatepéquez**, likely found in most departments. Native to Taiwan and Fiji; planted in much of the world as an ornamental.

❧ *Deciduous trees, to 20 meters tall, bark of young trees with lenticels, corky, cinnamon brown, older bark peeling in square plates, rough, somewhat corky, furrowed lengthwise;* ***leaves*** *alternate, 2-pinnate, to 50 cm long, leaflets 9–18, usually narrowly ovate, to 9 cm long, 3 cm wide, nearly entire to unequally serrate, lustrous;* ***flowers*** *yellow, in an inflorescence 30–50 cm long, 20–25 cm wide, flowers with a mild sweet fragrance, petals usually 4 or 5, rarely 6;* ***fruit*** *a papery capsule about 4 cm long, pink while young, brownish at maturity, persistent, in clusters; seeds pear-shaped to nearly spherical, about 5 mm in diameter, black.*

HABITAT: Planted as a garden and street tree in Guatemala.

USES: Ornamental, shade.

NOTES: Cultivated in Guatemala for its attractive flowers and welcome shade.

Español: **Licha**
English: Litchi, Lychee, Leechee

DISTRIBUCIÓN: **Sololá** y sin duda otros. Nativa del sudeste de Asia; actualmente se cultiva en las tierras altas frescas de muchas partes del trópico.
❧ *Árboles medianos, de larga vida, hasta 30 metros de alto, tronco corto y robusto, ramas a menudo torcidas, retorcidas, formando una copa más ancha que alta, perenne;* ***hojas*** *alternas, pinnado-compuestas, con 2–5 pares de hojuelas, 3–16 cm de largo, 1.8–4 cm de ancho, enteras, papiráceas a coriáceas, de color verde oscuro y brillante en la parte de arriba, por debajo con una superficie cerosa blanca (glaucas);* ***flores*** *en un grupo ramificado, 5–30 cm de largo, con muchas flores pequeñas, de color blanco amarillento, con un cáliz partido en 4, 6–10 estambres;* ***fruto*** *redondo, 3–3.5 cm de ancho, con un arilo carnoso y grueso, cubierto por una piel delgada y coriácea, con verrugas planas y densas, de color rojo vivo a morado, que se vuelven café al secarse; 1 semilla.*
HÁBITAT: Se cultiva en áreas tropicales y subtropicales cálidas con inviernos cortos, secos y frescos (pero sin heladas), y veranos largos y calurosos.
USOS: Se cultiva principalmente por su fruto, que es uno de los favoritos en Asia; el arilo jugoso tiene un sabor excelente, ya sea fresco o seco. El árbol es también una fuente de miel de excelente calidad. La madera se describe como muy duradera. En China, el árbol tiene muchos usos medicinales.
NOTAS: Se reporta que la licha se cultiva en Finca Mocá, Sololá, y seguramente en otras partes. El árbol no suele florecer o frutificar sin una estación fresca. La madera es roja, dura y pesada. Un fruto similar, el rambután (*Nephelium lappaceum* L.), ha crecido en algunas partes de Centroamérica y de vez en cuando se puede encontrar en los mercados de Guatemala; este fruto se asemeja a la licha, pero tiene espinas largas y flexibles.

DISTRIBUTION: **Sololá** and undoubtedly others. Native of southeastern Asia; now cultivated in the cool highlands of many parts of the tropics.
❧ *Trees, medium-sized, long-lived, to 30 meters tall, trunk short and stocky, branches often crooked, twisted, forming a crown wider than high, evergreen;* ***leaves*** *alternate, pinnately compound, with 2–5 pairs of leaflets, 3–16 cm long, 1.8–4 cm wide, entire, papery to leathery, above deep green and glossy, below with a waxy white surface (glaucous);* ***flowers*** *in a branched group, 5–30 cm long, with many small, yellowish-white flowers, with a 4-parted calyx, 6–10 stamens;* ***fruit*** *round, 3–3.5 cm wide, 1-seeded, with a thick, fleshy aril, covered by a thin, leathery skin, with dense, flat warts, bright red to purplish, turning brown when drying.*
HABITAT: Grown in tropical and warm subtropical areas with short, dry and cool (but frost-free) winters and long, hot summers.
USES: Cultivated primarily for its fruit, which is a favorite in Asia; the juicy aril has an excellent flavor whether fresh or dried. The tree is also a source of excellent quality honey. The timber is described as very durable. In China the tree has many medicinal uses.
NOTES: The litchi is reported to be in cultivation at Finca Mocá, Sololá, and certainly elsewhere. The tree will usually not flower or fruit without a cool season. The wood is red, hard and heavy. A similar fruit, the rambutan (*Nephelium lappaceum* L.), has been grown in certain parts of Central America and can occasionally be found in Guatemalan markets; it resembles litchi, but has long, flexible spines.

Español: **Jaboncillo, Guiril, Huiril, Jaboncillal** (Huehuetenango)
English: Soap Tree, Soap-seed Tree (Belize), Southern Soapberry

DISTRIBUCIÓN: **Alta Verapaz, El Progreso, Escuintla, Guatemala, Huehuetenango, Jalapa, Petén, Quetzaltenango, Quiché, Retalhuleu, Sacatepéquez, San Marcos, Suchitepéquez, Zacapa**. México; Guatemala; Belice; El Salvador; Honduras; Nicaragua; Costa Rica; Panamá; Sudamérica; las Antillas; varias partes del Viejo Mundo, donde probablemente fue introducido.

❧ *Árboles, hasta 15 metros de alto, tal vez más altos, corteza gris, con fisuras y descamación, copa generalmente ancha y densa;* ***hojas*** *pinnadas, alternas, folíolos generalmente 6–12, 5–18 cm de largo, base asimétrica, entera, raquis a menudo angostamente alado;* ***flores*** *blancas o blanquecinas, 4 mm de ancho, en grupos grandes con muchas ramas y tallos largos, a menudo de tallo largo, pétalos 3 mm de largo;* ***fruto*** *se torna amarillo oscuro, globoso, liso, 1–2 cm de diámetro, muy carnoso; semillas aproximadamente 1 cm de diámetro, globosas.*

HÁBITAT: Matorrales húmedos o secos o bosques abiertos, a lo largo de las carreteras o arroyos, con frecuencia se planta alrededor de casas camprestres; 1,800 metros o menos.

USOS: El fruto, cuando se aplasta en agua, produce abundante espuma y se utiliza como jabón para lavar ropa en Guatemala y otras partes de Centroamérica; en los mercados guatemaltecos, grandes cantidades se pueden encontrar a la venta. Las semillas se consideran hermosas y se usan para hacer rosarios y collares; los niños también juegan con ellas, como canicas. El fruto se utiliza en algunas partes de México como un veneno para peces.

NOTAS: El jaboncillo no abunda en Centroamérica, aunque está ampliamente disperso, al parecer debido a los humanos.

DISTRIBUTION: **Alta Verapaz, El Progreso, Escuintla, Guatemala, Huehuetenango, Jalapa, Petén, Quetzaltenango, Quiché, Retalhuleu, Sacatepéquez, San Marcos, Suchitepéquez, Zacapa**. Mexico; Guatemala; Belize; El Salvador; Honduras; Nicaragua; Costa Rica; Panama; South America; West Indies; various parts of the Old World, where probably introduced.

❧ *Trees, to 15 meters tall, probably larger, bark gray, fissured and flaking, crown usually wide and dense;* ***leaves*** *pinnate, alternate, leaflets mostly 6–12, 5–18 cm long, base asymmetric, entire, rachis often narrowly winged;* ***flowers*** *white or whitish, 4 mm wide, in large, often long-stalked, much-branched groups, petals 3 mm long;* ***fruit*** *turning dark yellow, globose, smooth, 1–2 cm in diameter, very fleshy; seeds about 1 cm in diameter, globose.*

HABITAT: Moist or dry thickets or open forests, along roadsides or streambeds, frequently planted around country homes; 1,800 meters or less.

USES: The fruit, when crushed in water, produces abundant suds, and is used as soap for washing clothes in Guatemala and other parts of Central America; in Guatemalan markets, large quantities can be found for sale. The seeds are considered handsome, and are used to make rosaries and necklaces; children also plays games with them, such as marbles. The fruit is used in some parts of Mexico as a fish poison.

NOTES: The soap tree is not plentiful anywhere in Central America, although widely dispersed, apparently scattered by humans.

Español: **Caimito**
English: Star Apple

DISTRIBUCIÓN: **Izabal**, **Petén**, al parecer se planta con frecuencia a lo largo de la costa del Pacífico. A veces se encuentra más o menos naturalizado, pero no es nativo de Centroamérica; quizás nativo de las Antillas, pero posiblemente se desconozca en un estado verdaderamente silvestre; también se planta en el paleotrópico.

❧ *Árboles, hasta 20 metros de alto, ramitas jóvenes cubiertas de pelos finos de color herrumbre a dorado;* ***hojas*** *simples, alternas, 4.3–14 cm de largo, ápice a veces muescado, hojas doradas o de color herrumbre por debajo, con 13–22 pares de nervaduras secundarias;* ***flores*** *en grupos a lo largo de las ramas jóvenes, pétalos unidos en la base, lóbulos 5 o 6, estambres 5 o 6;* ***fruto*** *4–7 cm de largo, liso, morado; semillas (2–) 3–10, cada una casi 2 cm de largo.*

HÁBITAT: Se cultiva a lo largo de las tierras bajas; 900 metros o menos.

USOS: Fruto comestible; árbol de sombra y ornamental; la madera se utiliza a nivel local para construcción y ebanistería.

NOTAS: Este árbol es considerado uno de los árboles tropicales de sombra más hermosos. Cuando las hojas soplan en el viento, sus lados inferiores quedan expuestos, lo que causa una ondulación dorada en la copa. Su nombre en inglés, *star apple* (manzana estrella), se refiere a la apariencia del fruto con corte transversal, el cual varias semillas que irradian como las puntas de una estrella. Florece en abril, agosto a octubre; fructifica de enero a marzo.

DISTRIBUTION: **Izabal**, **Petén**, reportedly commonly planted along the Pacific Coast. Sometimes found more or less naturalized, but not native to Central America; perhaps native to the West Indies, but possibly unknown in a truly wild state; also planted in the Paleotropics.

❧ *Trees, to 20 meters tall, young branchlets covered with fine, rusty to golden hairs;* ***leaves*** *simple, alternate, 4.3–14 cm long, apex at times notched, leaves golden or rusty beneath, with 13–22 pairs of secondary veins;* ***flowers*** *in clusters along young branches, petals united at the base, lobes 5 or 6, stamens 5 or 6;* ***fruit*** *4–7 cm long, smooth, purple; seeds (2) 3–10, each almost 2 cm long.*

HABITAT: Cultivated throughout the lowlands; 900 meters or less.

USES: Fruit; shade and ornamental tree; the wood is used locally for construction and cabinetmaking.

NOTES: The tree is considered one of the most handsome tropical shade trees. When the leaves blow in the wind, the lower leaf surfaces are exposed, causing ripples of gold to pass through the crown. The name "star apple" refers to the transversely cut fruit, revealing several seeds radiating like the points of a star. Flowering in April, August to October; fruiting from January to March.

Español: **Chico**, **Chico Sapote** o **Chico Zapote** (la mayoría de Guatemala), **Zapote** (Petén), **Zapote Blanco**, **Zapote Colorado**, **Sapodilla**
English: Naseberry (Jamaica)
Otros: **Mui** (Q'eqchi'), **Tzaput** (K'iche), **Ya** (Maya)

DISTRIBUCIÓN: Se encuentra en muchas partes de Guatemala, se cree que probablemente es nativo en **Alta Verapaz**, **Baja Verapaz** y **Petén**. México; Guatemala; Belice; Nicaragua. Se puede encontrar en otras partes de Centroamérica, pero dudosamente nativo allí; cultivado o tal vez naturalizado en otras partes de América tropical.
❧ *Árboles medianos a grandes, corteza surcada en un patrón a cuadros, produce un látex blanco que fluye cuando se corta;* ***hojas*** *simples, alternas, 6–15 cm de largo, ápice a veces muescado, en la superficie superior más o menos lustrosas;* ***flores*** *solitarias, tallos 10–17 mm de largo, tomentosos, pétalos blancos, unidos en un tubo;* ***fruto*** *3–4 (–8) cm de largo, áspero y escamoso, pardo, pulpa amarillenta a pardusca, algo granulosa, jugosa cuando madura; semillas (1) 2–10, alrededor de 2 cm de largo, aplanadas.*
HÁBITAT: Comúnmente plantado, nativo en bosques mixtos, tal vez naturalizado o permanece alrededor de sitios de antiguas aldeas o viviendas; desde el nivel del mar hasta unos 1,200 metros.
USOS: El árbol produce un fruto favorito en Centroamérica. Los mayas utilizaban la madera para la construcción de templos y otros edificios grandes (la cual a menudo permanece intacta), y se utiliza hoy en día para muchos fines. La savia se recolecta como una fuente natural de la goma de mascar (chicle). Sembrado como ornamental y árbol frutal en jardines.
NOTAS: El fruto tiene una cáscara áspera, pardusca, delgada, con pulpa suave, jugosa y algo lechosa antes de la madurez, mientras que blanca pardusca y muy dulce cuando está completamente maduro. La madera es dura y pesada, muy resistente al deterioro. Florece de enero a junio; fructifica de diciembre a abril.

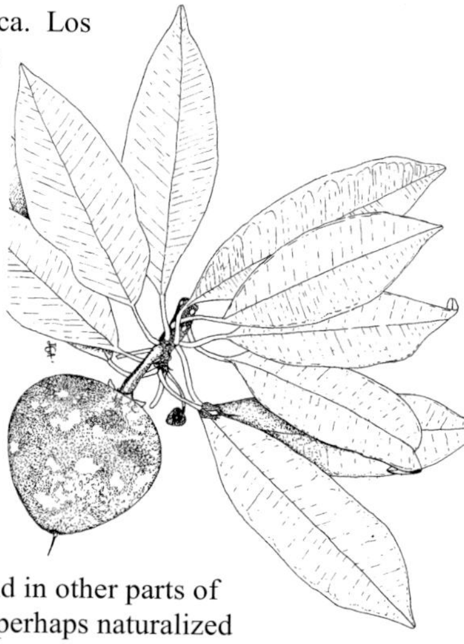

DISTRIBUTION: Found in much of Guatemala, thought probably native in **Alta Verapaz**, **Baja Verapaz** and **Petén**. Mexico; Guatemala; Belize; Nicaragua. Found in other parts of Central America, but doubtfully native there; cultivated or perhaps naturalized elsewhere in tropical America.
❧ *Medium to large trees, bark furrowed in a checkered pattern, yielding a flowing white latex when slashed;* ***leaves*** *simple, alternate, 6–15 cm long, apex sometimes notched, above more or less glossy;* ***flowers*** *solitary, stalk 10–17 mm long, tomentose, petals white, united into a tube;* ***fruit*** *3–4 (–8) cm long, rough and scaly, brown, pulp yellowish to brownish, somewhat grainy, juicy when ripe; seeds (1) 2–10, about 2 cm long, flattened.*
HABITAT: Commonly planted, native in mixed forests, perhaps naturalized or persisting around sites of former villages or dwellings; sea level to about 1,200 meters.
USES: The tree produces a favorite fruit in Central America. The Maya used the wood in the construction of temples and other large buildings (the wood often is still intact), and it is used in modern times for many purposes. The sap is collected as a natural source of chewing gum (*chicle*). Planted as an ornamental and garden fruit tree.
NOTES: The fruit has a rough, brownish, thin skin, with soft, juicy, somewhat milky flesh before maturity, while brownish white and very sweet when fully ripe. The wood is hard and heavy, very resistant to decay. Flowering from January to June; fruiting from December to April.

Español: **Zapote**
English: Mamey Sapote
Otros: **Satul**, **Sesaltul** (Q'eqchi'), **Tulul** (Kaqchikel), **Saltul** (Poqomchi')

DISTRIBUCIÓN: **Escuintla**, **Izabal**, **Petén**, y sin duda otros. México; Guatemala; Belice; El Salvador; Honduras; Nicaragua; Costa Rica; Panamá; Ecuador; las Antillas; Filipinas. Común en las tierras bajas de Centroamérica y posiblemente nativo a lo largo de la costa atlántica.
❧ *Árboles, hasta 30 metros de alto, caducifolios, tronco con savia blanca cuando cortado, ramitas jóvenes con pelos largos, extendidos, dorados a cafés;* ***hojas*** *simples, alternas, densamente agrupadas, 10–27 cm de largo;* ***flores*** *verdes a blancas, en grupos de 3–6 flores, a veces densamente agrupadas alrededor de la ramita, pétalos conectados en un tubo ancho, 5–10 mm de largo, lóbulos 5, estambres 5;* ***fruto*** *ovoide (elipsoide), 4.5–9.5 (–12) cm de largo, áspero, escamoso y café claro, pulpa dulce, anaranjada-rojiza; semilla 1 (2), grande, elipsoide, 5–7 cm de largo, lisa y brillante.*
HÁBITAT: Plantado por lo general en el campo hasta 600 metros, rara vez visto hasta 1,500 metros; a menudo se encuentra más o menos silvestre o naturalizado, y quizás nativo en Izabal y Petén.
USOS: El fruto se come fresco, también se utiliza para confituras y mermeladas; las semillas secas tienen un sabor a almendra amarga y se utilizan en bebidas de chocolate en México; el aceite de las semillas (aceite de zapote o sapuyul) se utiliza para fabricar jabón y tratamientos para el cabello, medicinales; la madera es de alta calidad, utilizada en la construcción de muebles; las semillas bien lisas se utilizan para quitar las arrugas en ropa almidonada.
NOTAS: En algunas regiones de México y Centroamérica, se cree que el aceite de la semilla previene la caída del cabello y promueve su crecimiento. Florece de junio a noviembre; fructifica todo el año.

DISTRIBUTION: **Escuintla**, **Izabal**, **Petén**, and undoubtedly others. Mexico; Guatemala; Belize; El Salvador; Honduras; Nicaragua; Costa Rica; Panama; Ecuador; West Indies; Philippines. Common in the lowlands of Central America, and possibly native along the Atlantic coast.
❧ *Trees, to 30 meters tall, deciduous, trunk with white sap when cut, young branchlets with long, spreading, golden to brown hairs;* ***leaves*** *simple, alternate, densely clustered, 10–27 cm long;* ***flowers*** *green to white, in groups of 3–6 flowers, at times densely crowded, circling the branchlet, petals connected into a wide tube, 5–10 mm long, lobes 5, stamens 5;* ***fruit*** *ovoid (ellipsoid), 4.5–9.5 (–12) cm long, rough, scaly and brown, sweet pulp reddish orange; seeds 1 (2), large, ellipsoid, 5–7 cm long, smooth and shiny.*
HABITAT: Planted commonly in the countryside up to 600 meters, rarely seen as high as 1,500 meters; often found more or less wild or naturalized, and perhaps native in Izabal and Petén.
USES: Fruit is eaten fresh, made into preserves and marmalade; dried seeds have a bitter almond flavor, used in chocolate drinks in Mexico; seed's oil (sapote or sapuyul oil) is used in making soap and a hair dressing, medicinals; the wood is of high quality, used in furniture construction; the very smooth seeds are used to remove wrinkles from starched linen.
NOTES: In some regions of Mexico and Central America, there is a belief that the oil prevents hair loss and promotes growth. In flower from June to November; in fruit all year.

Español: **Aceituno**, **Negrito**, **Jucumico**, **Zapatero** (Petén), **Chapascuapul** (Petén), **Jocote de Mico**, **Cujitle** (Jutiapa)
English: Jamaica Bark Tree
Otro: **Pasac** (Petén, Maya)
Sinónimo: *Simarouba glauca*

DISTRIBUCIÓN: **Baja Verapaz**, **Chiquimula**, **El Progreso**, **Izabal**, **Jutiapa**, **Petén**, **Quiché**, **Retalhuleu**, **Santa Rosa**, **Zacapa**. Sur de México; Guatemala; Belice; El Salvador; Honduras; Nicaragua; Costa Rica; Panamá; Sudamérica; las Antillas; sur de Florida.
❧ *Árboles o arbustos, hasta 30 metros de alto;* ***hojas*** *pinnadas, 10–30 cm de largo, folíolos 6–18, lustrosos, 3–9 cm de largo, ápice redondeado a muescado, generalmente de color verde oscuro o verde oliva en la parte de arriba, verde amarillento y más claras en la parte de abajo;* ***flores*** *unisexuales, en grupos 10–30 cm de largo, pétalos 5, 4–7 mm de largo, generalmente amarillos pero frecuentemente con manchas verdes o rojas, estambres 10;* ***fruto*** *hasta 2 cm de largo, anaranjado, rojizo a morado oscuro en la madurez.*
HÁBITAT: Bosques o matorrales húmedos, mojados o secos, a menudo en laderas rocosas, abiertas y secas, frecuente en muchas regiones a lo largo de arroyos; 900 metros o menos.
USOS: Fruto; medicinal; madera utilizada para leña.
NOTAS: El fruto se come, pero se considera inferior, con pulpa blanca, jugosa, ligeramente astringente, algo dulce e insípida. El fruto madura tarde en la estación seca, y a menudo se encuentra a la venta en mercados. Una infusión de la corteza se ha utilizado en Costa Rica como remedio para la malaria. En Centroamérica, la madera a veces se utiliza para leña, especialmente porque arde fácilmente, aun cuando está verde y recién cortada. Florece de diciembre a febrero; fructifica de enero a abril.

DISTRIBUTION: **Baja Verapaz**, **Chiquimula**, **El Progreso**, **Izabal**, **Jutiapa**, **Petén**, **Quiché**, **Retalhuleu**, **Santa Rosa**, **Zacapa**. Southern Mexico; Guatemala; Belize; El Salvador; Honduras; Nicaragua; Costa Rica; Panama; South America; West Indies; southern Florida.
❧ *Trees or shrubs, to 30 meters tall;* ***leaves*** *pinnate, 10–30 cm long, leaflets 6–18, glossy, 3–9 cm long, apex rounded to notched, generally dark green or olive green above, greenish yellow and lighter beneath;* ***flowers*** *unisexual, in clusters 10–30 cm long, petals 5, 4–7 mm long, generally yellow but frequently with green or red spots, stamens 10;* ***fruit*** *up to 2 cm long, orange, red to dark purple at maturity.*
HABITAT: Moist, wet or dry forests or thickets; often on dry, open, rocky hillsides; common in many regions along streambeds; 900 meters or less.
USES: Fruit; medicinal; wood used as fuel.
NOTES: The fruit is eaten, but considered inferior, with white juicy flesh that is slightly astringent, sweetish and insipid. The fruit ripens late in the dry season, and is often found for sale in markets. An infusion of the bark has been used in Costa Rica as a remedy for malaria. In Central America the wood is sometimes used for fuel, especially because it burns readily when green and freshly cut. Flowering from December to February; fruiting from January to April.

Español: **Florifundio, Campana Floripondio, Krevapunta, Trompetero**
English: Angel's Trumpet
Otro: **Kampani** (Q'eqchi')

DISTRIBUCIÓN: **Alta Verapaz, Baja Verapaz, Quetzaltenango, Quiché, Santa Rosa, Sacatepéquez, Suchitepéquez.** Quizás nativo de Perú; cultivado en muchas partes de Centroamérica y naturalizado en algunas áreas.

❧ *Árboles pequeños o arbustos, hasta 5 metros de alto;* ***hojas*** *simples, alternas, 10–25 cm de largo, pecíolos largos o cortos, sub-enteros, por arriba cubiertas de pelusa suave muy fina, por debajo con tricomas dispersos;* ***flores*** *péndulas, grandes, en forma de embudo, blancas a rosadas, fragantes, generalmente 25–30 cm de largo, con 5 dientes largos.*

HÁBITAT: Matorrales húmedos o mojados, cafetales; 360–2,500 metros.

USOS: Plantado ampliamente con fines decoractivos en regiones tropicales debido a sus grandes flores llamativas. Reportado como un narcótico muy venenoso, alucinógeno, utilizado por chamanes para la adivinación, profetización y terapia; medicinal; debido a una creencia popular de que el olor de las flores induce el sueño, a veces se colocan al lado de las almohadas de personas que padecen de insomnio.

NOTAS: A veces se ven cultivares de flor doble. La planta se puede cultivar mediante recortes arraigados. Florece de noviembre a febrero.

DISTRIBUTION: **Alta Verapaz, Baja Verapaz, Quetzaltenango, Quiché, Santa Rosa, Sacatepéquez, Suchitepéquez.** Perhaps a native of Peru; cultivated in many parts of Central America and naturalized in some areas.

❧ *Small trees or shrubs, to 5 meters tall;* ***leaves*** *simple, alternate, 10–25 cm long, petioles long or short, subentire, above covered with very fine down, beneath with dispersed trichomes;* ***flowers*** *pendulous, large, funnel-shaped, white to pink, fragrant, generally 25–30 cm long, with 5 long teeth.*

HABITAT: Moist or wet thickets, coffee plantations; 360–2,500 meters.

USES: Widely planted in tropical regions as an ornamental for its large and showy flowers; reported as a highly poisonous narcotic, hallucinogenic, used by shamans for divination, prophesy and therapy; medicinal; due to a popular belief that the fragrance of the flowers induces sleep, they are sometimes placed beside the pillows of persons troubled with insomnia.

NOTES: Occasionally double-flowered cultivars are seen. The plant can be grown from rooted cuttings. Flowering from November to February.

Español: **Quixtan**
English: Potato Tree, Brazilian Potato Tree
Sinónimo: *Solanum macranthum*

DISTRIBUCIÓN: **Guatemala**, **San Marcos**, sin duda también en otros lugares. México; Guatemala; El Salvador; Honduras; Nicaragua; Costa Rica; Sudamérica; Puerto Rico; África. Nativo de Bolivia, pero cultivado en muchos países tropicales.
❧ *Árboles pequeños de crecimiento rápido, hasta 12 metros de alto, ramitas pubescentes cuando jóvenes, frecuentemente con espinas rectas;* ***hojas*** *solitarias o en pares, las más pequeñas menos profundamente lobuladas que las más grandes, hasta 35 cm de largo, por arriba ásperas, por debajo aterciopeladas y suaves, nervadura principal frecuentemente con espinas delgadas;* ***flores*** *en grupos sueltos, flores de 5 cm de ancho o más, de color morado intenso, blancas cuando marchitas;* ***fruto*** *una baya globosa, 4 cm de diámetro, lisa, verde, rabo hinchado; semillas lenticulares, 2–3 mm de diámetro.*
HÁBITAT: Cultivado en jardines y cafetales, a veces escapando; frecuentes; 0–1,200 metros.
USOS: Ornamental; sombra en cafetales.
NOTAS: El árbol crece muy rápido y dura poco. Florece y fructifica todo el año.

DISTRIBUTION: **Guatemala**, **San Marcos**, undoubtedly elsewhere too. Mexico; Guatemala; El Salvador; Honduras; Nicaragua; Costa Rica; South America; Puerto Rico; Africa. Native of Bolivia, but cultivated in many tropical countries.
❧ *Small, fast-growing trees, to 12 meters tall, twigs pubescent when young, frequently with straight spines;* ***leaves*** *solitary or in pairs, the smaller ones less deeply lobed than the larger ones, to 35 cm long, above rough, beneath velvety soft, principal veins beneath frequently with slender spines;* ***flowers*** *in loose groups, flowers 5 cm wide or more, intense purple, white when withered;* ***fruit*** *a globose berry, 4 cm in diameter, smooth, green, fruit stalk swollen; seeds lens-shaped, 2–3 mm in diameter.*
HABITAT: Cultivated in gardens and in coffee plantations, at times escaping; common; 0–1,200 meters.
USES: Ornamental; coffee shade.
NOTES: The tree is very fast-growing and short-lived. Flowering and fruiting all year.

Español: **Palma del Viajero, Árbol del Viajero**
English: Traveler's Palm, Traveler's Tree

DISTRIBUCIÓN: Nativa de Madagascar, plantada abundantemente en todo el trópico; ampliamente plantada en Guatemala, pero rara vez recolectada.
❧ *Árbol perennifolio, similar a una palmera en forma, hasta 12 metros de alto, tronco sin ramas, 15–30 cm de diámetro, anillado, liso y ligeramente arrugado, la copa en forma de un gigantesco abanico aplanado;* ***hojas*** *grandes, aproximadamente 20, 3–4.6 metros de largo o más, color verde pálido, similares a la hoja del banano, erguidas y extendiéndose en 2 filas, bases de las hojas firmemente aplanadas juntas, de color blanco verdoso, ligeramente gruesas y coriáceas;* ***flores*** *en un grupo grande y pesado, que surgen entre las hojas, y cuelgan, hasta 0.6 metros o más, con 7–9 brácteas o más en forma de canoa, color verde claro, 20–50 cm de largo, extendidas en 2 filas que producen varias flores grandes, blanquecinas e irregulares, flores con 3 sépalos y 3 pétalos blancos;* ***fruto*** *una cápsula, 7.5 cm de largo, con 3 ángulos, se abre en 3 partes; semillas numerosas, de color azul intenso, 1 cm de largo.*
HÁBITAT: Cultivada; plantada principalmente en el trópico húmedo bajo.
USOS: Un árbol ornamental distintivo en jardines; las semillas azules se han reportado comestibles, también la médula del tronco, que se puede utilizar como alimento para ganado; las bases de las hojas contienen una savia clara y acuosa que se puede extraer y beber, y el agua de lluvia también se canaliza dentro de los pecíolos acopados de las hojas.
NOTAS: El árbol tiene un tronco bien desarrollado cuando está grande. Adquirió su nombre común por ser una fuente de agua para viajeros, y se propaga mediante semillas y brotes de raíces.

DISTRIBUTION: Native to Madagascar, planted abundantly throughout the tropics; widely planted in Guatemala, but rarely collected.
❧ *An evergreen tree, similar to a palm in form, to 12 meters tall, trunk without branches, 15–30 cm in diameter, ringed, smooth and slightly wrinkled, crown in the shape of a gigantic flat fan;* ***leaves*** *large, about 20, 3–4.6 meters long or more, pale green, similar to banana leaves, erect and extending in 2 rows, leaf bases tightly flattened together, greenish white, slightly thick and coriaceous;* ***flowers*** *in a large and heavy cluster, arising between the leaves, pendent, to 0.6 meters or more, with 7–9 or more boat-shaped bracts, light green, 20–50 cm long, extended in 2 rows that produce several large, whitish, irregular flowers, flowers with 3 sepals and 3 white petals;* ***fruit*** *a capsule, 7.5 cm long, with 3 angles, opening in 3 parts; seeds many, deep blue, 1 cm long.*
HABITAT: Cultivated; planted principally in the low humid tropics.
USES: A distinctive ornamental tree in gardens; the blue seeds have been reported as edible, as is the trunk pith, which can be used as livestock feed; the bases of the leaves have a clear watery sap that can be extracted and drunk, and rainwater is also funneled into the cupped leaf petioles.
NOTES: The tree has a well-developed trunk when large. It gained its common name as a source of water for travelers, and is propagated by seeds and root sprouts.

Español: **Ave del Paraíso Alto**
English: Bird of Paradise Tree, Giant White Bird of Paradise, Wild Banana

DISTRIBUCIÓN: Restringido a bosques costeros perennifolios y matorrales del este de Sudáfrica; ampliamente cultivado en las zonas más cálidas del mundo como planta ornamental. Se encuentra en muchos departamentos de Guatemala, pero rara vez se recolecta.
❧ *Árboles, con hojas como las de el plátano, tallos erguidos alcanzando una altura de 6 metros y matas formadas extendiéndose hasta 3.5 metros;* ***hojas*** *1.8 metros de largo, de color verde, dispuestas en forma de abanico en la parte superior del tallo;* ***flores*** *en una inflorescencia, cada una con una bráctea de color azul oscuro, sépalos blancos y una lengua azul-morada, la flor entera mide hasta 18 cm de alto, 45 cm de largo y aparece justo por encima del punto donde el abanico de hojas emerge del tallo;* ***fruto*** *una cápsula triangular.*
HÁBITAT: Jardines, contenedores.
USOS: El ave del paraíso alto es una planta de relieve espectacular, también es buena para contenedores grandes colocados al aire libre o en el interior. Es adecuada para paisajes comerciales grandes, campos de golf, parques, campuses y centros comerciales.
NOTAS: El árbol está relacionado con la planta conocida como flor de paraíso (*Strelitzia regina*); esta prima cercana es una planta mucho más grande, que forma enormes matas de tallos de hasta 6 metros, en comparación con *Strelitzia regina* que mide poco más de 1 metro de alto. Es considerada una planta fácil de cultivar y de escaso mantenimiento, lo cual es una buena opción para usar cerca de piscinas y patios y crece con bastante rapidez.

DISTRIBUTION: Restricted to evergreen coastal forests and thickets of eastern South Africa; widely planted in warmer areas of the globe as an ornamental. Found in many departments in Guatemala, but rarely collected.
❧ *Trees, with banana-like leaves, erect stems reaching a height of 6 meters and clumps formed spreading as far as 3.5 meters;* ***leaves*** *1.8 meters long, green, arranged like a fan at the top of the stem;* ***flowers*** *in an inflorescence, each one with a dark blue bract, white sepals and a bluish purple "tongue," the entire flower up to 18 cm high, 45 cm long and appearing just above the point where the leaf fan emerges from the stem;* ***fruit*** *a triangular capsule.*
HABITAT: Gardens, containers.
USES: Bird of paradise tree is a spectacular accent plant, also a great plant for large containers situated outdoors or inside. It is suitable for large-scale commercial landscapes, golf courses, parks, campuses and shopping centers.
NOTES: The tree is related to the well-known bird of paradise flower (*Strelitzia regina*); this close cousin is a much larger plant, forming huge clumps of stems to 6 meters in comparison to *Strelitzia regina*, which is just over 1 meter tall. It is considered an easy-to-grow, low-maintenance plant that is a good choice for use near pools and patios, growing fairly quickly.

Español: **Camelia**
English: Camellia, Japanese Camellia, Rose of Winter

DISTRIBUCIÓN: Se encuentra en muchos departamentos de Guatemala, pero rara vez se recolecta. En la naturaleza, este pequeño árbol se encuentra en la China continental, Taiwán, Corea meridional y el sur de Japón; plantado ampliamente para ornamento en las regiones más cálidas del mundo.

❧ *Árboles o arbustos, se reporta que alcanzan 12 metros de alto en algunos países;* ***hojas*** *alternas, coriáceas, color verde oscuro, ovadas a elípticas, 5–10 cm de largo, márgenes muy finamente dentados (serrados);* ***flores*** *grandes, 7–10 cm de ancho, en tallos muy cortos, principalmente rojas, variando a rosadas y blancas, a menudo con muchos pétalos y numerosos estambres amarillos, con muchas variedades hortícolas;* ***fruto*** *una cápsula en forma de globo con tres compartimentos (lóculos); cada uno con 1 o 2 semillas grandes color café, con un diámetro de 1–2 cm.*

HÁBITAT: Cultivada para ornamento en Guatemala, principalmente en las montañas. En elevaciones más bajas plantada en el suelo; en montañas más altas a menudo cultivada en macetas.

USOS: Ornamental.

NOTAS: Se ha observado que la camelia puede prosperar en Guatemala a elevaciones medias, pero a elevaciones más altas (San Marcos) a veces se daña por el frío. En la naturaleza, florece entre enero y marzo y frutifica de septiembre a octubre. La camelia está relacionada con el té chino (*Camellia sinensis*), un árbol cultivado en plantaciones de zonas montañosas, podado a lo alto de la cintura para cosechar las hojas de té a mano.

DISTRIBUTION: Found in many departments in Guatemala, but rarely collected. In the wild, this small tree is found in mainland China, Taiwan, southern Korea and southern Japan; planted widely for ornament in warmer regions of the world.

❧ *Trees or shrubs, reported to reach 12 meters tall in some countries;* ***leaves*** *alternate, leathery, deep green, ovate to elliptic, 5–10 cm long, margins very finely toothed (serrate);* ***flowers*** *large, 7–10 cm wide, on very short stems, primarily red, varying to pink and white, often with many petals and numerous yellow stamens, with many horticultural varieties;* ***fruit*** *a globe-shaped capsule with three compartments (locules); each with 1 or 2 large brown seeds, with a diameter of 1–2 cm.*

HABITAT: Cultivated for ornament in Guatemala, mainly in the mountains. At lower elevations planted in the ground; in higher mountains often grown in pots.

USES: Ornamental.

NOTES: It has been observed that the camellia can thrive in Guatemala at middle elevations, but at the highest elevations (San Marcos) it is sometimes injured by the cold. In the wild, it flowers between January and March, and fruits from September to October. Camellia is related to Chinese tea (*Camellia sinensis*), a tree grown in plantations in mountainous areas, pruned waist-high in order to harvest the tea leaves by hand.

Español: **Guarumo**, **Guarumbo** (Cobán)
English: Trumpet (Belize)
Otros: **Pacl**, **Choop** (Cobán, Q'eqchi'), **Xobín** (Baja Verapaz)

DISTRIBUCIÓN: **Alta Verapaz**, **Baja Verapaz**, **Chimaltenango**, **Escuintla**, **Guatemala** (plantado), **Huehuetenango**, **Izabal**, **Petén**, **Quetzaltenango**, **Retalhuleu**, **Sacatepéquez**, **San Marcos**, **Santa Rosa**, **Suchitepéquez**. Sur de México; Guatemala; Belice; El Salvador; Honduras; Nicaragua; Costa Rica; Panamá.
❧ *Árboles, hasta 22 metros de alto, tronco hasta 30 cm o más de diámetro, ramillas muy robustas, gruesas;* ***hojas*** *en tallos muy largos, suborbiculares, 30–50 cm de ancho o más, hendidas aproximadamente a mitad de distancia de la base, usualmente en 10–13 lóbulos, verdes y ligeramente ásperas al tacto por arriba, densamente blanco-tomentulosas por debajo o a veces sin pelos, lóbulos enteros;* ***flores*** *diminutas, en inflorescencias largas y angostas; flores masculinas (estaminadas) en pocas espigas, 3–4 mm de ancho, largas, delgadas, en pedúnculos alargados, espigas femeninas (pistiladas) generalmente 2–4, a veces más, sésiles o casi sésiles, en su mayoría 20–40 cm de largo, 6–7 mm de ancho;* ***fruto*** *muy carnoso.*

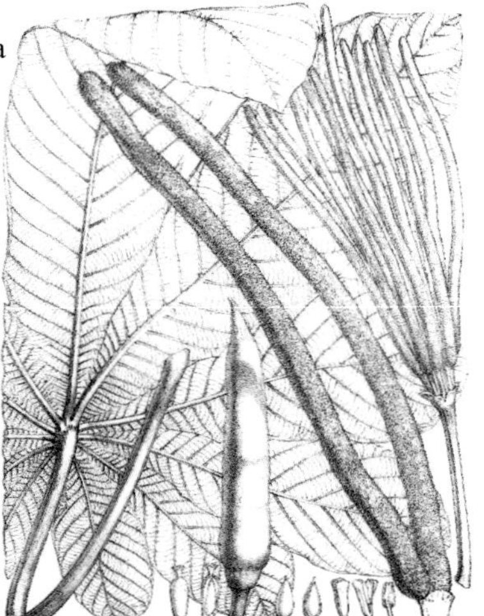

HÁBITAT: Común a lo largo de la mayoría de tierras bajas, por lo general en matorrales mojados o húmedos, a veces en bosques húmedos, en pantanos de *Manicaria*, frecuente en las orillas de pastos o bosques; asciende desde el nivel del mar (en el Occidente) hasta alrededor de 1,300 metros.
USOS: Las hojas supuestamente son consumidas por el ganado; en Alta Verapaz se dice que la pelusa (que se quita de los tallos y hojas) a veces se fuma como el tabaco.
NOTAS: Es un árbol abundante y característico en las llanuras del Pacífico y en la costa norte. Se distingue fácilmente de *Cecropia peltata* por las espigas de flores muy largas y colgantes.

DISTRIBUTION: **Alta Verapaz**, **Baja Verapaz**, **Chimaltenango**, **Escuintla**, **Guatemala** (planted), **Huehuetenango**, **Izabal**, **Petén**, **Quetzaltenango**, **Retalhuleu**, **Sacatepéquez**, **San Marcos**, **Santa Rosa**, **Suchitepéquez**. Southern Mexico; Guatemala; Belize; El Salvador; Honduras; Nicaragua; Costa Rica; Panama.
❧ *Trees, to 22 meters tall, trunk to 30 cm or more in diameter, branchlets very stout, thick;* ***leaves*** *on very long stalks, suborbicular, 30–50 cm wide or more, cleft about halfway to the base into usually 10–13 lobes, green and slightly rough to the touch above, densely white-tomentulose beneath or sometimes hairless, lobes entire;* ***flowers*** *tiny, in long narrow inflorescences, male (staminate) flowers in few spikes, spikes 3–4 mm wide, long, slender, on elongate peduncles, female (pistillate) spikes usually 2–4, sometimes more, sessile or nearly sessile, mostly 20–40 cm long, 6–7 mm wide;* ***fruit*** *very fleshy.*
HABITAT: Common through most lowlands, usually in wet or moist thickets, sometimes in wet forests, in *Manicaria* swamps, frequent along borders of pastures or forests; ascending from sea level to (in the Occidente) about 1,300 meters.
USES: Leaves of the tree are reportedly eaten by livestock; in Alta Verapaz the wool (removed from stems and leaves) is said to be sometimes smoked like tobacco.
NOTES: This is an abundant and characteristic tree on the Pacific plains and on the north coast. It is easily distinguished from *Cecropia peltata* by the very long, pendent flower spikes.

Español: **Guarumo**, **Igarata**
English: Trumpet (Belize), Trumpet Tree (Costa Rica)
Otros: **Ix-coch** (Maya), **Ixcochle** (Petén)

DISTRIBUCIÓN: **Izabal**, **Petén**, **Santa Rosa**, **Zacapa**. México; Guatemala; Belice; El Salvador; Honduras; Nicaragua; Costa Rica; Panamá; norte de Sudamérica; las Antillas.
❧ *Árboles, hasta 12 (–25) metros de alto, tronco anillado con cicatrices foliares, raíces zancudas comunes, copa escasamente ramificada, abierta;* ***hojas*** *alternas, con un pecíolo largo, suborbiculares en contorno, 30–50 cm de ancho o más, principalmente 7–9-lobuladas, llanas o profundamente lobuladas, de color verde oscuro y ásperas por arriba, aterciopeladas y blancas por debajo, o a veces verdosas y apenas un poco tomentosas;* ***flores*** *diminutas, en espatas alrededor de 6 cm de largo, espigas masculinas numerosas, aproximadamente 4 cm de largo, 3 mm de ancho, espigas femeninas normalmente 2–6, al principio amarillentas, 4–7 cm de largo;* ***fruto*** *pequeño, densamente agrupado, espigas muy gruesas y suculentas cuando fructifica.*
HÁBITAT: Principalmente en pastos o vegetación secundaria, a menudo en matorrales o bosques modificados; a 900 metros o menos.
USOS: Los troncos se utilizan como canales huecos para conducir agua y para pasta de papel; el jugo se utiliza para quitar verrugas y para la disentería; los brotes jóvenes de las hojas se comen como verdura; el fruto maduro se reporta comestible; los animales silvestres se alimentan del fruto.
NOTAS: El árbol a menudo contiene hormigas picadoras. La madera es liviana, hueca entre los nudos en las ramas jóvenes, blanquecina o clara, muy liviana y blanda, con grano recto o bastante recto, de textura áspera, fácil de cortar, resistente y fuerte para su peso, pero perecedera. Un árbol de crecimiento rápido, florece y fructifica todo el año, principalmente de junio a octubre.

DISTRIBUTION: **Izabal**, **Petén**, **Santa Rosa**, **Zacapa**. Mexico; Guatemala; Belize; El Salvador; Honduras; Nicaragua; Costa Rica; Panama; northern South America; West Indies.
❧ *Trees, to 12 (–25) meters tall, trunk ringed with leaf scars, prop roots common, crown sparsely branched, open;* ***leaves*** *alternate, with a long petiole, suborbicular in outline, 30–50 cm wide or more, mostly 7–9-lobed, shallowly or deeply lobed, dark green and rough above, white and velvety beneath, or sometimes greenish and only sparsely tomentose;* ***flowers*** *tiny, in spathes about 6 cm long, male spikes numerous, about 4 cm long, 3 mm wide, female spikes usually 2–6, yellowish at first, 4–7 cm long;* ***fruit*** *small, densely packed, spikes very thick and succulent when in fruit.*
HABITAT: Chiefly in pastures or second growth, often in thickets or modified forests; at 900 meters or less.
USES: Trunks used as hollow troughs to conduct water and for paper pulp; juice used to remove warts and for dysentery; young buds eaten as a vegetable; ripe fruit reportedly edible; wildlife consume the fruit.
NOTES: The tree often shelters biting ants. The wood is lightweight, hollow between the nodes on young branches, whitish or light-colored, very light and soft, with straight or fairly straight grain, coarse-textured, easy to cut, tough and strong for its weight, but perishable. A fast-growing tree, flowering and fruiting throughout the year, mainly from June to October.

Español: **Chichicaste, Chichicaste de Hormiga, Chichicastón**
English: Stinging Nettle
Otros: **La** (Cobán, Q'eqchi'), **Laal** (Maya)

DISTRIBUCIÓN: **Alta Verapaz, Chimaltenango, Chiquimula, El Progreso, Escuintla, Guatemala, Huehuetenango, Jalapa, Petén, Quetzaltenango, Quiché, Retalhuleu, Sacatepéquez, San Marcos, Santa Rosa, Sololá, Suchitepéquez**. Sur de México; Belice; El Salvador; Honduras; Nicaragua; Costa Rica; Panamá; Sudaméria tropical; las Antillas.

❧ *Árboles pequeños o arbustos ásperos, hasta 10 metros de alto, con ramas gruesas y pelos más o menos urticantes por todas partes;* ***hojas*** *ampliamente ovadas a orbicular-ovadas, a menudo 30 cm de largo, anchas, base cordada, crenado-dentadas, verdes por arriba y con frecuencia burbujeadas, por lo general densamente aterciopelado-pilosas por debajo, a menudo pálidas;* ***flores*** *masculinas o femeninas, en grupos pequeños o grandes, flojas o densas, sobre todo en las ramas más viejas, flores pistiladas en su mayoría pediceladas, segmentos periantos desiguales, con puntos blancos;* ***fruto*** *de color rojo-anaranjado, 2–3 mm de diámetro, aqueno con un perianto jugoso.*

HÁBITAT: Común en matorrales húmedos o mojados o con frecuencia en bosques mixtos densos, a menudo abundante en crecimiento secundario, se planta mucho como setos; sobre todo a 900–2,900 metros.

USOS: Setos (común alrededor de Antigua).

NOTAS: Reportado como abundante a elevaciones medias o bastante altas, pero sin extenderse mucho en tierra baja y caliente. Este árbol se desarrolla mejor en bosques mixtos bastante densos y húmedos. Los árboles son hermosos y con frecuencia muy llamativos, con una masa grande de panículas frutales color rojo-anaranjado. La planta tiene pelos urticantes en la inflorescencia.

DISTRIBUTION: **Alta Verapaz, Chimaltenango, Chiquimula, El Progreso, Escuintla, Guatemala, Huehuetenango, Jalapa, Petén, Quetzaltenango, Quiché, Retalhuleu, Sacatepéquez, San Marcos, Santa Rosa, Sololá, Suchitepéquez**. Southern Mexico; Belize; El Salvador; Honduras; Nicaragua; Costa Rica; Panama; tropical South America; West Indies.

❧ *Small trees or coarse shrubs, to 10 meters tall, with thick pale branches and more or less stinging hairs throughout;* ***leaves*** *widely ovate to orbicular-ovate, often 30 cm long, wide, base cordate, crenate-dentate, green above and often bumpy, beneath usually densely velutinous-pilose, often pale;* ***flowers*** *male or female, in small or large groups, lax or dense, mostly on older branches, pistillate flowers mostly stalked, flower segments unequal, white-dotted;* ***fruit*** *orange-red, 2–3 mm in diameter, achene with a juicy covering.*

HABITAT: Common in moist or wet thickets or often in dense mixed forests, often abundant in second growth, much planted for hedges; mostly at 900–2,900 meters.

USES: Hedges (common around Antigua)

NOTES: Reported as abundant at middle or fairly high elevations, but not extending far into low hot elevations. This tree is best developed in fairly dense, moist, mixed forests. The trees are handsome and often very conspicuous, with a mass of large orange-red fruiting panicles. The plant has stinging hairs on the inflorescence.

Español: **Coralillo**
English: Fiddlewood
Otros: **Cuul**, **Chuul** (Quetzaltenango)

DISTRIBUCIÓN: **Escuintla**, **Guatemala** (volcán de Pacaya), **Quetzaltenango**, **Sacatepéquez**, **San Marcos**, **Sololá**, **Suchitepéquez**, **Zacapa**. México; Guatemala; El Salvador; Honduras; Costa Rica; Panamá.

❧ *Árboles, hasta 15 metros de alto o más, tronco hasta 70 cm de diámetro, a veces florece cuando mide sólo 2 o 3 metros de alto;* ***hojas*** *en pecíolos 1–3 cm de largo, láminas coriáceas, lustrosas, lanceoladas u oblongo-lanceoladas, por lo general más anchas por debajo de la mitad, 8–20 cm de largo, 2–5.5 cm de ancho, largas y puntiagudas en la punta, lisas en ambas superficies;* ***flores*** *en grupos largos sin ramificación, 5–35 cm de largo, flojos, tallos individuales de las flores 1–3 mm de largo, flores numerosas, cáliz tubular, acampanado, 2–3.5 mm de largo, con 5 dientes, corola de color blanco verdoso a crema, tubo unos 4 mm de largo, lóbulos 1–2 mm de largo, densamente pubescentes por dentro;* ***fruto*** *oblongo-globoso, al principio de color amarillo-anaranjado a rojo, púrpura-negro en la madurez, 6–7 mm de largo.*

HÁBITAT: Bosques mixtos humedos, a veces en bosques de encino y pino, a menudo junto a los caminos, a veces se planta; 1,000–2,700 metros.

USOS: Ornamental.

NOTAS: Se encuentra en jardines, donde las flores tienen un perfume maravilloso y el fruto amarillo-anaranjado es atractivo.

DISTRIBUTION: **Escuintla**, **Guatemala** (Pacaya Volcano), **Quetzaltenango**, **Sacatepéquez**, **San Marcos**, **Sololá**, **Suchitepéquez**, **Zacapa**. Mexico; Guatemala; El Salvador; Honduras; Costa Rica; Panama.

❧ *Trees, to 15 meters tall or more, trunk to 70 cm in diameter, sometimes flowering when only 2 or 3 meters tall;* ***leaves*** *on petioles 1–3 cm long, blades leathery, lustrous, lanceolate or lanceolate-oblong, usually widest below middle, 8–20 cm long, 2–5.5 cm wide, long-pointed at tip, smooth on both surfaces;* ***flowers*** *in long unbranched groups, 5–35 cm long, lax, individual flower stalks 1–3 mm long, flowers numerous, calyx tubular bell-shaped, 2–3.5 mm long, 5-toothed, corolla greenish white to cream-colored, tube about 4 mm long, lobes 1–2 mm long, densely pubescent within;* ***fruit*** *oblong-globose, at first yellow-orange to red, purple-black at maturity, 6–7 mm long.*

HABITAT: Damp mixed forests, sometimes in oak and pine forests, often along roadsides, sometimes planted; 1,000–2,700 meters.

USES: Ornamental.

NOTES: Found in gardens, where the flowers have a wonderful rich perfume and the yellow-orange fruit are attractive.

Español: **Duranta**, **Duranta Lila**, **Coralillo Rosado** (Guatemala)
English: Golden Dewdrop, Pigeonberry, Skyflower

DISTRIBUCIÓN: **Guatemala**, **Quetzaltenango**, **Santa Rosa**, **Sololá**, **Suchitepéquez**. México; Guatemala; El Salvador; Honduras; Nicaragua; Costa Rica; Panamá; Sudamérica; las Antillas. Nativa de América tropical, pero común en cultivación en África, Asia, Hawái y Australia.

❧ *Árboles pequeños o arbustos, hasta 4 metros de alto, a veces espinosos (normalmente inermes en Guatemala), ramitas angulares;* ***hojas*** *opuestas, simples, hasta 7 cm de largo, a veces con algunos dientes irregulares;* ***flores*** *en grupos arqueados y péndulos, pétalos azules, lilas o blancos, con un tubo delgado 7–10 mm de largo, 5-lobuladas, dulcemente perfumadas;* ***fruto*** *aproximadamente 1 cm de largo, amarillo a anaranjado, jugoso, cuelga en grupos sueltos.*

HÁBITAT: Cultivada como ornamental y naturalizada; 500–2,600 metros.

USOS: Ornamental; setos; medicinal.

NOTAS: Las flores atraen insectos y colibríes. El fruto y otras partes de la planta son venenosas. Las plantas se propagan mediante recortes arraigados.

DISTRIBUTION: **Guatemala**, **Quetzaltenango**, **Santa Rosa**, **Sololá**, **Suchitepéquez**. Mexico; Guatemala; El Salvador; Honduras; Nicaragua; Costa Rica; Panama; South America; West Indies. Native to tropical America, but common in cultivation in Africa, Asia, Hawaii and Australia.

❧ *Small trees or shrubs, to 4 meters tall, sometimes spiny (usually unarmed in Guatemala), twigs angular;* ***leaves*** *opposite, simple, to 7 cm long, sometimes with a few irregular teeth;* ***flowers*** *in arching and pendent groups, petals blue, lilac or white, with a narrow tube 7–10 mm long, 5-lobed, sweet-scented;* ***fruit*** *about 1 cm long, yellow to orange, juicy, hanging in loose clusters.*

HABITAT: Cultivated as an ornamental and naturalized; 500–2,600 meters.

USES: Ornamental; hedges; medicinal.

NOTES: Flowers attract insects and hummingbirds. The fruit and other plant parts are poisonous. The plants are propagated by rooted cuttings.

Español: **San Juan**, **Sanpedrano**, **Palo Bayo** (Petén)
English: White Mahogany (Belize)
Otros: **Ruanchap** (Q'eqchi'), **Sayuc** (Petén, Maya), **Robanchab** (Alta Verapaz)
Sinónimo: *Vochysia hondurensis*

DISTRIBUCIÓN: **Alta Verapaz** (Pansamalá), **Huehuetenango**, **Izabal**, **Petén**. México; Guatemala; Belice; Honduras; Nicaragua; Costa Rica.
❧ *Árboles, hasta 25 metros de alto, copa densa, redondeada o deprimida, tronco alto, delgado, sobrepasando la copa, corteza lisa y grisácea;* ***hojas*** *3–4-agrupadas o las superiores opuestas, en pecíolos 1–3 cm de largo, lámina de hoja 8–15 cm de largo, 2.5–5.5 cm de ancho, coriáceas, glabras;* ***flores*** *de color amarillo brillante, forman grupos grandes y frondosos 6–20 cm de largo, espolón 7–10 mm de largo, pétalos obovados a oblongo-obovados;* ***fruto*** *una cápsula, angosta y de forma oblonga, con 3 ranuras profundas, algo arrugada, alrededor de 4.5 cm de largo, 1.5 cm de ancho.*

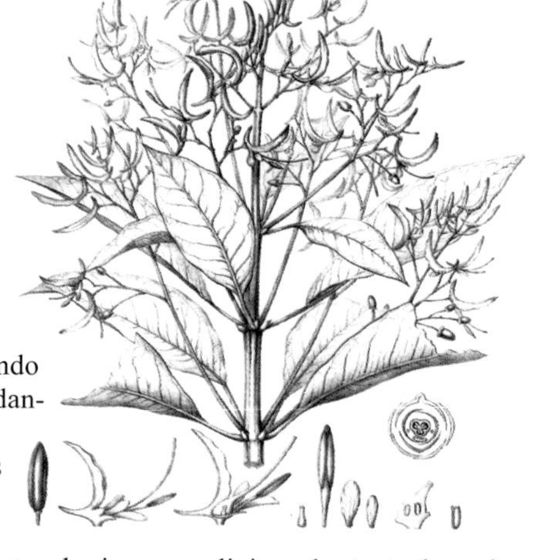

HABITAT: Bosques húmedos o mojados; cerca del nivel del mar hasta 1,500 metros.
USOS: En la región del Lago de Izabal, los árboles se utilizan para hacer canoas; en México la madera se utiliza para traviesas de ferrocarril; los árboles son valiosos para la vida silvestre y se plantan en proyectos de reforestación.
NOTAS: El árbol es hermosamente llamativo cuando está cubierto de flores amarillas brillantes. Es abundante en muchas partes de la región de Quiriguá, y en otros lugares en Izabal, a menudo se eleva sobre los árboles circundantes. La madera se describe como café rojiza o café clara, con un tono rosáceo y un lustre dorado, aunque la superficie puede parecer mate y harinosa; es liviana, bastante dura, de textura gruesa, tiende a ser arenosa y dura sobre las herramientas cuando está seca, es apta para la fabricación, bastante resistente a los deterioros y a los insectos.

DISTRIBUTION: **Alta Verapaz** (Pansamalá), **Huehuetenango**, **Izabal**, **Petén**. Mexico; Guatemala; Belize; Honduras; Nicaragua; Costa Rica.
❧ *Trees, to 25 meters tall, crown dense, rounded or depressed, trunk tall, slender, much exceeding crown, bark smooth and grayish;* ***leaves*** *3–4-grouped, or those uppermost opposite, on petioles 1–3 cm long, leaf blades 8–15 cm long, 2.5–5.5 cm wide, leathery, glabrous;* ***flowers*** *bright yellow, forming large, leafy groups 6–20 cm long, spur 7–10 mm long, petals obovate to oblong-obovate;* ***fruit*** *a capsule, narrowly oblong, deeply 3-grooved, somewhat wrinkled, about 4.5 cm long, 1.5 cm wide.*
HABITAT: Moist or wet forests; near sea level to 1,500 meters.
USES: In the Lake Izabal region the trees are used to make canoes; in Mexico the wood is used for railroad ties; the trees are valuable for wildlife and are planted in reforestation projects.
NOTES: The tree is strikingly handsome when covered with brilliant yellow flowers. It is abundant in many places in the Quiriguá region, and elsewhere in Izabal, often towering above the surrounding trees. The wood is described as reddish brown or pale brown with a pinkish hue and a golden luster, though the surface can appear dull and mealy; it is lightweight, fairly tough, coarse-textured, inclined to be gritty and hard on tools when dry, manufactures well, fairly resistant to decay and insects.

Español: **Guayacán**
English: Lignum-vitae

DISTRIBUCIÓN: **El Progreso, Retalhuleu, Suchitepéquez, Zacapa**. México; Guatemala; Honduras; Nicaragua; Costa Rica; Panamá; norte de Sudamérica; las Antillas; sur de Florida.

❧ *Árboles o arbustos, hasta 10 metros de alto, copa densa y redondeada, corteza gris, escamosa, con parches amarillos;* ***hojas*** *pinnado-compuestas, 2.5–7.5 cm de largo, folíolos (3–) 4 pares, 2–3 cm de largo;* ***flores*** *llamativas y abundantes, azules o moradas, pétalos 5, unguiculados, torcidos en la base, 7–12 mm de largo;* ***fruto*** *obovoide, aproximadamente 1 cm de largo, amarillo a anaranjado cuando maduro; semillas 5 mm de largo, negras, rodeadas por un arilo rojo y brillante.*

HÁBITAT: Abundante en las laderas secas y rocosas en la parte inferior del valle de Motagua, también frecuente en las llanuras del Pacífico; en o cerca del nivel del mar hasta 250 metros.

USOS: Medicinal. La madera es sumamente dura, utilizada históricamente para revestir el eje de la hélice en los buques de vapor; su gran fuerza y tenacidad, en combinación con su resina autolubricante, hacen la madera especialmente adaptable para muchos usos, incluso rodamientos submarinos. Se reporta que los mayas de Yucatán utilizaban la madera para hacer platos, tazas y arcos.

NOTAS: El árbol es más conocido por su madera, que es de color café oliva a café oscuro o casi negro, aceitosa o cerosa, la albura blanca o amarillenta; es sumamente dura y pesada, muy duradera. La madera fue importante en el comercio desde su introducción en Europa alrededor del año 1508, debido a sus reportadas propiedades medicinales. El árbol posee un llamativo color morado cuando florece, gracias a su masas densas de flores. Florece durante todo el año; fructifica de mayo a enero.

DISTRIBUTION: **El Progreso, Retalhuleu, Suchitepéquez, Zacapa**. Mexico; Guatemala; Honduras; Nicaragua; Costa Rica; Panama; northern South America; West Indies; southern Florida.

❧ *Trees or shrubs, to 10 meters tall, crown dense and rounded, bark gray, scaly, with yellow patches;* ***leaves*** *pinnately compound, 2.5–7.5 cm long, leaflets (3–) 4 pairs, 2–3 cm long;* ***flowers*** *showy and abundant, blue or purple, petals 5, clawed, twisted at the base, 7–12 mm long;* ***fruit*** *obovoid, about 1 cm long, yellow to orange when mature; seeds 5 mm long, black, surrounded by a shiny red aril.*

HABITAT: Plentiful on dry, rocky hillsides of the lower Motagua Valley, also frequent on the Pacific plains; at or near sea level to 250 meters.

USES: Medicinal. The wood is extremely hard, used historically for lining the propeller shaft of steamships; its great strength and tenacity, combined with its self-lubricating resin, make the wood especially adaptable for many uses, including underwater bearings. It is reported that the Maya of the Yucatan used the wood for dishes, cups and archery bows.

NOTES: The tree is best known for its wood, which is olive-brown to dark brown or nearly black, oily or waxy, the sapwood white or yellowish; it is extremely hard and heavy, very durable. The wood was important in trade since its introduction to Europe in about 1508, because of its reported medicinal properties. The tree is a striking purple when in bloom, thanks to its dense masses of flowers. Flowering throughout the year; fruiting from May to January.

Glosario

A

acanalado (a) Cuya superficie presenta surcos continuos y regulares; con canales o estrías marcadas.

acícula Hoja larga y fina en forma de aguja, especialmente la del pino (*Pinus*); aguijón fino y delicado, no hiriente.

acostillado (a) Que tiene costillas o nervaduras gruesas.

acuminado (a) Que disminuye gradualmente hacia un punto agudo.

adpreso (a) Prensado de modo muy cercano y aplanado, contra otra parte de la planta; dicho de un tricoma que está prensado contra la superficie.

áfilo (a) Desprovisto de hojas; con las hojas muy reducidas.

agroforestería Manejo de la tierra que implica la cultivación simultánea de cosechas agrícolas y árboles. (*también* agrosilvicultura)

agudo (a) Que tiene un extremo o punto afilado.

ala Apéndice membranoso, delgado y seco de un fruto o semilla; uno de los dos pétalos laterales de una flor en forma de mariposa.

albura La madera más nueva, exterior y generalmente más ligera de un tallo leñoso, que activamente transporta el agua. (*también* alburno)

alterno (a) Dicho de hojas que surgen individualmente de cada nudo en un tallo, de manera que dos hojas no están directamente opuestas.

amento Inflorescencia delgada, generalmente pendiente, que consiste en una densa espiga de flores unisexuales sin pétalos.

antera Porción expandida y apical del estambre que produce el polen.

apéndice Parte secundaria, unida a una estructura principal.

ápice Punta o extremo superior de una cosa.

aquenio Pequeño fruto seco con una sola semilla que no se abre para liberar la semilla.

aquillado (a) En forma de quilla, como la de un barco. (*ver* **quilla**)

arilo Envoltura de algunas semillas, casi siempre carnosa y de colores vivos.

armado (a) Con espinas, pinchos o aguijones.

articulado (a) Que tiene nudos o puntos de articulación.

aserrado (a) (*ver* **serrado**)

asimétrico (a) No divisible en dos mitades iguales; irregular en forma, tamaño o arreglo.

axila Ángulo superior formado entre el tallo de una hoja o rama y el tallo o tronco del cual crece.

axilar Ubicado en de la axila de una hoja, o que surge de ella.

B

barbasco Planta venenosa utilizada en la pesca para intoxicar a los peces.

basal Ubicado en la base, o que surge de ella.

baya Fruto carnoso que se desarrolla de un solo ovario, con varias o muchas semillas, como el tomate.

bipinnado (a) Dos veces pinnado; con las primeras divisiones otra vez divididas de forma pinnada.

biseriado (a) Dispuesto en dos filas o series.

biserrado (a) Dos veces serrado, como cuando los dientes de una hoja serrada son también serrados.

bisexual Que tiene los dos sexos presentes y funcionales en la misma flor, individuo o especie; dicho de una flor con ambos órganos reproductivos, tanto masculinos como femeninos (estambres y pistilos). (*también* perfecto)

bosque de galería Bosque que se forma como corredor a lo largo de ríos o humedales y sobresale en paisajes con pocos árboles.

bosque secundario Bosque que se ha regenerado después de un disturbio importante, como un incendio, tala, cultivo o una plaga.

bráctea Hoja modificada o estructura parecida a una hoja que se encuentra en la base de una flor o de una inflorescencia.

bractéola Bráctea pequeña, a menudo secundaria en naturaleza.

brizna Filamento o hebra vegetal; lámina de hoja, grama o paja.

C

cabezuela Pequeña cabeza esférica o aplanada de una flor; inflorescencia de flores sésiles en un receptáculo común, rodeada de brácteas.

caducifolio (a) Dicho de árboles o arbustos que pierden sus hojas durante una parte del año, generalmente durante la estación seca o fría. (*también* de hoja **caduca**; *opuesto de* **perennifolio**)

caduco (a) Que cae de manera temprana, comparado con estructuras similares en otras plantas; que dura poco.

caja de fusil Parte de un rifle u otra arma de fuego a la que se unen el cañón y mecanismo de disparo, y que se coloca contra el hombro al disparar.

cáliz Término colectivo para los sépalos de una flor, formando un verticilo que envuelve los pétalos en un capullo, generalmente verde.

campanulado (a) Que tiene forma de campana. (*también* acampanado)

canescente Cubierto con pelos cortos y blancos o grises.

caña Tallo generalmente hueco y articulado, como el de bambú, pasto o junco.

capitado (a) Que tiene forma de cabeza, o conjunto en forma de cabeza compacta.

capitel Porción erguida en la parte superior del tronco de algunas palmeras, compuesta por la base del pecíolo de las hojas de la corona.

cápsula Fruto formado por dos o más células, que se seca y se abre cuando está maduro para liberar sus semillas.

cartáceo (a) Que tiene textura parecida al papel; de o como papel.

célula Cavidad hueca o compartimento dentro de una estructura. (*ver* **lóculo**)

ceroso (a) Que contiene cera; de la naturaleza de la cera o parecido a ella. (*también* feráceo)

citotoxina Sustancia tóxica que causa daño a las células o tejidos vivos.

claviforme En forma de clava o porra; ensanchado gradualmente hacia el ápice.

compuesto (a) Dicho de una hoja que está dividida en dos o más partes similares o folíolos.

cono Estructura seca de un conífero (como el género *Pinus*), que típicamente va disminuyendo en forma, hasta llegar a un extremo redondeado, y está formado por un apretado conjunto de escamas superpuestas sobre un eje central que se separan para liberar las semillas.

contrachapado Formado por varias capas finas de madera, encoladas a presión y de modo que sus fibras quedan entrecruzadas; material formado de este modo.

contrafuerte Crecimiento ensanchado o acampanado en la base de un árbol, que proporciona apoyo adicional.

cordado (a) En forma de corazón, con una muesca en la base. (*también* **cordiforme**)

cordiforme Acorazonado; ovado en contorno general, pero con dos lóbulos basales redondeados.

coriáceo (a) Que tiene apariencia o textura de cuero.

corola Nombre colectivo para todos los pétalos de una flor.

corona Parte superior o más alta de un árbol, que consiste de ramas y hojas. (*también* copa)

correoso (a) Parecido al cuero; que se extiende y se doblega fácilmente sin romperse.

cortavientos Seto, cerca o hilera de árboles que sirven para reducir la fuerza del viento. (*también* rompevientos)

corteza Cubierta externa, dura, seca y protectora del tronco y de las ramas de un árbol o arbusto leñoso.

costilla Resalte linear, más o menos pronunciado en la superficie de un órgano; nervadura gruesa de la hoja.

cuadrangular Que tiene o forma cuatro ángulos.

D

deciduo (a) Que se cae o desprende durante una temporada específica o etapa de crecimiento, como las hojas de un árbol; no persistente. (*ver* **caducifolio**)

decocción Líquido que resulta de concentrar la esencia de una sustancia por calentar o hervir, especialmente una preparación medicinal hecha a base de una planta; proceso de extraer la esencia de algo.

decumbente Que descansa en el suelo u otra superficie, con la punta ascendente.

dehiscente Dicho de algo que se abre en la madurez para liberar su contenido, como una vaina o cápsula libera semillas o una antera libera polen.

dentado (a) Que tiene dientes gruesos en el borde o margen, con los dientes dirigidos hacia fuera en vez de hacia delante.

depilatorio Que tiene la capacidad para eliminar pelo, pelusa o lana.

deprimido (a) Aplastado, hundido.

dioico (a) Dicho de una planta que tiene los órganos sexuales masculinos y femeninos dispuestos en distintos individuos.

diurético Medicina que ayuda a reducir la cantidad de agua en el cuerpo; cualquier sustancia que aumenta la secreción y eliminación de orina.

domatia Estructuras presentes en las hojas de varias plantas en forma de parches o cavidades peludas, ubicadas en las uniones entre los nervios centrales y secundarios en la superficie inferior de las hojas.

dosel Hábitat que comprende la región de las coronas y partes superiores de los árboles en un bosque. (*también* canopia o canopeo, del inglés 'canopy')

drupa Fruto carnoso, por lo general con una sola semilla, como un mango o una aceituna.

duela Cada una de las tablas curvadas de un tonel, barril o cuba.

duramen Parte central del tronco y de las ramas gruesas de un árbol, que es leñosa, más seca, dura y oscura.

E

emarginado (a) Que tiene una muesca en la punta; dicho de una hoja u otro órgano plano de una planta.

emergente Árboles que se elevan sobre el dosel principal del bosque.

emético Medicina u otra sustancia que provoca vómitos.

entero (a) Indiviso y sin dientes o muescas, como los márgenes continuos de algunas hojas.

entrenudo Espacio o parte entre los nudos de los tallos de plantas o árboles. (*también* internodio)

epífita Planta que crece sobre otra planta, pero que no extrae agua o alimentos de ella.

escama Estructura delgada, seca y plana; hoja o bráctea rudimentaria.

escorpioide Que se enrolla hacia adentro, como la cima de una inflorescencia cuyas ramitas y flores van adquiriendo la forma de un espiral o de cola de escorpión mientras crecen. (*también* circinado)

espata Bráctea o par de brácteas que a menudo envuelve y está debajo de una inflorescencia.

espatulado Con forma de espátula; que se va ensanchando hacia el extremo superior.

espiga Inflorescencia larga sin ramificar, con flores sésiles o subsésiles o espiguillas, que madura desde abajo hacia arriba.

espina Estructura rígida, delgada y puntiaguda, que surge del tejido de una planta y representa una hoja modificada o estípula; cualquier estructura con apariencia de una espina verdadera.

espora Cualquiera de las células que, sin tener estructura de célula sexual y sin necesidad de acto de fecundación alguno, se separa de la planta y se divide hasta construir un nuevo individuo.

esporangio Cavidad en la cual las esporas se producen y se almacenan en muchas plantas sin flores.

esqueje Tallo o brote que se separa de una planta para injertarlo en otra, o que se introduce en la tierra para que nazca otra nueva planta (en el segundo caso, se denomina estaca).

estambre Órgano sexual masculino de una flor, que normalmente consiste en una antera que produce polen adjunta a la parte superior de un filamento.

estaminal Relativo o perteneciente a los estambres.

estandarte Pétalo superior de la corola en flores, con forma de mariposa (Papilionoideae); generalmente es el pétalo que tiene la lámina más ancha y cubre a la flor en capullo.

estigma Parte superior del pistilo de una flor que recibe el polen durante la polinización.

estilo Porción generalmente estrecha del pistilo que une el estigma con el ovario de una flor.

estípula Uno de un par de apéndices parecidos a una hoja, que se encuentra en la base del pecíolo en algunas hojas.

estrellado (a) En forma de estrella; dicho de tricomas con distintas ramificaciones que surgen del mismo punto en la base de la epidermis.

estriado (a) Que tiene estrías.

estrigoso (a) Que tiene pelos rectos, rígidos, agudos y adpresos.

exfoliante Que elimina las células muertas; dicho de una corteza que presenta exfoliación.

exfoliar Pelar en capas o escamas.

exserto (a) Que proyecta o sobresale de las partes que lo rodean, como estambres que sobresalen de una corola; no incluido.

F

farinoso (a) Cubierto de una sustancia blanca parecida a la harina.
fascículo Conjunto apretado de estructuras, tales como hojas, tallos o flores.
fértil Capaz de producir semillas o polen.
fijadora de nitrógeno Dicho de plantas con raíces colonizadas por bacterias, que utilizan el nitrógeno en el aire y lo convierten, o fijan, en un componente que las plantas necesitan para crecer.
filamento Objeto o fibra en forma de hilo; tallo del estambre que apoya la antera.
filiforme Que tiene forma o apariencia de hilo.
filodio Pecíolo ampliado parecido a una hoja, que carece de una lámina de hoja verdadera.
folículo Fruto seco, dehiscente, compuesto por un solo lóculo y que se abre a lo largo de un solo lado.
folíolo División de una hoja compuesta; hojuela.
forraje Alimento, en especial una hierba o pasto seco, consumido por el ganado y otros animales.

G

gimnosperma Planta que se reproduce por semillas que no están protegidas por un ovario, de modo que quedan al descubierto.
glabrescente Que tiene pelos que se pierden con la edad; que se vuelve glabro.
glabro (a) Que no tiene pelos o pelusa.
glándula Apéndice, protuberancia u otra estructura que secreta sustancias pegajosas o aceitosas.
glandular Que tiene glándulas; de una glándula o perteneciente a ella; similar a una glándula.
glauco (a) Que tiene una capa cerosa o polvosa, de color blanco azulado o gris azulado, que se puede remover, tal como en las uvas o ciruelas.
globoso (a) En forma de globo; esférico.
globular Que tiene forma de glóbulo; que está compuesto por glóbulos.
gloquidio Pelo barbado muy fino y fácil de desprender, que se encuentra en algunos cactos, tal como en *Opuntia*.
goma arábiga Sustancia natural producida por ciertas acacias árabes, de color amarillenta, casi transparente, y que se utiliza principalmente en la industria alimenticia, aunque también en el sector industrial, en medicamentos y como pegamento.
goma kino Alcaloide producido por varias plantas e integrado por sustancias astringentes, como el ácido quinotánico, que se utiliza en medicamentos, tintes y para curtir cuero.

H

híbrido Descendencia de un cruce entre plantas progenitoras de diferentes variedades o especies.
hoja simple Hoja indivisa que no está separada en folíolos (aunque puede ser dentada o lobulada).

I

inciso (a) Marcadamente y por lo general profundamente e irregularmente cortado.
indehiscente Fruto que permanece cerrado en la madurez; que no se abre a lo largo de líneas definidas o por los poros.
indusio Cubierta membranosa que protege a los órganos reproductores que se encuentran en los bordes o enveses de una hoja de helecho, o fronda.
inferior Adjunto por debajo, abajo; más bajo.
inflorescencia Parte floreciente de una planta; grupo de flores; arreglo o disposición de flores en el eje floreciente.
infusión Remojo o maceración (generalmente en agua) de una sustancia, con el fin de extraer sus componentes solubles, como el té.
insípido (a) Que carece de sabor; sin suficiente sabor para ser agradable.
invasor Que tiende a propagarse de manera prolífica e indeseable o dañina, como algunas plantas.
irregular Asimétrico; dicho de flores cuyos pétalos varían en tamaño y forma. (*comparar con* **regular**)

L

laciniado (a) Hendido por lóbulos angostos de ápice agudo, o lacinias.
lámina Parte ensanchada de una hoja, pétalo o sépalo; se diferencia del tallo, que es más estrecho.
lanceolado (a) En forma de lanza; más largo que ancho, con el punto más ancho por debajo del medio.
lanoso (a) Con pelos, parecido a la lana en textura o apariencia.
lateral Que se encuentra hacia un lado.
látex Líquido lechoso producido por algunas plantas.
legumbre Fruto seco y dehiscente que generalmente se abre a lo largo de dos líneas de apertura, como la vaina del guisante; planta perteneciente a la familia de los frijoles (Fabaceae).
lenticela Área en forma de lente, ligeramente levantada y algo corchosa, en la superficie de un tallo.
lóculo Cada uno de un número de pequeñas cavidades independientes, especialmente en un ovario. (*ver* **célula**)

M

marginado (a) Que tiene un margen o borde definido.
marisma Terreno bajo y pantanoso que ha sido invadido por el agua del mar o de un río.
mucilaginoso (a) Que tiene alguna propiedad del mucilago.
mucílago Sustancia espesa y pegajosa.
muescado (a) Que tiene el ápice con una escotadura poco profunda.
multicaule Que tiene varios troncos o tallos principales.
mutualismo Relación beneficiosa entre dos especies.

N

naturalizado (a) Que está aclimatado a un hábitat distinto al propio, como una planta.
nervadura Conjunto de nervios en una hoja.
nervio Haz vascular en la lámina de una hoja. (*ver* **vena**)
nervio medio Vena o nervadura central de una hoja.

neumatóforo Raíz presente en ciertas plantas asociadas a cuerpos de agua, que crece hacia arriba y favorece la oxigenación de las partes de la planta que están bajo el agua.

nudo Punto en un tallo del cual crecen las hojas, flores o brotes.

nuez Fruto que consiste en una cáscara dura y una sola semilla, la cual no se abre para liberar la semilla.

O

oblicuo (a) Inclinado al través o desviado de la horizontal, como la base de una hoja asimétrica.

oblongo (a) Más largo que ancho.

obovado (a) Dicho de una hoja que tiene forma ovada, pero con la parte ancha en el extremo superior o punta.

obovoide Dicho de una hoja en forma de ovoide tridimensional, pero insertada en el extremo menor.

ócrea Envoltura membranosa alrededor de un tallo, formada por la cohesión de dos estípulas o más.

ondular Que tiene un borde o una superficie ondulada.

opuesto (a) Que surge del mismo nudo en lados opuestos del tallo, como una hoja.

orbicular Con un contorno más o menos circular.

ostíolo Abertura natural o poro de cualquier órgano vegetal, como en el vértice de un higo.

ovado (a) Que tiene forma de huevo, bidimensional, de contorno en sección longitudinal, con una extremidad más dilatada que la otra. (*también* aovado)

ovoide Un cuerpo tridimensional oval, como huevo de gallina.

P

palmado (a) Lobulado, veteado o dividido desde un punto común, como los dedos de una mano.

palmado-compuesto (a) Dicho de una hoja compuesta que tiene todos los folíolos surgiendo de un punto común.

palmado-lobulado (a) Dicho de una hoja simple que está profundamente (pero no completamente) dividida en varios lóbulos que surgen (casi) en el mismo nivel.

panícula Inflorescencia sueltamente ramificada en forma de pirámide, con flores que maduran desde la parte inferior hacia arriba.

papiráceo (a) Seco y fino como el papel.

peciolado (a) Que tiene un pecíolo.

pecíolo Eje de la hoja mediante el cual se une a un tallo.

peciólulo Eje que sostiene cada uno de los folíolos que forman una hoja compuesta.

pedúnculo Rabito de una flor, fruto o inflorescencia, mediante el cual se une al tallo.

pelúcido Transparente o translúcido.

perenne Permanente, que no muere; que vive más de dos años, como una planta.

perennifolio (a) Dicho de plantas que mantienen su follaje verde durante todo el año. (*también* de hoja **perenne**; *opuesto de* **caducifolio**)

persistente Que permanece conectado y no cae.

pétalo Cada pieza que forma la corola de una flor, generalmente colorida pero a veces blanca, y dispuesta sobre los sépalos verdes.

pinna División principal de una hoja pinnada, que incluye la de un helecho o la de una palmera. (*ver* **folíolo**)

pinnado (a) Dicho de una hoja compuesta con folíolos dispuestos en lados opuestos de un eje alargado, que se parece a una pluma. (*también* **pinnado-compuesto**)

pinnado-compuesto (a) Dicho de una hoja compuesta con folíolos dispuestos a un y otro lado de un eje alargado, como las barbas de una pluma.

pinnado-lobulado (a) Dicho de una hoja simple que está dividida alrededor de la parte media de la lámina, en lóbulos dispuestos con espacios a lo largo de la nervadura central.

plántula Embrión de una planta vascular ya desarrollado como consecuencia de la germinación; planta recién nacida.

polimórfico (a) Variable, con muchas formas. (*también* polimorfo)

pomo Fruto carnoso, indehiscente, con un núcleo duro que contiene las semillas, como una manzana.

premontano Término utilizado para describir la ubicación de los tipos de vegetación que se encuentran en las cuestas de las montañas, entre las tierras bajas y las zonas montañosas más bajas. (*también* premontañoso)

proximal Que se encuentra hacia la base o cerca del punto de origen o adherencia. (*opuesto de* distal)

puberulento (a) Minuciosamente pubescente, con pelitos finos y cortos en poca cantidad.

pubescente Con una capa de pelusa o pelitos suaves y cortos.

purgante Con efecto fuertemente laxante; laxante que se toma para aflojar o evacuar los intestinos.

Q

quilla Parte central prominente y más o menos aguda de un órgano; los dos pétalos inferiores de una flor, unidos en forma de mariposa.

R

racimo Inflorescencia alargada no ramificada, en la cual cada flor está sostenida por un pedúnculo, con las flores que maduran desde abajo hacia arriba; conjunto de frutos que cuelgan de un mismo tallo.

raíz tablar Raíz horizontal que parte de la base del tronco y sobresale del suelo, a veces siendo verticalmente engrosada, y se parece a una tabla o contrafuerte. (*también* raíz tabular)

raíz zancuda Raíz adventicia que surge de los nudos inferiores y le proporciona apoyo a un tallo.

raquis Eje principal de una hoja compuesta o de una inflorescencia.

receptáculo Porción del pedúnculo sobre el cual nacen las partes de una flor.

regular Que tiene simetría radial; dicho de una flor en la cual todas las partes son similares en tamaño y disposición sobre el receptáculo.

reniforme Que tiene forma o figura de riñón.

resinoso (a) Que tiene las cualidades de o produce resina, una sustancia orgánica pegajosa producida por algunos árboles, como el pino.

reticulado (a) En forma de red o redecilla. (*también* reticular)

rostrado (a) Que tiene un pico corto, grueso y terminal.

S

sabana Pradera tropical o subtropical con árboles dispersos y vegetación resistente a la sequía.

saponina Compuesto químico presente en algunas plantas, que hace espuma cuando se agita en agua.

sépalo Parte individual de la flor, por lo general de color verde, normalmente dispuesta debajo de los pétalos coloridos.

serrado (a) Parecido a una sierra; que tiene dientecillos semejantes a los de una sierra en el borde, con los dientes afilados apuntando hacia delante.

serrulado (a) Finamente serrado.

sésil Conectado directamente por su base, sin un tallo o pedúnculo.

simétrico (a) Divisible en dos mitades iguales.

sincarpo Fruto carnoso compuesto, ya sea compuesto por los frutos de varias flores (como un higo o una piña), o de varios carpelos de una sola flor (como una zarzamora).

suberoso (a) Que contiene súber, un tejido muerto que protege a otros tejidos interiores de una planta de la desecación o del daño.

suculento (a) Que tiene hojas o tallos gruesos y carnosos adaptados para almacenar agua, generalmente para soportar largos períodos de sequía; una planta suculenta, como un cacto.

T

tallo Eje principal de un árbol, arbusto o planta.

tanino Sustancia astringente producida por algunas plantas, utilizada para curtir cuero y preparar tintes.

tépalo Segmento del verticilo externo de una flor, que no tiene diferenciación entre pétalo y sépalo, como en el tulipán.

terminal En la parte superior o ápice; en el extremo o punta de un tallo o rama.

tomentoso (a) Cubierto de suaves pelos lanosos densamente enredados; con tomento.

tomentuloso (a) Minuciosamente o ligeramente tomentoso.

translúcido (a) Que permite que la luz pase traspase; semitransparente, diáfano. (*también* traslúcido)

transversal Que se extiende de un lado a otro; que se aparta o desvía de la dirección principal o recta; perpendicular. (*también* trasversal)

tricoma Pelo o excrecencia parecida a un pelo, que surge de la superficie de una planta.

truncado Que tiene un extremo cuadrado; que termina abruptamente como si cortado a través de la base o punta.

U

umbela Inflorescencia curvada o aplanada en la parte superior, con tallos florales que surgen de un punto más o menos común, como los puntales de un paraguas.

unguiculado (a) Que tiene uña, como algunos pétalos.

unisexual Dicho de una flor que tiene estambres o pistilos, pero no ambos; también dicho de plantas que poseen tales flores.

uña Base larga y delgada de algunos pétalos y sépalos.

V

vaina Cáscara tierna y larga en la que están encerradas las semillas de algunas plantas; ensanchamiento del pecíolo o de la hoja que envuelve el tallo.

valva Cada uno de los segmentos en un fruto dehiscente, que se separa de los otros dichos segmentos en la madurez.

valvado (a) Que se abre mediante valvas, como en muchos frutos indehiscentes; juntándose en los bordes sin traslapo, como en ciertos sépalos u hojas.

variegado (a) Abigarrado, jaspeado, colorido; que tiene zonas de diferentes colores, como una hoja o un tallo.

vástago Renuevo; rama tierna de un árbol o planta.

velutinoso (a) Aterciopelado; cubierto de pelos cortos, suaves y sedosos.

vena Nervio delgado que corre a través de una hoja, típicamente dividiéndose o ramificándose, y que contiene un haz vascular.

venación Disposición de las venas en una hoja.

vermífugo Que tiene la propiedad de matar o expulsar las lombrices intestinales; medicamento que posee esta propiedad.

verticilado (a) Dispuesto en un verticilo; que surge de un tallo en el mismo punto y forma un círculo a su alrededor.

verticilo Conjunto de hojas, flores o ramas que brotan del tallo en el mismo punto y forma un círculo a su alrededor; en una flor, cada uno de los conjuntos de órganos, especialmente los pétalos y sépalos, dispuestos concéntricamente alrededor del receptáculo.

Y

yema Brote en forma de botón que da origen a las hojas o flores.

Glossary

A

achene	A small, dry, one-seeded fruit that does not open to release the seed.
acuminate	Gradually narrowing to a sharp point.
acute	Having a sharp end or point.
agroforestry	Land management involving the simultaneous cultivation of farm crops and trees.
alternate	Said of leaves borne singly at each node on a stem, so that no two leaves are directly opposite each other.
ament	A slim, usually pendent, inflorescence consisting of a dense spike of apetalous unisexual flowers. (*see* **catkin**)
anther	The expanded, apical, pollen-bearing portion of the stamen.
appendage	A secondary part attached to a main structure.
appressed	Pressed closely to or flat against another plant part; said of a trichome that is pressed against the surface.
aril	Covering of some seeds, often brightly colored and fleshy.
armed	Bearing thorns, spines, barbs or prickles.
asymmetric	Not divisible into equal halves; irregular in shape, size or arrangement.
awl-shaped	Short, narrowly triangular and sharply pointed.
axil	The upper angle formed between the stem of a leaf or branch and the stem or trunk from which it grows.
axillary	Positioned in or arising from a leaf axil.
axis	The central column of an inflorescence or other growth.

B

bark	The tough, dry, protective outer layer on the trunk or branches of a tree or shrub.
basal	Positioned at or arising from the base.
berry	A fleshy fruit developing from a single ovary, with several or many seeds, as the tomato.
bipinnate	Twice pinnate; with the first divisions again pinnately divided. (*also* 2-pinnate)
biseriate	Arranged in two rows or series.
biserrate	Doubly serrate, as when the teeth of a serrate leaf are also serrate.
bisexual	Having both sexes present and functional in the same flower, individual or species; said of a flower with both male and female reproductive organs (stamens and pistils). (*also* perfect)

blade The broad part of a leaf, petal or sepal, as distinguished from the narrower stalk.
bract A reduced leaf or leaf-like structure at the base of a flower or inflorescence.
bractlet A small bract, often secondary in nature.
bud An undeveloped leaf, flower or shoot.
buttress A flared woody extension of the trunk at the base of a tree, which provides additional support.

C

caducous Falling off early, compared to similar structures in other plants.
calyx Collective term for the sepals of a flower, forming a whorl that encloses the petals in a bud, usually green.
capitate Head-like or in a head-shaped cluster.
capsule A dry, dehiscent fruit composed of more than one cell.
catkin A pendulous spike composed of flowers of a single sex and lacking petals. (*see* **ament**)
cell A hollow cavity or compartment within a structure. (*also* locule)
chartaceous Having a papery texture; of or like paper.
claw The long and narrow base of some petals and sepals.
compound Said of a leaf divided into two or more similar parts or leaflets.
cone The dry seed-producing structure of a conifer, typically tapering to a rounded end and formed of a tight array of overlapping scales on a central axis that open to release the seeds.
cone-like With the appearance of a cone.
coppice Vegetative shoots at the base of a stem; sprouts arising from a stump.
cordate Heart-shaped, with a notch at the base.
coriaceous With a leathery texture; resembling leather.
corolla The collective name for all the petals of a flower.
crown The top part of a tree, consisting of the branches and leaves.
crownshaft An erect sheath at the top of the trunk of some palms, composed of the petiole base of the crown leaves.
culm A hollow or pithy, jointed stalk or stem, as in grasses, sedges and rushes.
cytotoxin A toxic substance that causes damage to cells or living tissue.

D

deciduous Falling off or shed at a specific season or stage of growth, as leaves from a tree; not persistent. (*compare with* **caducous**)
decoction Liquid resulting from concentrating the essence of a substance by heating or boiling, especially a medicinal preparation made from a plant.
decumbent Lying along the ground or along a surface, with the tip ascending.
dehiscent Splitting open at maturity or when ripe to release the contents, as a pod or capsule releases seeds or an anther releases pollen.
dentate Toothed along the margin, the teeth directed outward rather than forward.
depilatory Having the capability to remove hair, wool or bristles.
diuretic Medicinal that helps reduce the amount of water in the body; any substance that promotes the production and excretion of urine.
domatia Structures that are present on the leaves of various plant species in the form of hairy patches or cavities, located at the junctions between the central and secondary nerves on the lower surface of leaves.
drupe A fleshy fruit with usually a single seed, as a mango or olive.

E

emarginate Having a shallow notch at the tip; said of a leaf or other flat plant organ.
emergent The tall trees that rise above the main forest canopy.
emetic A medicine or other substance that causes vomiting.
entire Not toothed, notched or divided, as the continuous margins of some leaves.
epiphyte A plant that grows upon another plant, but does not necessarily draw food or water from it. (*compare* parasite)
evergreen Bearing green leaves throughout the year.
exfoliate To peel off in layers or flakes.
exserted Projecting beyond the surrounding parts, as stamens protruding from a corolla; not included.

F

fascicle A tight bundle or cluster of structures, such as leaves, stems or flowers.
fertile Capable of bearing seeds or pollen.
filament A thread-like structure; the stalk of the stamen, which supports the anther.
fodder Food, especially dried hay or feed, eaten by cattle or other livestock.
follicle A dry, dehiscent fruit composed of a single cell and opening along a single side.

G

gallery forest Forest that forms as a corridor along rivers or wetlands and projects into landscapes that are otherwise only sparsely treed, such as savannas, deserts or grasslands.
glabrescent Having trichomes or hairs that are lost with age; becoming glabrous.
glabrous Without hairs.
gland An appendage, protuberance or other structure that secretes sticky or oily substances.
glandular Having glands; of or pertaining to a gland; gland-like.
glaucous Covered with a whitish or bluish, waxy or powdery coating (bloom) that is easily rubbed off or removed, such as on grapes and plums.
globose Globe-shaped; spherical.
glochid A very fine and easily detached barbed hair or bristle found on some cacti, such as *Opuntia*.

H

heartwood The innermost part of a woody stem, usually somewhat darker.
hybrid The offspring from a cross between parent plants of different varieties or species.

I

incised Sharply, deeply and usually irregularly cut.
indehiscent Remaining closed at maturity; not opening along definite lines or by pores.
inferior Attached beneath, below; lower.
inflorescence The flowering part of a plant; a flower cluster; the arrangement of the flowers on the flowering axis.
infusion The steeping or soaking (usually in water) of a substance in order to extract its soluble constituents or principles, such as tea.

insipid Bland, lacking flavor; without sufficient taste to be pleasing.
internode Space or interval between the nodes on the stem of a plant.
invasive Tending to reproduce and spread in a prolific and undesirable or harmful manner, such as some plants.
irregular Asymmetrical; said of flowers having petals differing in size and shape. (*compare with* **regular**)

J

jointed Having nodes or points of articulation.

L

lacerate Irregularly cut or cleft; appearing torn, as the edge of a sepal, petal or leaf.
lanceolate Lance-shaped; much longer than wide, with the widest point below the middle.
lateral Borne on or at the side.
latex A milky fluid produced by some plants.
leaflet A division of a compound leaf.
leathery Leather-like.
legume A dry, dehiscent fruit usually opening along two lines of dehiscence, as a pea pod; plant belonging to the bean family (Fabaceae).
lenticel A slightly raised, somewhat corky, often lens-shaped area on the surface of a young stem.

M

marginate With a distinct margin.
midrib The central rib or vein of a leaf.
mucilage A thick, gluey substance.
mucilaginous Having some property of mucilage.
mutualism A relationship or symbiosis between two species that is beneficial to both.

N

nerve A vascular bundle in the blade of a leaf. (*see* **vein**)
nitrogen-fixing Said of plants whose roots are colonized by certain bacteria that extract nitrogen from the air and convert or "fix" it into a form required for plant growth.
node Point on a stem from which leaves, branches or flowers grow.
nut A fruit consisting of a dry hard shell and single seed, which does not open to release the seed.

O

obovate Said of an inversely ovate leaf, with the attachment at the narrower end, and broader in the upper part of the leaf blade.
ochrea (*s.* ochreae) A membranous sheath around a stem, formed by the cohesion of two or more stipules.
opposite Borne across from one another at the same node, as in a stem with two leaves per node.
orbicular With a more or less circular outline.
ostiole A natural opening or pore, such as at the apex of a fig.

ovate Said of a leaf that is egg-shaped in outline and is attached at the broad end.

P

palmate Lobed, veined or divided from a common point, like the fingers of a hand.
panicle A loosely branched, pyramidal inflorescence, with flowers maturing from the bottom upwards.
peduncle The main stalk of an inflorescence or infructescence.
pellucid Transparent or translucent.
pendulous Hanging or drooping downward.
persistent Remaining attached and not falling off. (*opposite of* **deciduous**)
petal Each of the pieces that form the corolla of a flower, usually colorful but sometimes white, and arranged above the green sepals.
petiolate Having a petiole.
petiole The stalk of a leaf.
petiolule The stalk of a leaflet in a compound leaf.
phyllode An expanded leaf-like petiole lacking a true leaf blade.
pinna (*pl.* pinnae) The primary division of a pinnate leaf, including that of a fern or palm.
pinnate Said of a compound leaf with leaflets arranged on opposite sides of an elongated axis, resembling a feather.
pneumatophore A usually partially exposed root of a wetland plant (as a mangrove) that functions especially in the intake of oxygen from the atmosphere.
polymorphic Variable, with many forms.
pome A fleshy, indehiscent fruit with a central core containing the seeds, such as an apple.
premontane Used to describe the location of vegetation types, at the lower edge of mountains, between lowlands and lower montane zones.
prickle A sharp outgrowth from the stem, branch or leaf, readily detaching without breaking the bark.
prop root Adventitious root arising from lower nodes and providing support to a stem.
proximal Toward the base or toward the end of the organ by which it is attached.
puberulent Minutely pubescent; with fine, short hairs.
pubescent Covered with short, soft hairs.
purgative Strongly laxative in effect; a laxative, taken to loosen or evacuate the bowels.

Q

quadrangular Having or forming four angles.

R

raceme An unbranched, elongated inflorescence where each flower is on a stalk (pedicel), with the flowers maturing from the bottom upwards.
rachis The main axis of a compound leaf or an inflorescence.
ranked Arranged into regular rows or lines.
receptacle The portion of the pedicel upon which the flower parts are borne.
regular Radially symmetrical; said of a flower in which all parts are similar in size and arrangement on the receptacle.
resin A sticky, flammable, organic substance exuded by some trees, including *Pinus*.

resinous Bearing resin and therefore often sticky.
reticulate In the form of a network; net-veined.
rhomboid Diamond-shaped.
rostrate With a short, stout, terminal beak.

S

saline Salty; a solution of salt in water.
saponin Chemical compound found in some plants that forms a soapy lather when mixed with water.
sapwood The outer, newer, usually somewhat lighter wood of a woody stem, which actively transports water. (*also* alburnum)
savanna A tropical or subtropical grassland containing scattered trees and drought-resistant undergrowth.
scale Any thin, flat, dry structure; a rudimentary leaf or bract.
secondary forest Area of forest or woodland that has regenerated after a major disturbance, such as fire, logging, cultivation or disease.
sepal An individual part of the flower, usually green, normally arranged below the colorful petals. (*see* **calyx**)
serrate Saw-like; toothed along the margin, with the sharp teeth pointing forward.
serrulate Finely serrate.
sessile Attached directly by its base without a stalk or peduncle.
simple leaf An undivided leaf that is not separated into leaflets (though it may be toothed or lobed).
smooth With an even surface; not rough to the touch.
spathe A large bract or pair of bracts below, and often enclosing, an inflorescence.
spatulate Shaped like a spatula; with a rounded end, gradually tapering to the base.
spike A long unbranched inflorescence, with sessile or subsessile flowers or spikelets, that matures from the bottom upward.
spine A stiff, slender, sharp-pointed structure arising from below the epidermis, representing a modified leaf or stipule; any structure with the appearance of a true spine.
sporangium (*pl.* sporangia) A cavity or sac in which spores are produced and stored in many flowerless plants.
stamen The male reproductive organ of a flower, which typically consists of a pollen-producing anther attached to the top of a filament.
standard The upper and usually largest petal of a papilionaceous flower, as in beans and peas.
stellate Star-shaped, as in hairs with several to many branches radiating from the base.
stem The main axis of a tree, shrub or plant.
stigma The upper portion of the pistil of a flower that is receptive to pollen during pollination.
stipule One of a pair of leaf-like appendages found at the base of the petiole in some leaves.
strigose Bearing straight, stiff, sharp, appressed hairs.
style The usually narrowed portion of the pistil connecting the stigma to the ovary in a flower.
succulent Having thick fleshy leaves or stems adapted to storing water, usually to withstand long periods of drought; a succulent plant, such as a cactus.
symmetrical Divisible into equal halves.
syncarp A fleshy compound fruit, either composed of the fruits of several flowers

(such as a fig or pineapple), or of several carpels of a single flower (such as a blackberry).

T

tepal — Term used for both flower petals and sepals as a group, especially when they are not different.

terminal — At the top or apex; at the end or tip of a stem or branch.

thorn — A sharp, rigid, woody projection on the surface of a plant, which cannot be detached without breaking the bark.

tomentose — With a covering of short, soft, matted, wooly hairs; with tomentum.

tomentulose — Minutely or slightly tomentose.

toothed — (*see* **dentate**)

translucent — Allowing light to pass through; almost transparent.

trichome — A hair or hair-like outgrowth of the plant surface.

trifoliolate — Divided into three leaflets.

truncate — Having one end squared off; ending abruptly as if cut off across the base or tip.

tubercle — Any knob-like protuberance on the surface of a plant part.

tuberculate — Bearing tubercles.

tuberous — Resembling a tuber; producing tubers, the thickened parts of an underground stem or root.

tubular — Long, round and hollow, with the form of a tube or cylinder.

twig — A small, slender, woody shoot; a branchlet.

U

umbel — A curved or flat-topped inflorescence with flower stalks arising from a more or less common point, like the struts of an umbrella.

unarmed — Not having thorns, spines, barbs or prickles.

undulate — Having a shallow, wavy surface or edge.

unisexual — A flower with either male or female reproductive parts (stamens or pistils), but not both; said also of plants possessing such flowers.

V

valvate — Opening by valves, as in many dehiscent fruits; meeting at the edges without overlapping, as in certain sepals or leaves.

valve — One of the segments of a dehiscent fruit, separating from other such segments at maturity.

vein — A slender rib running through a leaf or bract, typically dividing or branching, and containing a vascular bundle.

velutinous — Velvety; covered with short, soft, spreading hairs.

venation — The arrangement of the veins on a leaf.

verticillate — Arranged in a whorl, arising from a stem at the same point and forming a circle around it.

W

whorl — A set of leaves, flowers or branches arising from the stem at the same point and forming a circle around it; in a flower, each of the sets of organs, especially the petals and sepals, arranged concentrically around the receptacle; leaf arrangement with three or more leaves arising from a node.

windbreak A hedge, fence or row of trees serving to slow or break the force of the wind.

wing The thin, membranous, dry appendage of a fruit or seed; one of the two lateral petals of a pea flower.

wooly With long, soft, entangled hairs. (*also* lanate)

Fuentes de la Ilustración
Illustration Sources

Todas las fotografías son de la autora, a excepción las siguientes: conos de *Abies guatemalensis* (Fernando Tobar, con permiso), cono macho de *Cycas revoluta* (Stan Shebs), flores de *Liquidambar styraciflua* (Shane Vaughn), fruto de *Pandanus tectorius* (Forest y Kim Starr), flores de *Phyllanthus acidus* (Tatiana Gerus), flores de *Polyalthia longifolia* (J. M. Garg), flores de *Pereskia lychnidiflora* (Wendy Cutler) y fruto de *Vochysia guatemalensis* (Eduardo Chacón).

La mayoría de los dibujos son de tres publicaciones del Servicio Forestal de los Estados Unidos: *Common Trees of Puerto Rico and the Virgin Islands* volumen 1 (Little y Wadsworth 1964) y volumen 2 (Little, Woodbury y Wadsworth 1974), y *Common Forest Trees of Hawaii* (Little y Skolmen 1989). Con referencia a los otros dibujos, enumerados a continuación, puede ser que los derechos de autor hayan vencido y sean de dominio público, estén disponible bajo licencia de Creative Commons, o se hayan utilizado con autorización (la falta de un símbolo de derechos de autor junto a la especie no significa que la ilustración no esté protegida por los derechos de autor). Aquellos autores y organizaciones que concedieron el permiso se reconocen con gratitud.

All photos are by the author, with the exception of the following: cones of *Abies guatemalensis* (Fernando Tobar, with permission), male cone of *Cycas revoluta* (Stan Shebs), flowers of *Liquidambar styraciflua* (Shane Vaughn), fruit of *Pandanus tectorius* (Forest and Kim Starr), flowers of *Phyllanthus acidus* (Tatiana Gerus), flowers of *Polyalthia longifolia* (J. M. Garg), flowers of *Pereskia lychnidiflora* (Wendy Cutler) and fruit of *Vochysia guatemalensis* (Eduardo Chacón).

The majority of the line drawings are from three U.S. Forest Service publications: *Common Trees of Puerto Rico and the Virgin Islands*, volume 1 (Little and Wadsworth 1964) and volume 2 (Little, Woodbury and Wadsworth 1974), and *Common Forest Trees of Hawaii* (Little and Skolmen 1989). The other line drawings, listed below, are either out of copyright and in the public domain, available under Creative Commons, or used with permission (the lack of a copyright symbol beside the species does not mean the illustration is not copyrighted). Those authors and organizations that granted permission are gratefully acknowledged.

Antoine (1840) – ***Pinus oocarpa***
Bailey (1914) – ***Wigandia urens***, ***Phoenix canariensis***
Beddome (1869–1874) – ***Gmelina arborea***
Britton (1918) – ***Cajanas cajans***, ***Pimienta dioica***, ***Jatropha curcas***

Britton y Brown (1913) – ***Prunus persica***
Brown (1951) – ***Mangifera indica*, *Musa acuminata***
Brown (1954) – ***Elaeis guineensis*, *Gossypium hirsutum***
D'Arcy (1975) – ***Dahlia imperialis***
Degener y Degener (1932–1986) – ***Schinus molle***
Diego Gómez y Arbeláez (2009) – ***Alsophila firma***
Donnell Smith (1889) – ***Vochysia guatemalensis***
Duperrey (1826) – ***Tibouchina urvilleana***
Durkee (1986) – ***Megaskepasma erythrochlamys***
Endlicher (1838) – ***Gyrocarpus americana*** (como *Gyrocarpus sphenopterus*)
Farjon y Styles (1997) – ***Pinus maximinoi*, *Pinus strobus***
Flora of China Illustrations (2001) – ***Podocarpus macrophyllus*, *Cunninghamia lanceolata*, *Araucaria bidwillii***
Flora of China Illustrations (2009) – ***Hevea brasilensis*, *Codiaeum variegatum***
Flora of China Illustrations (2011) – ***Calliandra haematocephala***
Haber, Zuchowski y Bello (2000) – ***Piper auritum***
Haeckel (1900) – ***Ginkgo biloba***
Hemsley (1879–1888) – ***Bourreria huanita*, *Cecropia obtusifolia***
Hooker y Hooker (1842) – ***Quercus skinneri***
Humboldt y Bonpland (1808) – ***Chiranthodendron pentadactylon***
Humboldt, Bonpland y Kunth (1823) – ***Crataegus mexicana*** (como *Mespilus pubescens*)
Karsten (1869) – ***Haematoxylum brasiletto***
Khatoon (1985) – ***Polyalthia longifolia***
Linnean Society of London (1875) – ***Ficus sycomorus***
Little y Wadsworth (1964) – ***Acrocomia mexicana*, *Anacardium occidentale*, *Annona muricata*, *Artocarpus altilis*, *Artocarpus heterophyllus*, *Avicennia germinans*, *Bambusa vulgaris*, *Bixa orellana*, *Bursera simaruba*, *Byrsonima crassifolia*, *Cananga odorata*, *Carica papaya*, *Castilla elastica*, *Casurina equisetifolia*, *Cecropia peltata*, *Cedrela odorata*, *Ceiba pentandra*, *Chrysophyllum cainito*, *Citrus aurantiifolia*, *Citrus* x *aurantium*** (naranja dulce), ***Citrus* x *aurantium*** (toronja), ***Cocoloba uvifera*, *Cocos nucifera*, *Coffea arabica*, *Conocarpus erectus*, *Crescentia cujete*, *Delonix regia*, *Erythrina fusca*, *Erythrina poeppigiana*, *Ficus elastica*, *Gliricidia sepium*, *Guaiacum sanctum*, *Guazuma ulmifolia*, *Hippomane mancinella*, *Hymenaea courbaril*, *Inga vera*, *Jacaranda mimosifolia*, *Lagerstroemia speciosa*, *Laguncularia racemosa*, *Leucaena leucocephala*, *Mammea americana*, *Manilkara zapota*, *Melia azedarach*, *Morinda citrifolia*, *Moringa oleifera*, *Ochroma pyramidale*, *Parkinsonia aculeata*, *Persea americana*, *Phyllanthus acidus*, *Pithecellobium dulce*, *Plumeria rubra*, *Prosopis juliflora*, *Rhizophora mangle*, *Salix humboldtiana*, *Samanea saman*, *Senna siamea*, *Spathodea campanulata*, *Spondias purpurea*, *Sterculia apetala*, *Swietenia macrophylla*, *Syzygium jambos*, *Syzygium malaccense*, *Tamarindus indica*, *Tecoma stans*, *Tectona grandis*, *Terminalia catappa*, *Theobroma cacao***
Little, Woodbury y Wadsworth (1974) – ***Araucaria heterophylla*, *Averrhoa carambola*, *Azadirachta indica*, *Bauhinia variegata*, *Blighia sapida*, *Caesalpinia pulcherrima*, *Calotropis procera*, *Calycophyllum candidissimum*, *Cascabela thevetia*, *Cassia grandis*, *Casuarina cunninghamiana*, *Chrysobalanus icaco*, *Citrus reticulata*, *Cnidoscolus aconitifolius*, *Cordia dentata*, *Cupressus lusitanica*, *Dracaena fragrans*, *Duranta erecta*, *Enterolobium cyclocarpum*, *Eriobotrya japonica*, *Eugenia uniflora*, *Ficus benjamina*, *Grevillea robusta*, *Hibiscus rosa-sinensis*, *Lagerstroemia indica*, *Manihot esculenta*, *Muntingia calabura*, *Murraya paniculata*, *Nerium oleander*, *Pinus caribaea*, *Pouteria sapota*, *Punica granatum*, *Ravenala madagascariensis*, *Ricinus communis*,***

Roystonea regia, Tabebuia rosea, Urera caracasana, Yucca guatemalensis
Little and Skolmen (1989) – ***Cryptomeria japonica, Erythrina variegata, Eucalyptus camaldulensis, Psidium guajava***
Maiden (1902–1904) – ***Melaleuca leucadendra***
Martius y Eichler (1890) – ***Opuntia cochenillifera***
Martius y Eichler (1897) – ***Tabebuia ochracea*** (como *Tecoma ochracea*)
Martius, Eichler y Urban (1900) – ***Sapindus saponaria***
Nee (1999) – ***Olmediella betschleriana***
Radcliff-Smith (1986) – ***Euphorbia pulcherrima***
Robinson (1872) – ***Beaucarnea recurvata***
Royal Botanic Garden, Calcutta (1891) – ***Michelia champaca*** (como *Magnolia champaca*)
Rumpler (1886) – ***Pereskia lychnidiflora***
Sagra (1850) – ***Luehea candida*** (como *Luehea platypetala*)
Sargent (1855) – ***Trema micrantha*** (como *Trema mollis*)
Sargent (1891) – ***Magnolia grandiflora***
Sargent (1892) – ***Liquidambar styraciflua, Prunus serotina, Sambucus canadensis***
Sargent (1898) – ***Washingtonia filifera***
Seeman (1857) – ***Casimiroa edulis***
Sousa, Bastos y Rocha (2009) – ***Calliandra surinamensis***
Standley y Steyermark (1952) – ***Alnus acuminata***
Standley and Steyermark (1958) – ***Abies guatemalensis, Taxodium mucronatum***
Standley and Williams (1969) – ***Fraxinus uhdei, Ligustrum lucidum***
Standley, Williams and Gibson (1970) – ***Citharexylum donnell-smithii***
Staples and Herbst (2005) – ***Brugmansia*** x ***candida, Callistemon viminalis, Camellia japonica, Caryota urens, Cinnamomum verum, Cycas revoluta, Dombeya*** x ***cayeuxii, Dypsis lutescens, Euphorbia cotinifolia, Euphorbia tirucalli, Ficus carica, Jatropha integerrima, Koelreuteria elegans, Litchi chinensis, Macadamia integrifolia, Musa*** x ***paradisiaca, Mussaenda erythrophylla*** x ***philippica, Pachira aquatica, Pandanus tectorius, Phoenix roebelenii, Pittosporum tobira, Platycladus orientalis, Schinus terebinthifolia, Solanum wrightii, Veitchia merrillii***
Witsberger, Current y Archer (1982) – ***Brosimum alicastrum, Cochlospermum vitifolium, Crescentia alata, Erythrina berteroana, Pseudobombax ellipticum, Simarouba amara, Triplaris melaenodendron***
Woodson y Schery (1950) – ***Acacia collinsii, Bocconia frutescens, Calliandra houstoniana*** (como *Calliandra confusa*)
Zamora, Jiménez y Poveda (2004) – ***Euphorbia leucocephala***
Zuccarini (1832) – ***Swietenia humilis***

Bibliografía
Bibliography

Aguilar G., J. I. 1966. Relación de unos Aspectos de la Flora Útil de Guatemala. Segunda Edición. Guatemala.

Antoine, F. 1840. Die Coniferen, t. 17 (*Pinus oocarpa*)

Bailey, L. H. 1914. The Standard Cyclopedia of Horticulture Manual. Volumes 1–6. MacMillian Company, New York.

Beddome, R. H. 1869–1874. The Flora Sylvatica for Southern India, 2 volumes, illustrated. Madras, India.

Britton, N. L. 1918. Flora of Bermuda. Charles Scribner's Sons, New York.

Britton, N. L., y A. Brown. 1913. *Prunus persica*. An illustrated flora of the northern United States, Canada and the British Possessions. 3 vols. Charles Scribner's Sons, New York. Vol. 2: 330.

Brown, William H. 1951. Useful Plants of the Philippines. Volume 1. Dept. of Agriculture and Natural Resources, Republic of the Philippines. Technical Bulletin 10. Manila.

Brown, William H. 1954. Useful Plants of the Philippines. Volume 2. Dept. of Agriculture and Natural Resources, Republic of the Philippines. Technical Bulletin 10. Manila.

Chacón, Eduardo. 2013. Fotógrafo de *Vochysia guatemalensis*, fruto. Herbario Digital de Golfito. http://hergol.biologia.ucr.ac.cr/images/collicons/Vochysiaceae/Vochysia_frutoslg.jpg. Creative Commons License (CC BY-SA 3.0) - http://creativecommons.org/licenses/by-sa/3.0/

Cutler, Wendy. 2014. *Pereskia lychnidiflora*, flor. Wikimedia Commons. https://es.wikipedia.org/wiki/Pereskia_lychnidiflora#/media/File:Leuenbergeria_lychnidiflora_Cutler_P1630494.jpg. January 17, 2014. Creative Commons License (CC BY 2.0) - http://creativecommons.org/licenses/by/2.0/

D'Arcy, W. G. 1975. Coreopsidinae. Flora of Panama. Ann. Missouri Bot. Gard. Vol. 62 (4).

Degener, O. y I. Degener. 1932–1986. Flora Hawaiiensis. Books 1–7. Otto Degener, Waialua, Oahu, Hawaii.

Diego Gómez, L. y A. L. Arbeláez. 2009. Flora de Nicaragua, Helechos (Tomo IV). Editores: W. D. Stevens, Olga Martha Montiel y Amy Pool. Ilustrador: Alba L. Arbeláez. Monographs in Systematic Botany from the Missouri Botanical Gardens, Volume 116.

Donnell Smith, J. 1889. *Vochysia guatemalensis* Donn. Sm., by C. E. Faxon. Enumeratio plantarum Guatemalensium, vol. 1: t. 23.

Duperrey, L. I. 1826. Voyage Autour du Monde Sur la Corvette de S. M. La Coquille, pendant les années 1822–1825, Atlas, t. 71 [*Tibouchina urvilleana* (DC.) Cogn., como *Lasiandra urvilleana* DC.]

Durkee, L. H. 1986. Family #200 Acanthaceae. Flora Costaricensis. Fieldiana Botany, New Series, No. 18. Field Museum of Natural History, Chicago.

Endlicher, S. 1838. Iconographia Generum Plantarum. t. 43 (*Gyrocarpus sphenopterus* R. Br.)

Farjon, A., J. A. Perez de la Rosa y B. T. Styles; con ilustraciones de R. Wise. 1997. A Field Guide to the Pines of Mexico and Central America. Royal Botanic Garden, Kew, UK.

Farjon, A. y B. T. Styles. 1997. Pinus (Pinaceae). Flora Neotropica 75: 1–291. The New York Botanical Garden, New York.

Flora of China Illustrations. 2001. Volume 04. Cycadaceae through Fagaceae. Wu Zhongyi and Peter Raven, Co-chairs of the editorial committee. Science Press, Beijing and Missouri Botanical Garden Press, St. Louis.

Flora of China Illustrations. 2009. Volume 11. Oxalidaceae through Aceraceae (Euphorbiaceae). Zhang Libing, editor. Wu Zhongyi and Peter Raven, Co-chairs of the editorial committee. Science Press, Beijing and Missouri Botanical Garden Press, St. Louis.

Flora of China Illustrations. 2011. Volume 10. Fabaceae. Zhang Libing, editor. Wu Zhongyi and Peter Raven, Co-chairs of the editorial committee. Science Press, Beijing and Missouri Botanical Garden Press, St. Louis.

Garg, J. M. 2009. Ashoka (*Polyalthia longifolia*) flores. https://en.wikipedia.org/wiki/Polyalthia_longifolia#/media/File:Ashoka_%28Polyalthia_longifolia%29_flowers_W2_IMG_7047.jpg. March 21, 2009. Creative Commons License (CC BY 3.0) - http://creativecommons.org/licenses/by/3.0/.

Gerus, Tatiana. 2008. *Phyllanthus acidus*, flores. Wikimedia Commons. https://upload.wikimedia.org/wikipedia/commons/7/75/Phyllanthus_acidus_2.jpg. Creative Commons License (CC BY 2.0) - http://creativecommons.org/licenses/by/2.0/

Haber, W. A., W. Zuchowski y E. Bello. 2000. An Introduction to Cloud Forest Trees: Monteverde, Costa Rica. Mountain Gem Publications, Monteverde, Costa Rica.

Haeckel, E. 1900. *Ginkgo biloba* L. Kunstformen der Natur, t. 94, fig. 9.

Harris, J. G. y M. W. Harris. 2001. Plant Identification Terminology: An Illustrated Glossary. Second Edition. Spring Lake Publishing, Spring Lake, Utah.

Hemsley, W. B. 1879–1888. In Biologia Centrali-Americani, Botany, vol. 5.

Hooker, W. J., Hooker, J. D. 1842. *Quercus skinneri*. Hooker's Icones Plantarum, vol. 5: t. 402.

Humboldt, F. H. A. von, y A. Bonpland. 1808. *Chiranthodendron pentadactylon* Larreat. [como *Cheirostemon platanoides* Bonpl.]. En Plantes equinoxiales, vol. 1: t. 24.

Humboldt, F. H. A. von, Bonpland, A., y Kunth, K. S. 1823. *Crataegus mexicana* [como *Mespilus pubescens* Kunth], de P. J. F. Turpin. *En* Nova genera et species plantarum, vol. 6: t. 555.

Karsten, H. 1869. Florae Columbiae, Vol. 2: t. 114 (*Haematoxylum brasiletto* Karsten)

Khatoon, S. 1985. Annonaceae. Flora of Pakistan, No. 167. Department of Botany, University of Karachi, Karachi.

Linnean Society of London. 1875. *Ficus sycomorus* L., de W. H. Fitch. Transactions of the Linnean Society of London, vol. 29: The botany of the Speke and Grant expedition from Zanzibar to Egypt, t. 99.

Little, E. L. y R. G. Skolmen. 1989. Common Forest Trees of Hawaii (Native and Introduced). Agric. Handbook 679. USDA Forest Service, Washington, D. C.

Little, E. L., Jr., y F. H. Wadsworth. 1964. Common Trees of Puerto Rico and the Virgin Islands. Agric. Handbook 249. USDA Forest Service, Washington, D. C.

Little, E. L., Jr., R. O. Woodbury y F. H. Wadsworth. 1974. Common Trees of Puerto Rico and the Virgin Islands, Volume 2. Agric. Handbook 449. USDA Forest Service, Washington, D. C.

López Lillo., A. y J. M. Sánchez de Lorenzo. 1999. Árboles en España. Manual de Identificación. Ed. Mundi-Prensa, Madrid.

MacVean, A. L. 2009. Plants of the Montane forests of Guatemala/Plantas de los Bosques Montanos de Guatemala. Universidad del Valle de Guatemala, Guatemala.

Maiden, J. H. 1902–1904. *Melaleuca leucadendra*, de M. Flockton. En Forest Flora of New South Wales, vol. 1: t. 15.

Martius, C. F. P. y A. G. Eichler. 1890. Flora Brasiliensis. Vol. 4(2): Heft 108, t. 63 [*Pereskia bleo* (Kunth) DC.], t. 60 (*Opuntia cochenillifera*, syn. *Nopalea cochenillifera*).

Martius, C. F. P. y A. G. Eichler. 1897. Flora Brasiliensis. Vol. 8(2): Heft 121, t. 112 *Tabebuia ochracea* (como *Tecoma ochracea*).

Martius, C., Eichler, A. G., Urban, I. 1900. *Sapindus saponaria*. Flora Brasiliensis, vol. 13(3): fasicle 124, t. 109.

Meyer, F. G. 1976. A revision of the genus *Koelreuteria* (Sapindaceae). J. Arnold Arbor. 57(2): 156–164.

Nee, M. 1999. Flacourtiaceae. Fl. Veracruz 111: 1–79. *Olmediella betschleriana*, figura 9, página 49.

Parker, T. 2008. Trees of Guatemala. The Tree Press, Austin, Texas.

Radcliffe-Smith, A. 1986. Euphorbiaceae. Flora of Pakistan, Vol. 172. Editores: E. Nasir y S. I. Ali. Univ. of Karachi, Karachi.

Robinson, W., ed. 1872. *Beaucarnea recurvata*. In the garden. An illustrated weekly journal of horticulture in all its branches, vol. 2: p. 481.

Royal Botanic Garden, Calcutta. 1891. *Magnolia champaca* (L.) Baillon ex Pierre [como *Michelia champaca* L.], illustration por C. G. Das. Annals of the Royal Botanic Garden, Calcutta, vol. 3: t. 64.

Rumpler, T. 1886. *Pereskia lychnidiflora*. Carl Friedrich Forster's Handbuch der Cacteenkunde, vol. 2: t. 136.

Sagra, R. de la. 1850. Historia Física, Política y Natural de la Isla de Cuba, vol. 12: t. 23 (como *Luehea platypetala* A. Rich.).

Sargent, C.S. 1855. *Trema micrantha* (L.) Blume [como *Trema mollis* (Humb. & Bonpl. ex Willd.) Blume] by C. E. Faxon. Trees and shrubs, illustrations of new or little known ligneous plants, vol. 2: t. 153.

Sargent, C. S. 1891. The Silva of North America, vol. 1.

Sargent, C. S. 1892. The Silva of North America, vol. 5.

Sargent, C. S. 1898. The Silva of North America, vol. 10.

Seemann, B. 1857. *Casimiroa edulis*. The botany of the voyage of H.M.S. Herald, t. 51.

Shebs, Stan. 2005. *Cycas revoluta* – cono masculino. Wikimedia Commons. https://commons.wikimedia.org/wiki/File:Cycas_inflorescence.jpg. February 19, 2005. Creative Commons License (CC BY-SA 3.0) - http://creativecommons.org/licenses/by-sa/3.0/

Sousa, Julio dos Santos de, Maria de Nazaré do Carmo Bastos y Antônio Elielson Sousa Rocha. 2009. Mimosoideae (Leguminosae) do litoral paraense. Acta Amazonica, 39(4), 799–811.

Standley, P. C. y J. A. Steyermark. 1943–1976. Flora of Guatemala. Fieldiana: Botany, vol. 24. Chicago Natural History Museum. Chicago, Illinois.

Standley, P. C. y J. A. Steyermark. 1952. Flora of Guatemala. Fieldiana: Botany, vol. 24, Part III. Chicago Natural History Museum.

Standley, P. C. y J. A. Steyermark. 1958. 1958. Flora of Guatemala. Fieldiana: Botany, vol. 24, Part I. Chicago Natural History Museum.

Standley, P. C. y L. O. Williams. 1969. Flora of Guatemala. Fieldiana: Botany, vol. 24, Part VIII, No. 4. Chicago Natural History Museum. pp. 263–474.

Standley, P. C., L. O. Williams y D. N. Gibson. 1970. Flora of Guatemala. Fieldiana: Botany, vol. 24, Part IX, Nos. 1 y 2. Chicago Natural History Museum. pp. 1–236.

Staples, G. W. y D. R. Herbst. 2005. A Tropical Garden Flora: Plants Cultivated in the Hawaiian Islands and other Tropical Places. (Anna Stone - ilustraciones botánicas). Bishop Museum Press, Honolulu, Hawaii.

Starr, Forest y Kim Starr. 2005. *Pandanus tectorius* (hala, screwpine) fruto en Keopuka, Maui. April 05, 2005. 050405-5856, via Plants of Hawaii. Creative Commons License (CC BY 3.0) - http://creativecommons.org/licenses/by/3.0/

Stevens, W. D., C. Ulloa U., A. Pool y O. M. Montiel. 2001. Flora de Nicaragua. Monographs in Systematic Botany. Vol. 85 Tomos I–III. Missouri Botanical Gardens.

Tobar, Fernando. 2015. Fotógrafo de *Abies guatemalensis* conos. http://www.conifers.org/pi/ab/ guatemalensis08.jpg. Con permiso.

United Nations Cartographic Section. 2004. Guatemala, No. 3834 Rev. 3. May 2004.

Vaughn, Shane. 2009. *Liquidambar styraciflua* – American sweetgum, flor. Wikimedia Commons. Liquidambar styraciflua bloom.JPG. March 22, 2009. Creative Commons License (CC BY 3.0) - (http://creativecommons.org/licenses/by/3.0/)

Witsberger, D., D. Current y E. Archer. 1982. Árboles del Parque Deininger. Ministerio de Agricultura y Ganadería, El Salvador.

Woodson, R. E., Jr., y R. W. Schery. 1950. Flora of Panama. Ann. Missouri Bot. Gard. 37: 184–314.

Zamora, V., N., Q. Jiménez M. y L. J. Poveda A. 2004. Árboles de Costa Rica, Vol. II. INBio (Instituto Nacional de Biodiversidad). Santo Domingo de Heredia, Costa Rica.

Zuccarini, J. G. 1832. Plantarum Novarum vel Minus Cognitarum, fasicle 2, t. 7a (*Swietenia humilis* Zucc.).

Índice
Index

A

B

C

D

E

F

G

H

I

J

K

L

M

N

O

P

Q

R

S

T

U

V

W

X

Y

Z